普通高等教育"十一五"国家级规划教材
高等职业教育土建类专业课程改革系列教材

# 建筑工程质量检验与安全管理

主　编　白　锋
副主编　刘　萍
参　编　闫玮斌　文　彬
主　审　杨太生

机 械 工 业 出 版 社

全书分建筑工程质量检验、建筑工程安全管理两篇，共8个单元，主要内容包括质量管理与验收的基本知识、地基与基础工程质量检验、砌体工程质量检验、钢筋混凝土工程质量检验、屋面工程质量检验、装饰装修工程质量检验、建筑工程安全管理基本知识、施工安全技术管理。

本书在编写中根据技能型人才培养的特点，以岗位核心职业能力构建教材体系，突破传统的教材编写形式，以教学单元和课题研究为教学主线进行编写。每一单元都有单元概述、学习目标、课题基础知识和能力训练以及单元小结、复习思考题、实训练习等内容。

本书可作为高等职业学校建筑工程技术专业及相关专业的教材，也可作为成人职业教育以及建筑工程职业岗位培训的教材。

本书配套助教课件，供选用本书作为教材的老师参考，需要者可登录 www.cmpedu.com 注册下载，或致电 010-88379375

**图书在版编目(CIP)数据**

建筑工程质量检验与安全管理/白锋主编. —北京：机械工业出版社，2006.7（2025.2 重印）

普通高等教育“十一五”国家级规划教材

高等职业教育土建类专业课程改革系列教材

ISBN 978-7-111-19231-2

Ⅰ.建...　Ⅱ.白...　Ⅲ.①建筑工程-工程质量-质量检验-高等学校：技术学校-教材②建筑工程-安全管理-高等学校：技术学校-教材　Ⅳ.TU71

中国版本图书馆 CIP 数据核字(2006)第 054621 号

机械工业出版社(北京市百万庄大街22号　邮政编码100037)

策划编辑：李俊玲　责任编辑：陈　俞

版式设计：霍永明　责任校对：王　欣

责任印制：单爱军

北京虎彩文化传播有限公司印刷

2025年2月第1版第25次印刷

184mm×260mm · 12.75印张 · 312千字

标准书号：ISBN 978-7-111-19231-2

定价：32.00元

| 电话服务 | | 网络服务 | |
|---|---|---|---|
| 客服电话： | 010-88361066 | 机　工　官　网： | www.cmpbook.com |
| | 010-88379833 | 机　工　官　博： | weibo.com/cmp1952 |
| | 010-68326294 | 金　　书　　网： | www.golden-book.com |
| **封底无防伪标均为盗版** | | 机工教育服务网： | www.cmpedu.com |

# 前　言

建筑业作为我国经济发展的支柱产业之一，长期以来为我国的国民经济发展作出了突出的贡献。随着我国经济的不断发展，建筑作为一种工业产品也从粗放型向科技型转变，科技含量不断增加，对建筑业的科研、设计、施工管理和技术操作人才的需求也发生了新的变化，培养“适应生产、建设、管理、服务第一线需要的、德智体全面发展的高等技术应用型人才”，已成为建筑类高等职业教育的培养目标。

为了加强学生的职业技能、提高学生的职业素质，实现“零距离上岗”，本书在编写过程中，以建筑施工一线技术岗位所应具备的基本知识为基础，以专业理论知识“必需够用”为目的精选教材内容。通过本书的学习使学生具有与本专业相适应的文化水平和良好的职业道德，掌握“必需够用”的专业理论知识和基本的专业实践技能，成为具有综合职业能力和全面素质的、满足建筑工程实际需要的高技能应用复合型人才。

本书在编写过程中充分体现了以学生就业为导向、以能力为本位的特色。教材内容以课题形式组成教学单元，每一个课题除了学生必须掌握的基础知识外，还根据工作岗位对职业技能的要求，设置能力训练题目，且每一单元都配有实训练习题，从而突出了实践动手能力的训练，使教与学真正实现互动，教学更直观、更生动。编写的内容和语言表达力求通俗易懂、简明实用、符合实际。

白锋副教授担任本书主编，刘萍高级工程师担任本书副主编，杨太生副教授担任本书主审。全书的编写分工如下：单元1、单元2、单元3由山西建筑职业技术学院白锋编写，单元4由核工业第七研究设计院文彬编写，单元5、单元6由太原理工大学阳泉学院闫玮斌编写，单元7、单元8由沈阳建筑大学职业技术学院刘萍编写。

本书可供高等职业技术学院、高等专科学校、成人高校及本科院校开办的二级职业技术学院的建筑工程技术专业及相关专业学生作为教材使用，也可作为质量员、安全员、施工员等技术岗位的培训用书和从事工程建设的工程技术人员的参考书。

由于编者水平和经验有限，本书难免存在疏漏和不妥之处，敬请读者批评、指正。

**编　者**

# 目　录

## 建筑工程安全管理篇

# 建筑工程质量检验篇

## 单元1　质量管理与验收的基本知识

**【单元概述】**

本单元主要介绍了建筑质量管理、建筑工程质量验收、常用建筑材料的抽样与检验要求，并明确了建筑工程质量检验的重要性。

**【学习目标】**

通过本单元的学习，学生应了解建筑工程质量管理的特点和要求，了解目前我国在建筑工程质量管理方面主要的法律法规；熟悉建筑工程质量验收标准及验收的基本规定和常用建筑工程材料的抽样方法和检验要求；掌握建筑工程各部分验收的条件和事故处理的规定。

### 课题1　建筑工程质量管理

#### 1.1.1　建筑工程质量概述

##### 1.1.1.1　建筑工程质量的特点

所谓建筑工程项目是指一个建筑物(房屋或构筑物)或是一组建筑物的组合，这些建筑物也可称为建筑产品。建筑产品的生产与工业产品的生产相比，有一些共同的地方，如它们都是将资源投入产品的生产过程，具有生产上的阶段性和连续性，组织上的专业化、协作化和联合化。但是，建筑产品在生产过程中又具有自身的一系列技术经济特点。建筑产品的主要特点包括固定性、单一性、预约性、体积庞大和建设周期长等。由于建筑产品的上述特点进而形成了建筑产品质量本身的特点，具体表现在以下几个方面：

(1) 影响因素多　如设计、材料、机械、地形、地质、水文、气象、施工工艺、操作方法、技术措施、管理制度等，均直接影响建筑产品的质量。

(2) 容易产生质量变异　因建筑产品生产不像工业产品生产那样，有固定的自动线和流水线，有规范化的生产工艺和完善的检测技术，有成套的生产设备和稳定的生产环境，有相同系列规格和相同功能的产品；同时，由于影响建筑产品质量的偶然性因素和系统性因素都较多，因此，很容易产生质量变异。如材料性能微小的差异、机械设备正常的磨损、操作上微小的变化、环境微小的波动等，均会引起偶然性因素的质量变异；使用材料的规格和品种有误、施工方法不妥、操作不按规程、机械故障、仪表失灵、设计计算错误等，则会引起系统性因素的质量变异，造成工程质量事故。为此，在施工中要严防出现系统性因素的质量变异，要把质量变异控制在偶然性因素范围内。

（3）质量隐蔽性　建筑产品在生产过程中，由于工序交接多、中间产品多、隐蔽工程多，若不及时检查并发现其存在的质量问题，完工后表面质量可能很好，从而容易产生判断错误，导致不合格的产品被确认为是合格的产品。

（4）质量检查时不能解体、拆卸　建筑产品成型后，不可能像某些工业产品那样，再拆卸或解体来检查其内在的质量或重新更换零件；即使发现质量有问题，也不可能像工业产品那样可轻易报废、推倒重来。

（5）要受投资、进度的制约　建筑产品的质量，受投资、进度的制约较大，如一般情况下，投资大、管理好、不抢进度，质量就好；反之，质量则差。因此，建筑产品在生产过程中，必须正确处理质量、投资、进度三者之间的关系，使其达到对立统一。

#### 1.1.1.2　建筑工程质量的要求

价值和使用价值，是商品的两大属性。建筑产品的使用价值，表现为满足人们日常生活和生产活动中对建筑物的各种需求，也就是对建筑产品的质量要求。这些质量要求主要体现在以下几个方面：

（1）满足使用要求　任何建筑物首先要满足它的使用要求。例如，民用建筑要满足人们工作、学习和生活的要求；工业建筑要满足产品生产的要求；输水管线要满足供排水的要求；水电站要满足防洪、发电等的要求；码头要满足船舶停靠、装卸货物的要求。这些不同使用功能的要求，若要保证其质量就应符合一系列专门的工业与民用建筑标准、规范等技术法规的要求。

（2）满足安全可靠要求　任何建筑物都必须坚实可靠，能够承担它所负荷的人和物的重量以及抵御风、雨、雪和自然灾害的侵袭。因此，对不同类型的建筑结构的计算分析方法，应符合相关的标准、规范等技术法规的要求。

（3）满足耐久性要求　任何建筑物都要考虑满足它的使用年限和防止水、火和腐蚀性物质的侵袭。所以对其建筑布局、构造和使用材料要满足防水、防火、防腐蚀等一系列标准、规范的要求，并达到相关指标的规定。

（4）满足美观性要求　任何建筑物都要根据它的特点和所处的环境，为人们提供与环境协调、赏心悦目、丰富多彩的造型和景观，为此要求建筑物的规划、布局、体型、装饰、园林绿化等方面应满足一系列的相关标准、规范的要求。

（5）满足经济性要求　当建筑物满足了使用、安全可靠、耐久、美观等各方面的要求以后，还应使其达到最佳的经济效益，故要依据一系列定额、衡量标准和控制造价的指标。只有做到物美价廉，才能取得最大的经济效益。

#### 1.1.1.3　建筑工程质量与技术标准

对建筑产品的质量要求，就是以符合使用、安全可靠、耐久、美观等各项要求和符合当前经济上最优条件所制定的各项工程技术标准及管理标准，来最大限度地满足人们日益增长的生产和生活的需要。所以，制定建设行业的各类工程技术标准和管理标准，就成为确保建筑工程质量和衡量经济效益的基础。而这些工程标准的制定都是通过大量的科研和生产实践而制定出的合理指标，并通过鉴定、审批，在不同范围内，以国家标准、行业标准、地方标准和企业标准的形式，颁布实施。

建筑工程技术标准依其作用的不同可分为以下几类：

1）基础标准：包括名词术语、图例符号、模数、气象参数等。

2）控制标准：包括安全、防火、卫生、环保、工期、造价等。

3）方法标准：包括试验检测、设计计算、施工操作、安全技术、检查、验收等。

4）产品标准：包括工程材料、构配件、设备、建筑机具、模具等。

5）管理标准：包括计划管理、质量管理、成本管理、技术管理、安全管理、劳动管理、机具管理、物料管理、财务管理等。

上述技术标准和管理标准，是咨询、勘察、设计、施工单位据以进行生产的标准，也是国家据以进行工程质量监督、检查和评价的标准。而这些标准的编修和颁发工作，不是一劳永逸的，它随着生产的发展、技术的进步、生活水平的提高，不断地充实、完善和更新。

#### 1.1.1.4 工程质量与经济效益

每一个建筑产品，在运营上，只有满足它的使用功能要求，才能充分发挥它的经济效益。经济效益就是在物质资料生产过程中，以尽量少的活劳动和物化劳动消耗，为社会提供更多的使用价值，更好地满足人们的需要。因为衡量经济效益，不仅要看产品的价值即它所消耗的劳动，更重要的是看它的使用价值。只有产品符合社会需要，才能使它的劳动消耗得到承认，才能使它的价值和使用价值得以实现，才能取得真正的经济效益。一个建筑产品，能否有效发挥它的使用价值，取得它预期的经济效益，主要取决于所修建工程的设计质量、施工质量是否能满足建筑产品各项功能指标的要求。因此，确保建筑产品的质量，是整个基本建设工程的核心。

### 1.1.2 影响建筑工程质量的因素

工程项目实体的形成，离不开人员、材料、机械、技术方法、环境等诸作业要素，这些作业要素对工程质量都有直接影响，故成为影响建筑工程质量的主要因素。

#### 1.1.2.1 人员素质

人员素质是参与建设活动的人群的决策能力、管理能力、作业能力、组织能力、公关能力、经营能力、控制能力及道德品质的总称。对不同层次的人员有不同的素质要求，人员素质将直接影响工程质量目标的成败。通常情况下，人员素质的高低是工程质量好坏的决定性因素，为此控制工程质量应从控制人员素质抓起，应始终“以人为本”，狠抓人的工作质量，避免人的失误，充分调动人的主观能动性和责任感，使每个人都能牢记“百年大计，质量第一”的思想。

#### 1.1.2.2 工程材料

工程材料泛指构成工程实体的各类建筑材料、构配件、半成品等，它的种类繁多，规格也成千上万。各类工程材料是工程建设的物质条件，因而材料的质量是工程质量的基础。工程材料的质量好坏将直接影响建设工程的结构、外表及观感、使用功能和使用寿命。对工程材料质量，主要是控制其相应的力学性能、化学性能、物理性能，必须符合标准规定。为此，进入现场的工程材料必须有产品合格证或质量保证书以及性能检测报告，并应符合设计标准要求；凡需复试检测的建材必须复试合格才能使用；使用进口的工程材料必须符合我国相应的质量标准，并持有商检部门签发的商检合格证书；严禁将易污染、易反应的材料混放，造成材性蜕变。同时，还要注意在设计、施工过程对材料、构配件、半成品的合理选用，严禁混用、少用、多用，以避免造成质量失控。

#### 1.1.2.3 机具设备

机具设备是保证工程质量的重要因素。施工过程中使用的各类机具设备，包括大型垂直与横向移动建筑物件的运输设备、各类操作工具、各种施工安全设施和各类测量仪器、计量器具等，不仅会影响工程的进度，而且会影响工程的质量。为此要健全人机固定制度、持证上岗制度、岗位责任制度、技术保养制度、安全使用制度、机械设备检查制度等，确保机具设备处于最佳使用状态。

#### 1.1.2.4 技术方法

技术方法是指施工过程中采用的施工方案、技术措施、工艺手段、施工方法。一定的工艺技术水平，对工程质量有一定的影响。采用先进合理的工艺、技术，依据操作规程、工艺标准和作业指导书来施工，必将对组成质量因素的产品精度、清洁度、平整度、密封性等物理与化学特性起良性推进作用。例如，钢筋连接来用焊接工艺或用机械连接替代人工绑扎，不仅能提高作业效率，更有利于提高连接质量。在混凝土施工过程中，采用高性能混凝土不仅能保证混凝土结构的质量，而且有利于加快施工速度和缩短工期。近年来，建设部将10项先进实用的新技术，如新型模板与脚手架应用技术、建筑防水技术、深基坑支护技术、高强高性能混凝土技术等，在全国推广应用，有利于高层建筑的建设和渗漏等住宅质量通病的消除，有效地保证了工程质量。

#### 1.1.2.5 环境条件

环境条件是指对工程质量特性起重要作用的环境因素，主要包括以下几点：

1）工程环境：包括地质、水文、气象等。

2）作业环境：包括施工现场作业面、劳动设施、光线和通信条件等。

3）周边环境：包括邻近工程的地下管线、建(构)筑物等。

环境条件往往对工程质量有一定的影响。良好的安全作业环境，将给材料和构配件、设备以良好的保护措施，有利于保证工程的文明施工和产品保护。恶劣的气候条件，将给保证工程质量增加许多困难。例如，在地下水位高的地区，若在雨季进行基坑开挖，遇到连续暴雨或排水困难时，会引起基坑塌方或地基受水浸泡而影响承载力等；在未经干燥的条件下进行沥青防水层的施工，容易产生大面积空鼓；在冬季寒冷地区若采用的施工措施不当，工程会因冻融作用而影响质量。因此，加强环境管理、改进作业条件、把握好技术环境并辅以必要的措施，是控制环境条件对质量影响的重要保证。

#### 1.1.2.6 其他影响因素

**1. 施工工期**

工期是指建设工程从正式开工至竣工交付的全过程所花的时间，常用天数表示。合理的工期反映了工程项目建设过程必要的程序及其规律性，为此，国家制定了各类工程的工期定额，实施工期管理，目的是通过制定合理的工期，使建设施工能合理安排施工进度和科学管理，以保证工程质量。若工期目标不合理，盲目缩短工期，抢速度，将打乱建筑施工正常的节奏，导致蛮干，不仅打乱了合理的工序搭接以及工程产品形成过程中必要的停止点（如混凝土、砂浆养护期和回填土或砌体的沉降稳定期以及涂料的凝固干燥期），也使各种检测、试验的必需时间被挤占，正常施工秩序因而受到干扰，必然影响工程质量。

**2. 工程造价**

在工程建设实施阶段通常把建筑安装费称为工程造价，把实施招标工程的中标价称为合同造价。工程造价一般由工程成本、利润和税金组成。价格是价值的体现。工程建设的造价、工期和质量三者之间存在着相互依存与制约的关系。在一定的技术方案和工期、质量条件下，工程所需的人工、材料和机械费用等成本是相对固定的，因而降低造价的空间是有限的。若任意压低造价，将造成建设各方盲目紧缩必需的质量成本及质量投入，从而使工程质量得不到充分的物质保证，影响质量目标的实现。工程建设必须尊重客观规律，在一定的技术前提下和一定的工期条件下，需要有一定的质量成本，该花的钱都应该花。通过优化管理，可以减少消耗、降低成本，但过低的成本是无法实现工程质量目标的。所以，严禁工程盲目压价，工程招投标中严禁任意分包、层层转包、层层压价，应成为造价控制的要点。

**【能力训练】**

训练题目 分析影响建筑工程质量的因素

（1）目的 通过分析影响建筑工程质量的因素，找出控制建筑工程质量的技术要点。

（2）能力及标准要求 基本具备分析和解决问题的能力，写出书面分析报告。

（3）准备 收集有关的技术资料、技术参数及工程实际信息。

（4）步骤 认真阅读教材，查阅相关技术资料，撰写分析报告。

（5）注意事项 注意掌握分析报告的格式，选择某一具体工程实例来分析。

（6）讨论 以较为典型的分析报告的内容展开讨论并总结成果。

## 课题2 建筑工程质量验收

### 1.2.1 建筑工程质量验收标准

#### 1.2.1.1 建筑工程质量验收标准编写的原则与指导思想

根据《中华人民共和国建筑法》、《建设工程质量管理条例》、现行《建筑结构可靠度设计统一标准》及有关设计规范，建设部在《关于对建筑安装工程验收规范进行编制的意见》一文中，明确了编制新的建筑工程质量验收规范的原则及指导思想，即“验评分离，强化验收，完善手段，过程控制”的十六字改革方针。

（1）验评分离 验评分离是将验评标准中的质量检验与质量评定的内容分开，将施工及验收规范中的施工工艺和质量验收的内容分开，再将验评标准中的质量检验部分与施工及验收规范中的质量验收部分衔接，形成工程质量验收规范。现行施工及验收规范中的施工工艺部分，可作为企业标准或行业推荐性标准；验评标准中的质量评定部分，主要是对企业的操作工艺水平进行评价，也可作为行业推荐性标准，为社会及企业的创优评价提供依据。

（2）强化验收 强化验收是将施工及验收规范中的质量验收部分与验评标准中的质量检验部分合并起来，形成一个完整的工程质量验收规范，作为强制性标准，是建设工程必须完成的最低质量标准，是施工单位必须达到的施工质量标准，也是建设单位验收工程质量所必须遵守的规定。它规定的全部质量指标都必须达到。

（3）完善手段 以往不论是施工规范还是验评标准，对质量指标的科学检测都重视不够，以致在评定及验收中科学的数据较少。因此现行标准体系中，克服了这方面的不足，主要从以下三个方面进行了改进：

1）完善材料、设备的检测。

2）完善施工阶段的施工试验。

3）增设竣工工程的抽查检验和检测。

为了减少或避免人为因素的干扰和主观评价对工程质量检验结果的影响。工程质量检测，分为基本试验、施工试验和竣工工程有关安全、使用功能的抽查检验三个部分。基本试验具有法定性，其质量指标、检测方法都有相应的国家标准或行业标准，其方法、程序、设备仪器以及人员素质都应符合有关标准的规定，且一定要符合相应标准方法的程序及要求。施工试验是对施工过程的质量控制，判定质量时要注意技术条件、试验程序和第三方见证，以保证其统一性和公正性。竣工抽查检测应确认施工检测的程序、数据的规范性和有效性，以保证为工程的结构安全和使用功能的完善提供数据，同时要求统一施工检测方法及竣工抽查的仪器设备等。

（4）过程控制 过程控制是根据工程质量的特点而进行的质量管理。工程质量验收是建立在施工全过程控制的基础上的。过程控制体现在企业建立的各项过程控制制度中；也体现在建筑工程质量验收标准的基本规定中，其所设置的控制要求，突出强化了中间控制和合格控制以及综合质量水平的考核，也体现在各专业工程施工质量验收规范的本身及其对检验批、分项、分部和单位工程的验收的过程控制中。

#### 1.2.1.2 建筑工程质量验收标准的组成

建筑工程质量验收标准是由《建筑工程施工质量验收统一标准》（简称“统一标准”）和14项建筑专业工程施工质量验收规范（简称“14项专业验收规范”）组成的。

**1. “统一标准”的规定**

1）建筑工程施工现场质量管理和质量控制要求。

2）检验批质量检验的抽样方案要求。

3）建筑工程施工质量验收划分合格、判定及验收的程序的原则。

4）各专业验收规范编制的统一原则。

5）对单位工程质量验收的内容、方法和程序等的具体规定。

**2. “14 项专业验收规范”的规定**

1）分项工程检验批的划分、主控项目和一般项目质量指标的设置及合格判定。

2）对建筑材料、构配件和设备的进场复检要求。

3）涉及结构安全和使用功能检测项目的要求。

**3. 建筑工程质量验收标准的名称**

1）《建筑工程施工质量验收统一标准》(GB 50300—2001)。

2）《建筑地基基础工程施工质量验收规范》(GB 50202—2002)。

3）《砌体工程施工质量验收规范》(GB 50203—2002)。

4）《混凝土结构工程施工质量验收规范》(GB 50204—2002)。

5）《钢结构工程施工质量验收规范》(GB 50205—2001)。

6）《木结构工程施工质量验收规范》(GB 50206—2002)。

7）《屋面工程质量验收规范》(GB 50207—2002)。

8）《地下防水工程质量验收规范》(GB 50208—2002)。

9）《建筑地面工程施工质量验收规范》(GB 50209—2002)。

10）《建筑装饰装修工程质量验收规范》(GB 50210—2001)。

11）《建筑给水排水及采暖工程施工质量验收规范》(GB 50242—2002)。

12）《通风与空调工程施工质量验收规范》(GB 50243—2002)。

13）《建筑电气工程施工质量验收规范》(GB 50303—2002)。

14）《电梯工程施工质量验收规范》(GB 50310—2002)。

15）《智能建筑工程施工质量验收规范》(GB 50339—2003)。

## 1.2.2 《建筑工程施工质量验收统一标准》的基本规定

### 1.2.2.1 对施工现场的质量管理规定

“统一标准”规定：施工现场质量管理应有相应的施工技术标准、健全的施工质量管理体系及施工质量检验制度和综合施工质量水平评定考核制度。施工现场质量管理检查记录应由施工单位按表1-1填写，由总监理工程师(建设单位项目负责人)进行检查，并作出检查结论，每次检查的主要内容详见表1-1。

### 1.2.2.2 对建筑工程的质量控制规定

**1. 原材料的控制**

1）对进入施工现场的建筑材料、半成品、成品、建筑构配件、器具和设备等，应检查其产品合格证、出厂检验报告，并检查其规格、数量、型号、标准及外观质量等。

2）凡涉及安全、功能的有关产品，应按各专业工程质量验收规范的规定进行复验，并应经监理工程师(建设单位技术负责人)检查认可。

3）复检抽样样本的组批规则、取样数量和测试项目，除按专业规范规定外，一般可按产品标准执行。

**2. 施工过程的质量控制**

施工过程的质量控制主要是生产过程中各工序的质量控制，工序质量是施工过程质量控制的最小单位，是施工质量控制的基础。对工序质量控制应重点做好以下三个点的控制：

1）设置控制点，即将工艺流程中影响工序质量的所有节点作为质量控制点，按施工技术标准的要求，采取有效的技术措施，保证在操作中能符合技术标准的要求。

2）设置检查点，即在所有控制点中找出比较重要又能进行检查的点进行检查，以验证所采取的技术措施是否有效、是否失控，以便及时发现问题和调整技术措施。

3）设置停止点，即在施工操作完成一定数量或完成某一施工段后，作业层在自检的基础上，由专职质量员作一次比较全面的检查，以确认质量情况，并对存在的质量问题及时加以纠正，从而为分项工程检验批的质量验收打下坚实基础。

**表 1-1　施工现场质量管理检查记录表**

<table>
<tr><td colspan="2">工程名称</td><td></td><td colspan="2">施工许可证（开工证）</td><td colspan="2"></td></tr>
<tr><td colspan="2">建设单位</td><td></td><td colspan="2">项目负责人</td><td colspan="2"></td></tr>
<tr><td colspan="2">设计单位</td><td></td><td colspan="2">项目负责人</td><td colspan="2"></td></tr>
<tr><td colspan="2">监理单位</td><td></td><td colspan="2">总监理工程师</td><td colspan="2"></td></tr>
<tr><td colspan="2">施工单位</td><td></td><td>项目经理</td><td></td><td>项目技术负责人</td><td></td></tr>
<tr><td>序号</td><td colspan="2">项　　目</td><td colspan="4">内　　容</td></tr>
<tr><td>1</td><td colspan="2">现场质量管理制度</td><td colspan="4">工程报建，工程项目总承包负责，技术交底，工序交接，样板引路，质量检查，质量奖惩，质量例会，质量问题处理，成品保护，施工挂牌制度</td></tr>
<tr><td>2</td><td colspan="2">质量责任制</td><td colspan="4">岗位责任组织机构及责任</td></tr>
<tr><td>3</td><td colspan="2">主要专业工种操作上岗证书</td><td colspan="4">项目经理，技术负责人，测量工，塔吊司机，起重工，钢筋工，混凝土工，机械工，焊工，瓦工，防水工，电工</td></tr>
<tr><td>4</td><td colspan="2">分包方资质与对分包单位的管理制度</td><td colspan="4">资质审查，管理制度</td></tr>
<tr><td>5</td><td colspan="2">施工图审查情况</td><td colspan="4">审查报告，审查批准书号</td></tr>
<tr><td>6</td><td colspan="2">地质勘察资料</td><td colspan="4">地质勘察报告书</td></tr>
<tr><td>7</td><td colspan="2">施工组织设计、施工方案及审批</td><td colspan="4">施工组织设计的编写、审核、批准</td></tr>
<tr><td>8</td><td colspan="2">施工技术标准</td><td colspan="4">执行国家标准，执行企业标准，批准程序，批准日期，执行日期，标准编号及名称</td></tr>
<tr><td>9</td><td colspan="2">工程质量检验制度</td><td colspan="4">原材料进场检查，工序交接检验，施工过程试验，竣工抽查检验制度</td></tr>
<tr><td>10</td><td colspan="2">搅拌站及计量设置</td><td colspan="4">有管理制度和计量设施，且有对计量精度控制措施</td></tr>
<tr><td>11</td><td colspan="2">现场材料、设备存放与管理</td><td colspan="4">钢材、水泥、砂石、玻璃、磁砖的管理办法</td></tr>
<tr><td colspan="7">检查结论：<br>总监理工程师<br>（建设单位项目负责人）　　　　年　月　日</td></tr>
</table>

### 3. 各专业工种之间交接质量的控制

为保证施工过程的连续有序，应对施工过程的施工质量进行全面控制。因此，必须加强各专业工种之间的交接检验，这种检查不仅是对前道工序质量合格与否所作的一次确认，同时也为后道工序的顺利开展提供了保证条件，促进了后道工序对前道工序的产品保护。通过检查形成记录，并经监理工程师的签署确认生效。这种质量控制，即保证了施工过程质量控制的延续性，又能将前道工序出现的质量问题在后道工序施工之前解决，还能分清质量责任，避免不必要的质量纠纷发生。

#### 1.2.2.3 对建筑工程施工质量验收的其他规定

1）质量验收的依据。

① 应符合“统一标准”和相关“专业验收规范”的规定。

② 应符合工程勘察、设计文件(图样、图集、变更等)的要求。

③ 应符合政府和建设行政主管部门有关质量的规定。

④ 应满足施工合同中有关质量的约定。

2）质量验收涉及资格与资质要求。

① 参加工程施工质量验收的各方人员应具备规定的资格。

② 承担见证取样检测及有关结构安全检测的单位，应为经过省级以上建设行政主管部门对其资质认可和质量技术监督部门已通过对其质量认证的质量检测单位。

3）工程质量的验收均应在施工单位自行检查评定合格后，再交由监理单位进行。

4）隐蔽工程验收前应由施工单位通知有关单位进行验收，并填写隐蔽工程验收记录。

5）涉及结构安全的试块、试件及有关材料，应在监理单位或建设单位人员的见证下，由施工单位试验人员在现场取样，送至有相应资质的检测单位进行测试。

6）对涉及结构安全和使用功能的重要分部工程，应按专业规范的规定进行抽样检测。

7）检验批的质量应分别按主控项目和一般项目进行验收。

8）工程的观感质量应由验收人员通过现场检查，并应共同确认。

### 1.2.3 建筑工程质量验收的划分及合格要求

#### 1.2.3.1 建筑工程质量验收的划分

一个建筑物(构筑物)的建成，是要经过从施工准备工作开始到竣工交付使用的若干个工序和若干个工种之间的配合施工而完成的。所以一个工程质量的好坏，取决于各个施工工序和各工种的操作质量。为了便于控制、检查和评定每个施工工序和每个工序及工种的操作质量，建筑工程应按检验批、分项工程、分部(子分部)工程和单位(子单位)工程四级进行质量验收，其具体划分的内容如下所述：

**1. 单位(子单位)工程的划分**

(1) 房屋建筑(构筑)单位工程

1）具备独立施工条件并能形成独立使用功能的建筑物及构筑物为一个单位工程，如一栋住宅楼、一个锅炉房、一个办公楼等均为一个单位工程。

2）建筑规模较大的单位工程时，可将其能形成独立使用功能的部分作为一个子单位工程，例如，一个公共建筑有裙房及20层塔楼，在裙房竣工后具备了使用功能，就计划先投入使用，这个裙房就可先以子单位工程进行验收。

(2) 室外单位工程

为了加强室外工程的管理和验收，促进室外工程质量的提高，将室外工程根据专业类别和工程规模划分为室外建筑环境和室外安装两个室外单位工程，并又可进一步分成附属建筑、室外环境、给排水与采暖、电气等子单位工程。

**2. 分部(子分部)工程的划分**

分部工程的划分应按专业性质、建筑部分确定。当分部工程较大或较复杂时，可按材料种类、施工特点、施工程序、专业系统及类别等划分为若干个子分部工程。

建筑物(构筑物)的单位工程目前最多是由九个分部所组成，即地基与基础、主体结构、屋面、装饰装修四个建筑及结构分部工程和建筑设备安装工程的建筑给水排水及采暖、建筑电气、通风与空调、电梯和智能建筑五个分部工程。有的单位工程中，不一定全有这些分部工程。如有的可能没有装饰装修分部工程，有的可能没有通风与空调及电梯安装分部工程。

**3. 分项工程的划分**

分项工程应按主要工种、材料、施工工艺、设备类别等进行划分。如瓦工的砌砖工程、钢筋工的钢筋绑扎工程、木工的木门窗安装工程、油漆工的混色油漆工程等。

建筑及结构分部(子分部)工程、分项工程可按表 1-2 进行划分：

**表 1-2 建筑及结构分部(子分部)工程、分项工程的划分**

| 序号 | 分部工程 | 子分部工程 | 分项工程 |
|---|---|---|---|
| 1 | 地基与基础 | 无支护土方 | 土方开挖，土方回填 |
| | | 有支护土方 | 排桩，降水，排水，地下连续墙，锚杆，土钉墙，水泥土桩，沉井与沉箱，钢及混凝土支撑 |
| | | 地基及基础处理 | 灰土地基，砂和砂石地基，碎砖三合土地基，土工合成材料地基，粉煤灰地基，重锤夯实地基，强夯地基，振冲地基，砂桩地基，预压地基，高压喷射注浆地基，土和灰土挤密桩地基，注浆地基，水泥粉煤灰碎石桩地基，夯实水泥土桩地基 |
| | | 桩基 | 锚杆静压桩及静力压桩，预应力离心管桩，钢筋混凝土预制桩，钢桩，混凝土灌注桩(成孔、钢筋笼、清孔、水下混凝土灌注桩) |
| | | 地下防水 | 防水混凝土，水泥砂浆防水层，卷材防水层，涂料防水层，金属板防水层，塑料板防水层，细部构造，喷锚支护，复合式衬砌，地下连续墙，盾构法隧道，渗排水，盲沟排水，隧道、坑道排水，预注浆，后注浆，衬砌裂缝注浆 |
| | | 混凝土基础 | 模板，钢筋，混凝土，后浇带混凝土，混凝土结构缝处理 |
| | | 砌体基础 | 砖砌体，混凝土砌块，配筋砌体，石砌体 |
| | | 劲钢(管)混凝土 | 劲钢(管)焊接，劲钢(管)与钢筋的连接，混凝土 |
| | | 钢结构 | 焊接钢结构，栓接钢结构，钢结构制作，钢结构安装，钢结构涂装 |
| 2 | 主体结构 | 混凝土结构 | 模板，钢筋，混凝土，预应力，现浇结构，装配式结构 |
| | | 钢(管)混凝土结构 | 劲钢(管)焊接，螺栓连接，劲钢(管)与钢筋的连接，劲钢(管)制作及安装，混凝土 |
| | | 砌体结构 | 砖砌体，混凝土小型空心砌块砌体，石砌体，填充墙砌体，配筋砖砌体 |
| | | 钢结构 | 钢结构焊接，紧固件连接，钢的零部件加工，单层钢结构安装，多层及高层钢结构安装，钢结构涂装，钢构件组装，钢构件预拼装，钢网架结构安装，压型金属板 |
| | | 木结构 | 方木和原木结构，胶合木结构，轻型木结构，木构件防护 |
| | | 网架和索膜结构 | 网架制作，网架安装，索膜安装，网架防火、防腐涂料 |

（续）

| 序号 | 分部工程 | 子分部工程 | 分项工程 |
|---|---|---|---|
| 3 | 建筑装饰装修 | 地面 | 整体面层：基层，水泥混凝土面层，水泥砂浆面层，水磨石面层，防油渗面层，水泥钢(铁)屑面层，不发火(防爆的)面层；板块面层：基层，砖面层(陶瓷锦砖、缸砖、陶瓷地砖和水泥花砖面层)，大理石面层和花岗岩面层，预制板块面层(预制水泥混凝土、水磨石板块面层)，料石面层(条石、块石面层)，塑料板面层，活动地板面层，地毯面层；木竹面层：基层，实木地板面层(条材、块材面层)，实木复合地板面层(条材、块材面层)，中密度(强化)复合地板面层(条材面层)，竹地板面层 |
| | | 抹灰 | 一般抹灰，装饰抹灰，清水砌体勾缝 |
| | | 门窗 | 木门窗制作与安装，金属门窗安装，塑料门窗安装，特种门安装，门窗玻璃安装 |
| | | 吊顶 | 暗龙骨吊顶，明龙骨吊顶 |
| | | 轻质隔墙 | 板材隔墙，骨架隔墙，活动隔墙，玻璃隔墙 |
| | | 饰面板(砖) | 饰面板安装，饰面砖粘贴 |
| | | 幕墙 | 玻璃幕墙，金属幕墙，石材幕墙 |
| | | 涂饰 | 水性涂料涂饰，溶剂型涂料涂饰，美术涂饰 |
| | | 裱糊与软包 | 裱糊，软包 |
| | | 细部 | 橱柜制作与安装，窗帘盒、窗台板和暖气罩制作与安装，门窗套制作与安装，护栏和扶手制作与安装，花饰制作与安装 |
| 4 | 建筑屋面 | 卷材防水屋面 | 保温层，找平层，卷材防水层，细部构造 |
| | | 涂膜防水屋面 | 保温层，找平层，涂膜防水层，细部构造 |
| | | 刚性防水屋面 | 细石混凝土防水层，密封材料嵌缝，细部构造 |
| | | 瓦屋面 | 平瓦屋面，油毡瓦屋面，金属板屋面，细部构造 |
| | | 隔热屋面 | 架空屋面，蓄水屋面，种植屋面 |

**4. 检验批的划分**

检验批可根据施工及质量控制要求和专业验收需要，按楼层、施工段、变形缝等进行划分。分项工程划分成检验批进行验收有利于及时发现问题和确保工程质量，也符合施工实际需要。分项工程可由一个或若干个检验批组成，通常多层及高层建筑工程中主体分部的分项工程可按楼层或施工段来划分检验批，单层建筑工程中的分项工程可按变形缝等来划分检验批；地基与基础分部工程中的分项工程一般划分为一个检验批，有地下室的基础工程可按不同地下室来划分检验批；屋面分部工程中的分项工程即不同楼层屋面可划分为不同的检验批；其他分部工程中的分项工程，一般按楼层划分检验批；对于工程量较少的分项工程可统一划分为一个检验批。安装工程一般按一个设计系统或设备组别划分为一个检验批。室外工程统一划分为一个检验批。但散水、台阶、明沟等包含在地面检验批中。

### 1.2.3.2 建筑工程质量验收的合格要求

**1. 检验批质量验收的合格要求**

检验批质量验收合格应符合下列几点要求：

1）主控项目和一般项目的质量经抽样检验合格。主控项目是指对检验批的质量有致命性影响的检验项目，主要包括以下内容：重要建筑材料、构配件、成品、半成品、设备及附件的材质、技术性能等；涉及结构安全、使用功能的检测和抽查项目，如混凝土试块的强度、构件的刚度、挠度、承载力和外窗的三性要求等。所有主控项目都必须达到设计和验收规范的要求。一般项目是指除主控项目以外的检测项目。这些项目虽不像主控项目那样重要，但对工程安全、使用功能、美观都有较大的影响。因此验收时，这些检测项目的绝大多数抽查处（件），其质量指标都必须达到要求。一般项目质量合格的判定条件：抽查样本的80%及以上（个别项目为90%以上，如《混凝土验收规范》中梁、板构件上部纵向受力钢筋的保护层厚度等）应符合各专业验收规范规定的质量指标，其余20%的样本的缺陷限制可以放宽，但不超过规定允许偏差值的1.5倍（个别规范规定为1.2倍，如《钢结构验收规范》等）。

2）具有完整的施工操作依据和质量检查记录。施工操作依据的技术标准应符合设计要求和验收规范的要求，采用企业标准的不能低于国家标准和行业标准。质量检查记录中有关质量检查的内容、数据、评定，由施工单位的各项目专业质量检查员填写，检验批验收记录及结论则由监理单位的监理工程师填写。

若上述两项均符合要求，则该检验批质量判定为合格；若其中一项不符合要求，则该检验批质量判定为不合格。

**2. 分项工程质量验收的合格要求**

分项工程质量验收合格应符合下列几点要求：

1）分项工程中的检验批均应验收合格。

2）分项工程中的检验批的质量验收记录应完整。

分项工程的验收是在检验批的基础上进行的。由于分项工程由内容和性质相同的检验批汇集而成，因此，只要构成分项工程的各检验批的验收资料文件完整并且均已验收合格，则分项工程质量验收合格。

**3. 分部工程质量验收的合格要求**

分部（子分部）工程质量验收合格应符合下列几点要求：

1）分部（子分部）工程所含分项工程的质量均应验收合格。

2）质量控制资料应完整。

3）地基与基础、主体结构和设备安装等分部工程有关安全及功能的检验和抽样检测结果应符合有关规定。

4）观感质量验收应符合要求。

**4. 单位工程质量验收的合格要求**

1）单位（子单位）工程所含分部（子分部）工程的质量均应验收合格。

2）质量控制资料应完整。

3）单位（子单位）工程所含分部工程有关安全及功能的检验资料应完整。

4）主要功能项目的抽查应符合相关专业质量验收规范的规定。

5）观感质量验收应符合要求。

### 1.2.4 对建筑工程质量事故的处理及验收

对施工中出现的工程质量事故，可按下列规定进行处理：

#### 1.2.4.1 经返工重做或更换器具、设备的检验批，应重新进行验收

返工重做是指将检验批的全部或局部推倒重来的处理，处理或更换器具、设备后，应重新按程序进行验收。如砖砌体施工时，发现砌体的垂直度、平整度超过规范的要求，推倒后重新进行砌筑，其砖砌体工程的质量重新按程序进行验收。

重新验收质量时，要对该检验批重新进行抽样、检查和验收，并重新填写检验批质量验收记录表。

#### 1.2.4.2 经有资质的检测单位检测鉴定能够达到设计要求的检验批，应予以验收

这种情况一般是指留置的试块失去代表性或因故缺少试块，以及试块的试验报告缺少某项有关内容，或是对试块的试验结果有怀疑时，经有资质的检测单位对工程进行检测测试，其结果达到设计图样要求的则应予以验收。

#### 1.2.4.3 经有资质的检测单位检测鉴定达不到设计要求，但经原设计单位核算认可能够满足结构安全和使用功能的检验批，可予以验收

这种情况指检验批的某项质量指标达不到设计图样的要求，如留置的试块失去代表性或因故缺少试块以及试块的试验报告有缺陷，从而不能有效证明该项工程的质量情况，或是对该试验报告有怀疑时，则要求对工程实体质量进行检测。经有资质的检测单位检测鉴定达不到设计图样的要求，但经原设计单位进行验算，认为仍可满足结构安全和使用功能，并出具正式的认可证明(有注册结构工程师签字,并加盖单位公章)，则可予以验收。

#### 1.2.4.4 经返修或加固处理的分项、分部工程，虽改变了外形尺寸但仍能满足安全使用要求的，可按技术处理方案和协商文件进行验收

这种情况指工程的某项质量指标达不到设计图样的要求，经有资质的检测单位检测鉴定也未达到设计图样要求，同时设计单位经过验算也的确达不到原设计要求。经过分析，找出了事故原因，分清了质量责任，同时经过建设单位、施工单位、设计单位、监理单位等协商，同意进行加固补强，并协商好加固费用的处理、加固后的验收等事宜。由原设计单位出具加固技术方案，虽然改变了建筑构件的外形尺寸，或留下永久性缺陷，或改变了工程的用途，但应按协商文件进行验收。这是有条件的验收，由责任方承担经济损失或赔偿等。

#### 1.2.4.5 通过返修或加固处理仍不能满足安全使用要求的分部(子分部)工程、单位(子单位)工程，严禁验收

这种情况指不可救药者或采取措施后得不偿失者，此时应坚决返工重做，严禁验收。

### 1.2.5 房屋建筑工程质量保修

#### 1.2.5.1 概念

房屋建筑工程质量保修是指对房屋建筑工程竣工验收后在保修期限内出现的质量缺陷予以修复。质量缺陷是指房屋建筑工程的质量不符合工程建设强制性标准以及合同的约定。房

屋建筑工程在保修范围和保修期限内若出现质量缺陷，施工单位应当履行保修义务。房屋建筑工程的保修期限从工程竣工验收合格之日起计算。

#### 1.2.5.2 一般规定

房屋建筑工程如在保修期限内出现质量缺陷，建设单位或者房屋建筑所有人应当向施工单位发出保修通知。施工单位接到保修通知后，应当到现场核查情况，在保修书约定的时间内予以保修。发生涉及结构安全或者严重影响使用功能的紧急抢修事故时，施工单位在接到保修通知后，应当立即到达现场抢修；发生涉及结构安全的质量缺陷时，建设单位或者房屋建筑所有人应当立即向当地建设行政主管部门报告，并采取安全防范措施，再由原设计单位或者具有相应资质等级的设计单位提出保修方案，由施工单位实施保修，原工程质量监督机构负责监督。保修完后，由建设单位或者房屋建筑所有人组织验收，涉及结构安全的则应上报当地建设行政主管部门进行备案。

#### 1.2.5.3 保修期限

在正常使用情况下，房屋建筑工程的最低保修期限如下：

1）地基基础和主体结构工程，保修期限为设计文件规定的该工程的合理使用年限。

2）屋面防水工程和有防水要求的卫生间、房间以及外墙面的防渗漏工程，保修期限为5年。

3）供热与供冷系统，保修期限为2个采暖期、供冷期。

4）电气系统、给排水管道、设备安装工程的保修期限为2年。

5）装修工程的保修期限为2年。

6）其他项目的保修期限由建设单位和施工单位约定。

#### 1.2.5.4 保修范围及保修费用

**1. 不属于规定的保修范围的情况**

1）因使用不当或者第三方原因造成的质量缺陷。

2）因不可抗力造成的质量缺陷。

**2. 关于保修费用支付的规定**

1）保修费用由造成质量缺陷的责任方承担。

2）在保修期内，因房屋建筑工程质量缺陷造成房屋所有人、使用人或者第三方人身、财产损害的，房屋所有人、使用人或者第三方可以向建设单位提出赔偿要求，建设单位再向造成房屋建筑工程质量缺陷的责任方追偿。因保修不及时造成新的人身、财产损害的，由造成拖延的责任方承担赔偿责任。

### 1.2.6 建筑工程施工质量验收的程序与组织

为了落实参与建设的各方各级的质量责任，规范施工质量验收的程序，工程质量的验收均应在施工单位自行检查评定的基础上，按施工的顺序进行，即检验批、分项工程、分部(子分部)工程、单位(子单位)工程。

#### 1.2.6.1　检验批和分项工程的质量验收程序与组织

检验批及分项工程应由监理工程师(建设单位的项目技术负责人)来组织施工单位的项目专业质量(技术)负责人等进行验收。

检验批和分项工程的验收突出了监理工程师和施工者共同负责的原则。

监理工程师拥有对每道施工工序的施工检查权，并可根据检查结果决定是否允许进行下道工序的施工。对于不符合规范和质量标准的检验批，监理工程师有权并应要求施工单位进行停工整改或返工。分项工程施工过程中，应对其关键部位随时进行抽查。施工单位应在自检合格后，填写分项工程报检申请表，并附上分项工程评定表，属于隐蔽工程的还应将隐检单上报监理单位，监理工程师则必须组织施工单位的工程项目负责人和有关人员严格按照每道工序进行检查验收。合格后，则签发分项工程验收单。

#### 1.2.6.2　分部工程的质量验收程序与组织

分部工程应由总监理工程师(建设单位项目负责人)来组织施工单位项目负责人和技术、质量负责人等进行验收。地基与基础、主体结构分部工程的勘察、设计单位工程的项目负责人和施工单位的技术、质量部门负责人也应参加相关分部工程的验收。

#### 1.2.6.3　单位工程的质量验收程序与组织

1）单位工程完工后，施工单位应自行组织有关人员进行检查评定并向建设单位提交工程竣工报告。

2）单位工程竣工后，建设单位负责人应组织施工(含分包单位)、设计、监理等单位的负责人及技术与质量负责人、总监理工程师进行竣工验收。

3）单位工程有分包单位施工时，分包单位对所承包的工程项目应按标准规定的程序进行检验评定，参加检验评定合格后，应将工程有关资料上交总包单位。

#### 1.2.6.4　建筑工程竣工验收的程序

**1. 竣工验收的程序**

建设部2000年6月30日印发的建(2000)142号文《房屋建筑工程和市政基础设施工程竣工验收暂行规定》第六条规定了工程竣工验收的程序，具体如下：

1）工程完工后，施工单位向建设单位提交工程竣工报告，申请工程竣工验收。实行监理的工程，工程竣工报告则需经总监理工程师签署意见。

2）建设单位收到工程竣工报告后，对符合竣工验收要求的工程，组织勘察、设计、施工、监理等单位和其他有关方面的专家组成验收组，以制定验收方案。

3）建设单位应当在工程竣工验收的7个工作日之前将验收的时间、地点及验收组名单书面通知负责监督该工程的工程质量监督机构。

4）建设单位组织工程竣工验收，工程质量监督机构则对验收人员进行审核，并参与验收过程。

**2. 竣工验收会议的基本程序**

会议由建设单位主持，工程质量监督机构人员监督验收的程序。

竣工验收会议的基本程序如下几条：

1）建设、勘察、设计、施工和监理单位分别汇报工程合同的履约情况和在工程建设各个环节执行法律、法规和工程建设强制性标准的情况。

2）审阅建设、勘察、设计、施工、监理单位的工程档案资料。

3）实地查验工程质量。

4）对工程勘察、设计、施工、设备安装质量和各个管理环节等方面作出全面评价，形成经验收组人员签署的工程竣工验收意见。

当参与工程竣工验收的建设、勘察、设计、施工、监理等各方不能形成一致意见时，应当进行协调并提出解决的方法，待意见一致后，重新组织工程竣工验收。当参与验收的各方对工程质量验收的意见不一致时，也可请当地有关部门主持协调处理。工程验收意见不一致时的组织协调部门，可以是当地建设行政主管部门或其委托的部门（单位），一般为工程质量监督机构。单位工程质量验收合格后，建设单位应在规定时间内将工程竣工验收报告和有关文件，上报建设行政主管部门备案。

### 1.2.6.5 建筑工程质量验收的组织及参加人员

建筑工程质量验收的组织及参加人员见表1-3。

表1-3 建筑工程质量验收的组织及参加人员

| 序号 | 验收表的名称 | 质量自检人员 | 质量检查评定人员 | | 质量验收人员 |
|---|---|---|---|---|---|
| | | | 验收组织人员 | 参加验收人员 | |
| 1 | 施工现场质量管理检查记录表 | 项目经理 | 项目经理 | 项目技术负责人，分包单位负责人 | 总监理工程师 |
| 2 | 检验批质量验收记录表 | 班组长 | 项目专业质量检查员 | 班组长，分包项目技术负责人，项目技术负责人 | 监理工程师（建设单位项目专业技术负责人） |
| 3 | 分项工程质量验收记录表 | 班组长 | 项目专业技术负责人 | 班组长，项目技术负责人，分包项目技术负责人，项目专业质量检查员 | 监理工程师（建设单位项目专业技术负责人） |
| 4 | 分部（子分部）工程质量验收记录表 | 项目经理、分包单位项目经理 | 项目经理 | 项目专业技术负责人，分包项目技术负责人，勘察、设计单位项目负责人，建设单位项目专业负责人 | 总监理工程师（建设单位项目负责人） |
| 5 | 单位（子单位）工程质量竣工验收记录表 | 项目经理 | 建设单位 | 项目经理，分包单位项目经理，设计单位项目负责人，企业技术、质量部门，总监理工程师 | 建设单位项目负责人 |

（续）

| 序号 | 验收表的名称 | 质量自检人员 | 质量检查评定人员 | | 质量验收人员 |
|---|---|---|---|---|---|
| | | | 验收组织人员 | 参加验收人员 | |
| 6 | 单位（子单位）工程质量控制资料核查记录表 | 项目技术负责人 | 项目经理 | 分包单位项目经理，监理工程师，项目技术负责人，企业技术、质量部门 | 总监理工程师（建设单位项目负责人） |
| 7 | 单位（子单位）工程安全和功能检验资料核查及主要功能抽查记录表 | 项目技术负责人 | 项目经理 | 分包单位项目经理，项目技术负责人，监理工程师，企业技术、质量部门 | 总监理工程师（建设单位项目负责人） |
| 8 | 单位（子单位）工程观感质量检查记录表 | 项目技术负责人 | 项目经理 | 分包单位项目经理，项目技术负责人，监理工程师，企业技术、质量部门 | 总监理工程师（建设单位项目负责人） |

【能力训练】

训练题目　总结“统一标准”对建筑工程质量验收工作的作用

（1）目的　深刻理解基本内容，指导实际工作。

（2）能力及标准要求　具有正确按“统一标准”要求分析和解决问题的能力，撰写总结报告。

（3）准备　收集相关技术资料。

（4）步骤　阅读“统一标准”和教材，查阅相关技术资料，撰写总结报告。

（5）注意事项　掌握总结报告的编写格式。

（6）讨论　分组讨论“统一标准”在建筑工程质量验收工作中的作用，形成会议纪要。

## 课题3　常用建筑材料检验

### 1.3.1　砌体工程常用建筑材料检验

#### 1.3.1.1　砖及砌块的抽样方法及检验要求

**1. 砖的抽样方法及检验要求**

（1）砖的抽样方法　每一生产厂家的砖运到现场后，都应按烧结砖15万块、多孔砖5万块、灰砂砖及粉煤灰砖10万块的要求来划分检验批，抽检数量为1组。取样数量：外观质量抽50块；尺寸偏差抽20块；强度等级抽10块；孔洞率抽5块；泛霜抽5块；石灰爆裂抽5块；吸水率抽5块；冻融抽5块。取样方法：外观质量检验试样的抽取从每一检验批的堆垛中随机抽取，其他检验项目从外观质量检验后的试样中随机抽取。取样后试样都应立即送试验室进行试验。取样时应先制定抽取方案，如××垛的××行××列，再到现场抽样；如果施工现场的砖是散堆在一起的，可先从散堆中随机取砖摆成一字形，然后决定每隔几块抽取一块，不论抽样位置上砖的质量如何，都不允许以任何理由以别的砖替代。当只进行单项检验时，可直接从检验批中随机抽取。

（2）砖的检验要求　砖产品的检验分为出厂检验和型式检验两种。出厂检验项目包括尺寸偏差、外观质量和强度等级；型式检验项目包括标准规定的全部技术要求。现场主要复检出厂检验项目。外观质量检验中若有欠火砖、酥砖或螺旋纹砖则判定该批产品不合格；尺寸偏差、强度等级应按《普通烧结砖》(GB/T 5101—1998)中的技术标准要求判定，其中有一项不合格则判定该批产品不合格。产品出厂时，必须提供质量合格证。出厂产品质量证明书的主要内容有生产厂名、产品标记、批量及编号、证书编号、本批产品实测技术性能和生产日期等，并由检验员和承检单位签章。

**2. 砌块的抽样方法及检验要求**

（1）砌块的抽样方法　同品种、同规格、同等级的砌块，以1万块为一检验批，不足1万块亦为一检验批。取样数量：在每个检验批中随机抽取32块做尺寸偏差和外观质量检验，其中不符合该等级的产品不超过5块时，则判定该批砌块的尺寸偏差、外观质量检验结果符合相应等级，否则，该批砌块检验结果不符合相应等级。从尺寸偏差和外观质量检验合格的砌块中再抽取如下数量进行其他项目的检验：强度等级抽5块；相对含水率抽3块；抗渗性抽3块；抗冻性抽10块；空心率抽3块。

（2）砌块的检验要求　普通混凝土小型空心砌块的检验分为出厂检验和型式检验两种。出厂检验项目包括尺寸偏差、外观质量、强度等级及相对含水率，用于清水墙的砌块还应有抗渗性的检验。型式检验项目包括标准规定的全部技术要求。在施工现场复验项目受检的32块砌块中，尺寸偏差和外观质量不合格的产品不超过7块时，则判定该批砌块符合等级要求；所有项目的检验结果均应符合各项技术要求的等级；砌块出厂时，生产厂家应提供产品质量合格证书，其内容包括厂名、商标、批量编号、砌块数量(块)、产品标记、检验结果、合格证编号、检验部门及检验人员的签章等。

### 1.3.1.2　砌筑砂浆的抽样方法及检验要求

**1. 砌筑砂浆的抽样方法**

砂浆试块的取样数量：以不超过250m³砌体的各种类型与各种强度等级的砌筑砂浆为一检验批，同一检验批中每台搅拌机应至少检查1次。每次至少制作1组试块，每组不少于6块。同一类型强度等级的砂浆试块应不少于3组。

取样方法：在砂浆搅拌机出料口随机取样制作砂浆试块，且要注意同盘砂浆只应制作一组试块，不可一次制作多组试块。

**2. 砌筑砂浆检验要求**

同一检验批砂浆试块的抗压强度平均值必须大于或等于设计强度等级所对应的立方体抗压强度；同一检验批砂浆试块的抗压强度最小一组的平均值必须大于或等于设计强度等级所对应的立方体抗压强度的0.75倍。当施工或验收时出现砂浆试块缺乏代表性或试块数量不足、对砂浆试块的试验结果有怀疑或有争议、砂浆试块的试验结果不能满足设计要求等情况时，可采取现场检验方法对砂浆试块和砌体的强度进行原位检测或取样检验，从而判定其强度。

## 1.3.2 钢筋混凝土工程常用建筑材料检验

### 1.3.2.1 钢筋(原材料、连接)的抽样方法及检验要求

**1. 钢筋原材料的抽样方法及检验要求**

(1) 热轧钢筋的抽样方法及检验要求

1) 热轧钢筋的抽样方法。热轧钢筋按同牌号、同炉罐号、同规格、同交货状态且质量不大于60t 的为一个检验批。对质量不大于30t 的冶炼炉冶炼的钢锭和连续坯轧制的钢筋，允许由同牌号、同冶炼方法、同浇注方法的不同炉罐号的钢筋组成一个混合批，但每批不多于6 个炉罐号。

取样数量：外观检查从每批钢筋中抽取5%进行。力学性能试验从每批钢筋中任选两根钢筋，每根取两个试件分别进行拉伸试验(包括屈服点、抗拉强度和伸长率)和冷弯试验。

取样方法：力学性能试验取样时，应在钢筋的任意一端切去500mm，然后截取试件。拉伸试件的长度为 $l=[5d+(250\sim300)]$mm，弯曲试件的长度为 $l=(5d+150)$mm，其中 $d$ 都为钢筋直径。

2) 热轧钢筋的检验要求。进场的钢筋，应在每捆(盘)上都挂有两个标牌(注明生产厂家、生产日期、钢号、炉罐号、钢筋级别、直径等)，还应附有质量证明书、产品合格证及出厂试验报告，且应进行复检。

外观检查：钢筋表面不得有裂纹、结疤和折叠；钢筋表面允许有凸块，但其高度不得超过横肋的高度，钢筋表面上其他缺陷的深度或高度也不得大于所在部位尺寸的允许偏差；钢筋每1m 长度内弯曲度不应大于4mm。

力学性能试验：如有任意一项试验结果不符合要求，则从同一批中另取双倍数量的试件重做各项试验，如仍有一个试件为不合格品，则该批钢筋为不合格。

热轧钢筋在加工过程中若发现脆断、焊接性能不良或机械性能显著不正常等现象时，应进行化学成分分析或其他专项检验。

(2) 冷轧扭钢筋的抽样方法及检验要求

1) 冷轧扭钢筋的抽样方法。冷轧扭钢筋的检验批应由同一牌号、同一规格尺寸、同一台轧机生产、同一台班的钢筋组成，每批质量不大于10t，不足10t 的也按一批计。

取样数量：冷轧扭钢筋的试件在同一检验批钢筋中随机抽取。拉伸试验，每批抽取二个试件；冷弯试验，每批抽取一个试件；其他项目如轧扁厚度、节距、质量、外观等视情况决定。

取样方法：取样部位应距钢筋端部不小于500mm；试件长度宜取偶数倍节距，且不应小于4 倍节距，同时不小于500mm。

2) 冷轧扭钢筋的检验要求。当全部检验项目均符合《冷轧扭钢筋》(JG 3046—1998)中的标准规定时，则该批钢筋判定为合格。当检验项目中有一项检验结果不符合《冷轧扭钢筋》(JG 3046—1998)有关条文的要求，则应从同一批钢筋中重新加倍随机取样，对不合格项目进行复检。若试样复检后合格，该批筋可判定为合格。否则根据不同项目按下列规则判定：当抗拉强度、拉伸和冷弯试验不合格或质量负偏差大于5%时，该批钢筋判定为不合格；当只有轧扁厚度小于或节距大于《冷轧扭钢筋》(JG 3046—1998)中的规定时，仍可判定

为合格，但使用时需降低其直径规格。

**2. 钢筋连接的抽样方法及检验要求**

（1）钢筋闪光对焊连接的抽样方法及检验要求

1）钢筋闪光对焊连接的抽样方法。在同一班内，由同一焊工、按同一焊接参数焊接完成的200个同类型接头作为一个检验批。一周内连续焊接时，可以累计计算批数。一周内累计不足200个接头时，也按一批计算。

取样数量：外观检查，每批抽查10%的接头，并不得少于10个。力学性能试验包括拉伸试验和弯曲试验，应从每批成品中切取6个试件，其中3个进行拉伸试验，3个进行弯曲试验。

2）钢筋闪光对焊连接的检验要求。外观检查：接头处不得有横向裂纹；与电极接触处的钢筋表面，对于Ⅰ、Ⅱ、Ⅲ级钢筋，不得有明显的烧伤；对于Ⅳ级钢筋不得有烧伤；低温对焊时，对于Ⅱ、Ⅲ、Ⅳ级钢筋，均不得有烧伤；接头处的弯折角，不得大于4°；接头处的钢筋轴线偏移不得大于钢筋直径的10%，同时不得大于2mm；当有一个接头不符合要求时，应对全部接头进行检查，剔出不合格品。不合格接头经切除重焊后，可提交进行二次验收。

拉伸试验：3个试件的抗拉强度均不得低于该级别钢筋的抗拉强度标准值；至少有两个试件破坏时断于焊缝之外，并呈塑性断裂。当检验结果表明有一个试件的抗拉强度低于规定指标，或有两个试件在焊缝处或热影响区发生脆性断裂时，应取双倍数量的试件进行复检。复检结果中，若仍有一个试件的抗拉强度低于规定指标，或有3个试件呈脆性断裂，则该批接头即为不合格品。

弯曲试验：弯曲试验结果中有2个试件发生破断时，应取双倍数量的试件进行复检。复检结果中，若仍有3个试件发生破断，则该批接头为不合格品。

（2）钢筋电弧焊连接的抽样方法及检验要求

1）钢筋电弧焊连接的抽样方法。电弧焊接头应以一至二楼层中的300个同接头形式、同钢筋级别的接头作为一个检验批；不足300个接头时，仍作为一批。

取样数量：外观检查应全数检查；力学性能试验应从成品中每批随机切取3个接头进行拉伸试验。

2）钢筋电弧焊连接的检验要求。外观检查：焊缝表面应平整，不得有凹陷或焊瘤；焊接接头区域不得有裂纹；咬边深度和气孔、夹渣等缺陷的允许值及接头尺寸的允许偏差，应符合规定；坡口焊、熔槽帮条焊和窄间隙焊接头的焊缝余高不得大于3mm。外观检查不合格的接头，经修整或补强后可提交进行二次验收。

拉伸试验：3个热轧钢筋接头试件的抗拉强度均不得小于该级别钢筋规定的抗拉强度；3个接头试件破坏时均应断于焊缝之外，并应至少有2个试件呈塑性断裂；当试验结果中，有1个试件的抗拉强度小于规定值，或有1个试件破坏时断于焊缝处，或有2个试件发生脆性断裂时，应再取6个试件进行复检。复检结果中，当有1个试件的抗拉强度小于规定值，或有1个试件破坏断于焊缝处，或有3个试件呈脆性断裂时，应判定该批接头为不合格。

（3）钢筋电渣压力焊连接的抽样方法及检验要求

1）钢筋电渣压力焊连接的抽样方法与钢筋电弧焊连接的抽样方法相同。

2）钢筋电渣压力焊连接的检验要求。

外观检查：四周焊包凸出钢筋表面的高度应符合相关的规定；钢筋与电极接触处，应无烧伤缺陷；接头处的弯折角不得大于4°；接头处的轴线偏移不得大于钢筋直径的10%，且不得大于2mm。外观检查不合格的接头应切除重焊，或采取补强焊接措施。

拉伸试验：检验要求与电弧焊连接相同。

（4）钢筋机械连接的抽样方法及检验要求

1）钢筋机械连接的抽样方法。同一施工条件下的同一批材料的同等级、同规格接头，以500个作为一个检验批进行检验与验收，不足500个也作为一个检验批。

取样数量：外观检查，每批随机抽取同规格接头数的10%进行；单向拉伸试验，每一检验批应在工程结构中随机截取3个试件进行，且在现场应连续检验10个检验批，全部单向拉伸试件一次抽样均合格时，检验批的接头数量可扩大一倍；接头拧紧力矩值抽检，梁、柱构件按接头数的15%抽检，且每个构件的接头抽检数不得少于1，基础、墙、板构件按各自接头数进行，每100个接头作为一个检验批，不足100个也作为一个检验批，每批抽检3个接头。

2）钢筋机械连接的检验要求。外观检查时应使钢筋与连接套的规格一致，接头丝扣无完整丝扣外露；单向拉伸试验应满足设计要求；接头拧紧力矩值抽检的接头应全部合格，如有一个接头不合格，则应对该检验批接头逐个检查，对查出的不合格接头应进行补强，并填写接头质量检查记录。

### 1.3.2.2　水泥的抽样方法及检验要求

#### 1. 水泥的抽样方法

同一生产厂家、同一等级、同一品种、同一批号且连续进场的水泥，袋装水泥不超过200t为一检验批，散装水泥不超过500t为一检验批。

取样数量：取样应在同一批水泥的不同部位等量采集，取样点不少于20个，并应具有代表性，且总质量不小于12kg。

取样方法：袋装水泥采用袋装水泥取样管，随机地将取样管插入水泥中的适当深度，再用大拇指按住气孔，小心抽出取样管，最后将所取样品放入洁净、干燥、不易污染的容器中。散装水泥则在散装水泥卸料处或输送水泥运输机具上取样。

#### 2. 水泥的检验要求

水泥进场时应审查出厂试验报告，对强度、安定性及其他必要性能指标进行复检。凡是氧化镁、三氧化硫、初凝时间、安定性中的任何一项不符合标准规定的均为废品；凡是细度、终凝时间中的任何一项不符合标准规定的或混合材料掺量超过最大限量和强度低于商品强度等级规定的指标时均为不合格品；水泥包装标志中水泥品种、强度等级、生产者名称和出厂编号不全的也属于不合格品。

### 1.3.2.3　骨料的抽样方法及检验要求

#### 1. 砂的抽样方法及检验要求

（1）砂的抽样方法　同产地、同规格的砂，用大型工具（如火车、汽车、轮船等）运输的，以400m$^3$或600t作为一个检验批，不足400m$^3$或600t亦为一批；用小型工具（如马车）运输的，以200m$^3$或300t作为一个检验批，不足上述者亦为一批。

取样数量：在料堆上取样时，取样部位应均匀分布。取样前先将取样部位表层铲除，然后从不同部位抽取大致等量的砂8份，其总质量不小于10kg，再混合均匀。

（2）砂的检验要求 砂的检验主要是对颗粒级配、含泥量以及表观密度和堆积密度等的检验。检验(含复检)后，若各项性能指标都符合《建筑工程质量验收标准》的相应类别规定时，可判定该产品合格。若有一项性能指标不符合标准要求时，则应从同一批产品中加倍取样，对不符合标准要求的项目进行复检。复检后，若该项指标符合标准要求时，可判定该批产品合格。

**2. 碎石(含碎卵石)的抽样方法及检验要求**

（1）碎石(含碎卵石)的抽样方法 同产地、同规格的碎石，用大型工具(如火车、汽车、轮船等)运输的，以400$m^3$或600t作为一个检验批，不足600t亦为一批；用小型工具(如马车)运输的，以200$m^3$或300t作为一个检验批，不足上述者亦为一批。

取样数量：在料堆上取样时，取样部位应均匀分布。在料堆的顶部、中部和底部分别选取五个均匀分布的不同部位，取样前先将取样部位表层铲除，然后从不同部位抽取大致等量的石子15份，其总质量不小于60kg，再混合均匀。

（2）碎石(含碎卵石)的检验要求 碎石的检验项目为颗粒级配、含泥量、泥块含量、针片状颗粒含量等。检验(含复检)后，若各项性能指标都符合《建筑工程质量验收标准》的相应类别规定时，可判定该产品合格。若有一项性能指标不符合标准要求时，则应从同一批产品中加倍取样，对不符合标准要求的项目进行复检。复检后，若该项指标符合标准要求时，可判定该批产品合格；若仍然不符合标准要求时，则判定该批产品不合格。

#### 1.3.2.4 混凝土的抽样方法及检验要求

混凝土拌制前，应测定砂、石的含水率并依此确定施工配合比，每个工作台班检查一次。在拌制和浇筑过程中，应检查组成材料的称量偏差，每一工作台班不应少于一次抽查；坍落度的检查在浇筑地点进行，每一工作台班至少检查两次；在每一工作台班内，若混凝土配合比由于外界影响而有变动时，应及时检查；对混凝土的搅拌时间应随时检查。下面具体讲述混凝土强度的抽检方法及要求：

**1. 混凝土强度的抽样方法**

用于检查结构构件混凝土强度的试件，应在混凝土的浇筑地点随机抽取。取样与试件留置应符合下列几个规定：

1）每拌制100盘且不超过100$m^3$的同一配合比的混凝土，取样不得少于一次。

2）每个工作台班内拌制的同一配合比的混凝土不足100盘时，取样不得少于一次。

3）当一次连续浇筑超过1000$m^3$的混凝土时，同一配合比的混凝土每200$m^3$取样不得少于一次。

4）每一楼层、同一配合比的混凝土，取样不得少于一次。

5）每次取样应至少留置一组标准养护试件，每组不少于3个试件；同条件养护的试件的留置组数应根据实际需要确定。

对有抗渗要求的混凝土结构，其混凝土试件应在浇筑地点随机取样，同一工程、同一配合比的混凝土，取样不应少于一次，留置组数则按连续浇筑混凝土每500$m^3$留一组原则，每组不少于6个试件，且每项工程不得少于两组。采用预拌混凝土的可根据实际需要确定。

结构构件在拆模、出池、出厂、吊装、张拉、放张及施工期间临时负荷时的混凝土强度，应根据同条件养护的标准尺寸试件的混凝土强度确定。

**2. 混凝土强度的检验要求**

混凝土强度的合格评定应根据《混凝土强度检验评定标准》(GB 107—1987)来进行，混凝土强度的评定方法有统计方法和非统计方法两种。前者适用于预拌混凝土厂、预制混凝土构件厂和采用现场集中搅拌混凝土的施工单位；后者则适用于零星生产的预制构件厂或现场搅拌批量不大的混凝土。根据混凝土生产情况要求，其强度应按相应的统计方法进行合格性判定。当检验结果能满足上述标准的规定时，则该批混凝土强度判定为合格；当不能满足上述标准的规定时，则该批混凝土强度判定为不合格。

## 1.3.3 防水工程常用建筑材料检验

防水材料的抽样方法及检验要求见表1-4、表1-5。

**表1-4 常用屋面防水材料的抽样方法及检验内容**

| 序号 | 材料名称 | 现场抽样数量 | 外观质量检验 | 物理性能检验 |
|---|---|---|---|---|
| 1 | 沥青防水卷材 | 大于1000卷抽5卷，500~1000卷抽4卷，100~499卷抽3卷，100卷以下抽2卷，进行规格尺寸和外观质量检验。在外观质量检验合格的卷材中，任取一卷做物理性能检验 | 无洞，硌伤，露胎，涂盖不匀，折纹，皱折，裂纹，裂口，缺边，每卷卷材的接头 | 纵向拉力，耐热度，柔度，不透水性 |
| 2 | 高聚物改性沥青防水卷材 | | 无洞，缺边，裂口，边缘不整齐，胎体露白、未浸透；撒布材料的粒度、颜色；每卷卷材的接头 | 拉力，延伸率，耐热度，低温柔度，不透水性 |
| 3 | 合成高分子防水卷材 | | 折痕，杂质，胶块，凹痕；每卷卷材的接头 | 断裂拉伸强度，扯断伸长率，低温弯折，不透水性，加热收缩率，热老化保持率 |
| 4 | 高聚物改性沥青防水涂料 | 每10t为一批，不足10t按一批抽样 | 包装完好无损，且标明涂料名称、生产日期、生产厂名、产品有效期；无沉淀、凝胶、分层 | 固体含量，耐热度，柔度，不透水性，延伸率 |
| 5 | 合成高分子防水涂料 | | 包装完好无损，且标明涂料名称、生产日期、生产厂名、产品有效期 | 固体含量，拉伸强度，断裂延伸率，柔度，不透水性 |
| 6 | 胎体增强材料 | 每$3000m^2$为一批，不足$3000m^2$按一批抽样 | 均匀，无团状，平整，无褶皱 | 拉力，延伸率 |
| 7 | 改性石油沥青密封材料 | 每2t为一批，不足2t按一批抽样 | 黑色均匀膏状，无结块和未浸透填料 | 耐热度，低温柔度，拉伸粘性，施工度 |
| 8 | 合成高分子密封材料 | 每1t为一批，不足1t按一批抽样 | 均匀膏状物，无结皮、凝胶或不易分散的固体团状 | 拉伸粘性，柔度 |

**表1-5 常用地下防水材料的抽样方法及检验内容**

| 序号 | 材料名称 | 现场抽样数量 | 外观质量检验 | 物理性能检验 |
|---|---|---|---|---|
| 1 | 高聚物改性沥青防水卷材 | 大于1000卷抽5卷，500~1000卷抽4卷，100~499卷抽3卷，100卷以下抽2卷，进行规格尺寸和外观质量检验。在外观质量检验合格的卷材中，任取一卷做物理性能检验 | 断裂，皱褶，孔洞，剥离，边缘不整齐，胎体露白、未浸透，撒布材料的粒度、颜色；每卷卷材的接头 | 拉力，延伸率，低温柔度，不透水性 |
| 2 | 合成高分子防水卷材 | | 折痕，杂质，胶块，凹痕；每卷卷材的接头 | 断裂拉伸强度，扯断伸长率，低温弯折，不透水性 |
| 3 | 沥青基防水涂料 | 每工作班生产量为一批抽样 | 搅匀和分散在水溶液中，无明显沥青丝团 | 固体含量，耐热度，柔度，不透水性，延伸率 |
| 4 | 无机防水涂料 | 每10t为一批，不足10t按一批抽样 | 包装完好无损，且标明涂料名称、生产日期、生产厂家、产品有效期 | 抗折强度，粘结强度，抗渗性 |
| 5 | 有机防水涂料 | 每5t为一批，不足5t按一批抽样 | 同4 | 固体含量，拉伸强度，断裂延伸率，柔度，不透水性 |
| 6 | 胎体增强材料 | 每$3000m^2$为一批，不足$3000m^2$按一批抽样 | 均匀，无团状，平整，无折皱 | 拉力，延伸率 |
| 7 | 改性石油沥青密封材料 | | 黑色均匀膏状，无结块和未浸透的填料 | 低温柔度，拉伸粘结性，施工度 |
| 8 | 合成高分子密封材料 | 每2t为一批，不足2t按一批抽样 | 均匀膏状物，无结皮、凝结或不易分散的固体团块 | 拉伸粘结性，柔度 |
| 9 | 高分子防水材料止水带 | 每月同标记的止水带产量作为一批来抽样 | 尺寸公差；开裂，缺胶，海绵状，中心孔偏；凹痕，气泡，杂质，明疤 | 拉伸强度，扯断伸长率，撕裂强度 |
| 10 | 高分子防水材料遇水膨胀橡胶 | 每月同标记的止水带产量作为一批来抽样 | 尺寸公差；开裂，缺胶，海绵状；凹痕，气泡，杂质，明疤 | 拉伸强度，扯断伸长率，体积膨胀倍率 |

## 1.3.4 装饰工程常用建筑材料检验

### 1.3.4.1 装饰材料的基本要求

1）建筑装饰装修工程所用材料的品种、规格和质量应符合设计要求和现行国家标准的规定，当无设计要求时应符合现行国家标准的规定。严禁使用国家明令淘汰的材料。

2）建筑装饰装修工程所用材料的燃烧性能应符合现行国家标准《建筑内部装修设计防火规范》(GB 50222—1995)、《建筑设计防火规范》(GBJ 16—1987)和《高层民用建筑设计防火规范》(GB 50045—1995)的规定。

3）建筑装饰装修工程所用材料应符合国家有关建筑装饰装修材料有害物质限量标准的

规定。

4）所有装饰材料进场时应对品种、规格、外观和尺寸进行验收。材料包装应完好，应附有产品合格证书、中文说明书及相关性能的检测报告，进口产品应按规定进行商品检验。

5）进场后需进行复检的装饰材料种类及项目应符合《建筑装饰装修工程质量验收规范》（GB 50210—2001）各章的规定。同一厂家生产的同一品种、同一类型的进场材料应至少抽取一组样品进行复检，且当合同另有约定时应按合同执行。

6）当国家规定或合同约定应对材料进行见证检测或对材料的质量发生争议时，应进行见证检测。

7）承担建筑装饰装修材料检测的单位应具备相应的资质，并应建立质量管理体系。

8）建筑装饰装修工程所使用的材料在运输、储存和施工过程中，必须采取有效措施来防止损坏、变质和污染环境。

9）建筑装饰装修工程所用的材料应按设计要求进行防火、防腐和防虫处理。

10）现场配制的材料如砂浆、胶粘剂等，应按设计要求或产品说明书配制。

#### 1.3.4.2　常用装饰材料检验的抽样方法及检验内容

常用装饰材料检验的抽样方法及检验内容见表1-6。

**表1-6　常用装饰材料检验抽样方法及检验内容**

| 序号 | 材料名称 | 现场抽样数量 | 外观质量检验 | 物理性能检验 |
|---|---|---|---|---|
| 1 | 釉面内墙砖 | 以同品种、同规格、同色号、同等级的1000～2000m² 为一个检验批，供需双方也可商定批的大小 | 尺寸偏差，表面缺陷，色差，平整度，边角和直角度，白度 | 吸水率，耐急冷急热性，弯曲度，抗龟裂性 |
| 2 | 彩色釉面陶瓷墙地砖 | 每50～500m² 为一个检验批，不足50m² 按一个检验批抽样 | 尺寸偏差，表面缺陷，变形，分层，背纹 | 吸水率，耐急冷急热性，弯曲强度，抗冻性能，耐磨性，耐化学腐蚀性能 |
| 3 | 水溶性内墙涂料 | 以2t同类产品为一个检验批，不足2t按一批抽样；每批抽样为总桶数的20%，小批量产品抽样不得少于3桶，逐桶取样，总质量不小于1kg | 容器中的状态、细度、白度，涂膜外观 | 耐水性，耐干擦性，耐洗刷性，遮盖力，附着力 |

## 【能力训练】

训练题目1　框架结构砌体材料的检测方案的制订

（1）目的　掌握砌体材料的检验批的划分、试件的抽取方法和数量确定方法，熟悉检验的要求。

（2）能力及标准要求　具有正确划分砌体材料检验批、现场抽取试件的能力，要求写出书面的检测方案。

（3）准备　拟订工程量大小和施工进度，确定材料进厂的数量。

（4）步骤　确定进厂材料的数量，划分检验批，确定取样数量，编制检验方案。

(5) 注意事项 检测方案的可操作性，要将学生分成若干小组并设定不同情况。

(6) 讨论 将各小组的检测方案进行比较，总结讨论结果并形成会议纪要。

训练题目2 框架结构混凝土材料的检测方案的制订

(1) 目的 掌握混凝土材料的检验批的划分、试件的抽取方法和数量确定方法，熟悉检验的要求。

(2) 能力及标准要求 具有正确划分混凝土材料检验批、现场抽取试件的能力，要求写出书面的检测方案。

(3) 准备 拟订工程量大小和施工进度，确定材料进厂的数量。

(4) 步骤 确定进厂材料的数量，划分检验批，确定取样数量，编制检验方案。

(5) 注意事项 检测方案的可操作性，要将学生分成若干小组并设定不同情况。

(6) 讨论 将各小组的检测方案进行比较，总结讨论结果并形成会议纪要。

训练题目3 框架结构钢筋原材料和钢筋焊接接头的检测方案的制订

(1) 目的 掌握钢筋原材料和钢筋焊接接头的检验批的划分、试件的抽取方法和数量确定方法，熟悉检验的要求。

(2) 能力及标准要求 具有正确划分钢筋原材料和钢筋焊接接头检验批、现场抽取试件的能力，要求写出书面的检测方案。

(3) 准备 拟订工程量大小和施工进度，确定材料进厂的数量。

(4) 步骤 确定进厂材料的数量，划分检验批，确定取样数量，编制检验方案。

(5) 注意事项 检测方案的可操作性，要将学生分成若干小组并设定不同情况。

(6) 讨论 将各小组的检测方案进行比较，总结讨论结果并形成会议纪要。

## 单元小结

本单元的主要讲述了建筑工程质量管理与验收的基本知识，其内容包括如下几部分。

建筑工程质量的特点，即影响因素多、容易产生质量变异、质量隐蔽性、质量检查时不能解体和拆卸、要受投资及进度的制约等。

建筑工程质量的要求，即使用性、安全可靠性、耐久性、美观性、经济性等方面的要求。

建筑工程质量的技术标准和管理标准。影响建筑工程质量的因素，即人员素质、工程材料、机具设备、技术方法、环境条件及施工工期和工程造价等。建筑工程质量验收的标准包括“统一标准”和“14项专业验收规范”，验收标准编写的原则与指导思想即“验评分离、强化验收、完善手段、过程控制”，其中《建筑工程质量验收统一标准》的基本规定包括施工现场的质量管理、建筑工程质量控制、建筑工程施工质量验收的依据和其中涉及的资格与资质要求。

建筑工程质量验收的划分，即检验批、分项工程、分部（子分部）工程和单位（子单位）工程四级；建筑工程质量验收合格的判定条件。对建筑工程质量事故的处理及验收，建筑工程施工质量验收的程序与组织。常用的砌体、钢筋混凝土（钢筋、水泥、骨料等原材料和钢筋连接接头及混凝土）、防水及装饰等建筑材料的抽样方法与检验要求。

通过上述内容的学习，学生应对建筑工程质量的特点有所了解，熟悉建筑工程质量要求的内涵、建筑工程质量工程标准、影响建筑工程质量的因素，掌握建筑工程质量验收标准编写的原则与指导思想，熟练掌握《建筑工程质量验收统一标准》的基本规定内容，特别是建筑工程施工质量验收的程序与组织。掌握常用建筑材料的抽样方法与检验要求。

## 复习思考题

1-1 建筑工程质量的特点和要求是什么?

1-2 影响建筑工程质量的具体因素有哪些?

1-3 建筑工程质量与技术标准的关系是什么?

1-4 建筑工程质量验收标准编写的原则与指导思想是什么? 如何理解其实质?

1-5 建筑工程质量验收规范是怎样组成的?

1-6 建筑工程施工质量验收的依据是什么? 有何要求?

1-7 建筑工程质量验收划分为哪几个等级? 具体内容是什么?

1-8 建筑工程施工质量验收的程序与组织是什么?

1-9 怎样进行砌筑材料的抽样及检验?

1-10 钢筋原材料的抽样方法及检验要求是什么?

1-11 如何进行钢筋焊接连接和机械连接的抽样及检验?

1-12 混凝土原材料的抽样方法及检验要求是什么?

1-13 混凝土的抽样方法及检验要求有哪些?

1-14 常用卷材防水材料的抽样方法及检验要求是什么?

1-15 装饰材料的基本要求有哪些?

## 实训练习题

**练习题1** 某住宅楼建筑面积5 200$m^2$，是一栋12层一字形平面建筑，一、二层为商店，三层以上为住宅。一层、二层层高3.6m，三层以上层高2.8m，总高35.2m。基础为钢筋混凝土柱下独立基础，上部为现浇钢筋混凝土梁、板、柱的框架结构体系，主体结构采用C30混凝土、加气混凝土砌块填充墙。在主体结构施工过程中，工地试验室出现问题，最后在对混凝土试块进行强度检验时，发现四层混凝土部分试块的强度达不到设计要求，因此，进一步对实体强度进行检测，检测到结构的实际强度能够达到原设计要求。

问题:

(1) 该质量问题是否需要处理，为什么?

(2) 如果该混凝土强度经测试论证达不到要求，需要进行处理，可采用什么处理方法，处理后应满足哪些要求?

(3) 根据工程质量事故的性质和严重程度，工程质量事故分成哪两类? 是如何规定的? 如果该质量问题需要处理，所造成的经济损失为5万元，则该事故属于哪一类?

**练习题2** 某商厦建筑面积16 600$m^2$，为现浇钢筋混凝土框架结构，地上6层，地下2层，由市建筑设计院设计、路南区建筑工程公司施工。1996年4月8日开工，1997年5月10日竣工验收，交付使用。在2004年夏季，商厦员工发现屋面大面积渗漏，经调查发现，该工程所采用的防水材料质量存在问题，该材料由施工单位负责采购，因此，该商厦业主要求原施工单位维修并赔偿损失。施工单位称该屋面防水工程已过保修期，对建设单位要求不予理睬。

问题：

(1) 为避免出现质量问题，施工单位应事前对哪些因素进行控制？

(2) 施工单位的说法是否合理？为什么？

(3) 简述材料质量控制的要点和内容。

# 单元2　地基与基础工程质量检验

**【单元概述】**

本单元主要介绍土方工程质量检验，常见的地基与基础工程、地下防水工程材料的质量要求，施工过程质量控制要点，施工质量验收检验项目、质量标准的内容和方法，并介绍地基与基础工程中常用检验工具的种类。

**【学习目标】**

通过本单元的学习和实训，了解土方工程质量检验，常见地基与基础工程、地下防水工程材料的质量要求，熟悉施工过程的质量控制要点，掌握施工质量检验的标准和方法，熟悉地基与基础工程中常用的质量检验工具的使用方法。

## 课题1　土方工程质量检验

### 2.1.1　施工过程的质量控制

#### 2.1.1.1　准备工作的检查

1）场地平整的表面坡度应符合设计要求，无设计要求时，向排水沟方向的坡度不小于0.2%。平整后的场地表面应逐点检查。检查点为每100～400$m^2$取1点，且不少于10点；长度、宽度和边坡均为每20m取1点，每边不少于1点。

2）进行施工区域内以及施工区周围的地上或地下障碍物的清理拆迁情况的检查。做好周边环境监测初读数据的记录。

3）进行地面排水和降低地下水位工作情况的检查。

#### 2.1.1.2　工程定位与放线的控制与检查

1）根据规划红线或建筑方格网，按设计总平面图的规定来复核建筑物或构筑物的定位桩。

2）按照基础平面图，对基坑的灰线进行轴线和几何尺寸的复核，并核查单位工程放线后的方位是否符合图样的朝向。

3）开挖前应预先设置轴线控制桩及水准点桩，并定期进行复检。

#### 2.1.1.3　土方开挖过程中的检查与控制

1）土方开挖应遵循“开槽支撑、先撑后挖、分层开挖、严禁超挖”的原则，检查开挖的顺序、方法与设计工况是否一致。

2）土方开挖过程中，标高应随时检查。机械开挖时，应留 150 ~ 300mm 厚的土层，采用人工找平，以避免超挖现象的出现。

3）开挖过程中应检查平面位置、水平标高、边坡坡度、排水及降水系统，并随时观测周围的环境变化。

#### 2.1.1.4 基坑（基槽）的检查验收

1）表面检查验收。观察土的分布、走向情况是否符合设计要求，是否挖到原（老）土、槽底土的颜色是否均匀一致，如有异常应会同设计单位等进行处理。

2）检查钎探记录。

#### 2.1.1.5 进行土方回填施工的质量检查

1）检查回填土方的含水量，使其保持在最佳含水状态。

2）根据土质、压实系数及使用的机具，检查及控制铺土厚度和压实遍数。

#### 2.1.1.6 验槽

施工完成后，进行验槽，并形成记录及检验报告，最后检查施工记录及验槽报告。

### 2.1.2 土方工程施工质量检验标准和检验方法

#### 2.1.2.1 土方开挖分项工程

土方开挖工程质量检验标准与检验方法见表 2-1。

**表 2-1 土方开挖工程质量检验标准与检验方法**

| 项目 | 序号 | 检验项目 | 允许偏差或允许值 | | | | | 检验方法 | 检验数量 |
|---|---|---|---|---|---|---|---|---|---|
| | | | 桩基基坑基槽 | 挖方场地平整 | | 管沟 | 地（路）面基层 | | |
| | | | | 人工 | 机械 | | | | |
| 主控项目 | 1 | 标高/mm | -50 | ±30 | ±50 | -50 | -50 | 指挖后的基底标高，用水准仪测量，并检查测量记录 | 柱基按总数抽查 10%，且不少于 5 个，每个不少于 2 点；基坑每 $20m^2$ 取 1 点，每坑不少于 2 点；基槽、管沟、排水沟、路面基层每 20m 取 1 点，且不少于 5 点；场地平整每 100 ~ $400m^2$ 取 1 点，且不少于 10 点 |
| | 2 | 长度、宽度（由设计中心线向两边量）/mm | +200<br>-50 | +300<br>-100 | +500<br>-150 | +100 | — | 长度、宽度是指基底的宽度、长度，用经纬仪、拉线尺测量检查，并检查测量记录 | 每 20m 取 1 点，每边不少于 1 点 |
| | 3 | 边坡 | 符合设计要求或规范规定 | | | | | 观察或用坡度尺检查 | 每 20m 取 1 点，每边不少于 1 点 |

（续）

| 项目 | 序号 | 检验项目 | 允许偏差或允许值 | | | | | 检验方法 | 检验数量 |
|---|---|---|---|---|---|---|---|---|---|
| | | | 桩基基坑基槽 | 挖方场地平整 | | 管沟 | 地(路)面基层 | | |
| | | | | 人工 | 机械 | | | | |
| 一般项目 | 1 | 表面平整度/mm | 20 | 20 | 50 | 20 | 20 | 主要指基底表面平整度，用2m靠尺和楔形塞尺检查 | 每30~50m² 取1点 |
| | 2 | 基底土性 | 符合设计或地质报告要求 | | | | | 观察或土样分析，通常请勘察、设计单位来验槽，形成验槽记录 | 全数检查 |

## 2.1.2.2 土方回填分项工程

土方回填工程质量检验标准与检验方法见表2-2。

表2-2 填土工程质量检验标准与检验方法

| 项目 | 序号 | 检验项目 | 允许偏差或允许值 | | | | | 检验方法 | 检验数量 |
|---|---|---|---|---|---|---|---|---|---|
| | | | 桩基基坑基槽 | 挖方场地平整 | | 管沟 | 地(路)面基层 | | |
| | | | | 人工 | 机械 | | | | |
| 主控项目 | 1 | 标高/mm | -50 | ±30 | ±50 | -50 | -50 | 用水准仪测量回填后的表面标高，并检查测量记录 | 同土方开挖工程 |
| | 2 | 分层压实系数 | 符合设计要求 | | | | | 按规定或环刀法取样测试，不满足要求应随时返工，并检查测试记录 | 柱基抽查总数的10%，且不少于10点；基坑及管沟回填，每层按长度20~50m取样1组，且不少于1组；基坑和室内填土，每层按100~500m² 取样1组，且不少于1组；场地平整填方，每层按400~900m² 取样1组，且不少于1组 |
| 一般项目 | 1 | 回填土料 | 符合设计要求 | | | | | 取样检验或直观鉴别，并检查施工记录和试验报告 | 全数检查 |
| | 2 | 分层厚度及含水量 | 符合设计要求 | | | | | 检查施工记录和试验报告 | 同主控项目2 |
| | 3 | 表面平整度/mm | 20 | 20 | 30 | 20 | 20 | 用靠尺或水准仪检查 | 每30~50m² 取1点，检查表面平整度 |

### 2.1.3 土方工程质量验收记录

1）工程地质勘察报告。

2）土方工程施工方案。

3）相关部门签署验收意见的基坑验槽记录、填方工程基底处理记录、地基处理设计变更单或技术核定单、隐蔽工程验收记录、建筑物(构筑物)平面和标高放线测量记录和复合单、回填土料取样或工地直观鉴别记录。

4）填筑厚度及压实遍数取值的根据或试验报告。

5）最优含水量选定根据或试验报告。

6）挖土或填土边坡坡度选定的依据。

7）每层填土分层压实系数的测试报告和取样分布图。

8）施工过程的排水监测记录。

9）土方开挖或填土工程质量检验单。

**【能力训练】**

训练题目　根据图样进行工程定位与放线的控制与检查

(1) 目的　提高读识工程施工图及测量放线的能力，学会放线成果的复核和检查。

(2) 能力及标准要求　具备识读工程施工图、使用测量仪器的能力，要求能准确复核放线成果。

(3) 准备　施工图样，测量仪器等工具。

(4) 步骤　看图，实际放线，绘制放线成果，复核检查，填写质量检验记录表。

(5) 注意事项　合适图样的选择。

(6) 讨论　该工作对建筑工程的质量产生的影响。

## 课题2　地基工程质量检验

### 2.2.1 灰土、砂和砂石地基

#### 2.2.1.1 材料质量要求

(1) 土料　可采用就地挖出的粘性土及塑性指数大于4的粉土，土内不得含有松软杂质和耕植土；土料应过筛，其颗粒粒径不应大于15mm。

(2) 石灰　应用Ⅲ级以上新鲜的块灰，含氧化钙、氧化镁越多越好，使用前1~2d消解并过筛，其颗粒粒径不得大于5mm，且不应夹有未熟化的生石灰块粒及其他杂质，也不得含有过多的水分。

(3) 水泥(代替石灰)　可选用32.5级或42.5级硅酸盐水泥或普通硅酸盐水泥，其安定性和强度应经复检合格。

(4) 砂　宜用颗粒级配良好、质地坚硬的中砂或粗砂，当用细砂、粉砂时应掺加粒径为20~50mm的卵石(或碎石)，但要分布均匀。砂中不得含有杂草、树根等有机物。用作排水固结的地基材料，含泥量宜小于3%（质量分数）。

（5）砂石 采用自然级配的砂砾石（或卵石、碎石）混合物，最大粒径不大于100mm，且不得含有植物残体、有机物等杂物。

#### 2.2.1.2 施工过程的质量控制

1）灰土、砂和砂石地基在施工前，应进行验槽，合格后方可进行施工。

2）施工前应检查槽底是否有积水、淤泥，若有则应清除干净并干燥后再施工。

3）检查灰土的配料是否正确，除设计有特殊要求外，一般按2∶8或3∶7的体积比进行配制；检查砂石的级配是否符合设计或试验要求。

4）控制灰土的含水量，以“手握成团、落地开花”为好。

5）检查控制地基的铺设厚度，灰土为200～300mm、砂或砂石为150～350mm。

6）检查每层铺设压实后的压实密度，合格后方可进行下一道工序的施工。

7）检查分段施工时上下两层的搭接部位和搭接长度是否符合规定。

#### 2.2.1.3 灰土地基工程质量检验

灰土地基工程质量检验标准与检验方法见表2-3。

表2-3 灰土地基质量检验标准与检验方法

| 项目 | 序号 | 检验项目 | 允许偏差或允许值 | 检查方法 | 检验数量 |
|---|---|---|---|---|---|
| 主控项目 | 1 | 地基承载力 | 符合设计要求 | 由设计提出要求，在施工结束且一定间歇时间后进行灰土地基的承载力检验。具体检验方法可按当地设计单位习惯或经验等，选用标惯、静力触探、十字板剪切强度及荷载试验等方法，其结果必须符合设计要求标准 | 每个单位工程不少于3点，1000$m^2$以上每100$m^2$抽查1点，3000$m^2$以上每300$m^2$抽查1点；独立柱每柱1点，基槽每20延米1点 |
| | 2 | 配合比 | 符合设计要求 | 土料、石灰或水泥材料质量、配合比拌和时的体积比，应符合设计要求；观察检查，必要时检查材料抽样试验报告 | 配合比每工作班至少检查两次 |
| | 3 | 压实系数 | 符合设计要求 | 现场实测，常用环刀法取样、贯入仪或动力触探等方法，检查施工记录及灰土压实系数检测报告 | 采用环刀法取样应位于每层厚度的2/3深处，大基坑每50～100$m^2$不应少于1点，基槽每10～20m不应少于1点；每个独立柱基不应少于1点。采用贯入仪或动力触探时，每分层检验点的间距应小于4m |

（续）

| 项目 | 序号 | 检验项目 | 允许偏差或允许值 | 检查方法 | 检验数量 |
|---|---|---|---|---|---|
| 一般项目 | 1 | 石灰粒径/mm | ≤5 | 检查筛子及实施情况 | 基坑每50～100m² 取1点，基槽每10～20m 取1点，均不少于5点；每个独立柱基不少于1点 |
| | 2 | 土料有机质含量（%，质量分数） | ≤5 | 检查焙烧实验报告并观察检查 | |
| | 3 | 土颗粒粒径/mm | ≤15 | 检查筛子及实施情况 | |
| | 4 | 含水量（与要求的最优含水量比较）（%） | ±2 | 现场观察检查并检查烘干报告 | |
| | 5 | 分层厚度偏差（与设计要求比较）/mm | ±50 | 水准仪和钢尺测量 | |

### 2.2.1.4 砂和砂石地基工程质量检验

砂和砂石地基工程质量检验标准与检验方法见表2-4。

**表2-4 砂和砂石地基质量检验标准与检验方法**

| 项目 | 序号 | 检验项目 | 允许偏差或允许值 | 检查方法 | 检验数量 |
|---|---|---|---|---|---|
| 主控项目 | 1 | 地基承载力 | 符合设计要求 | 同灰土地基 | 同灰土地基 |
| | 2 | 配合比 | 符合设计要求 | 现场实测体积比或质量比，并检查施工记录及抽样试验报告 | 同灰土地基 |
| | 3 | 压实系数 | 符合设计要求 | 贯入仪、动力触探或采用灌砂法、灌水法检验，并检查试验报告 | 大基坑每50～100m² 不应少于1点，基槽每10～20m不应少于1点，每个独立柱基不应少于1点。采用贯入仪、动力触探时，每分层检验点的间距应小于4m |
| 一般项目 | 1 | 砂石料有机质含量（%，质量分数） | ≤5 | 检查焙烧试验报告和观察检查 | 同灰土地基 |
| | 2 | 砂石料含泥量（%，质量分数） | ≤5 | 现场观察检查并检查水洗试验报告 | |
| | 3 | 石料粒径/mm | ≤100 | 检查筛分报告 | |
| | 4 | 含水量（与要求的最优含水量比较）（%） | ±2 | 检查烘干报告 | |
| | 5 | 分层厚度偏差（与设计要求比较）/mm | ±50 | 与设计厚度比较，水准仪和钢尺测量 | |

## 2.2.2 土和灰土挤密桩地基

### 2.2.2.1 材料质量要求

1）土和灰土桩所用的土，一般采用素土，但不得含有机杂质，使用前应过筛，其粒径不得大于20mm。

2）灰土桩所用的熟石灰应过筛，其粒径不得大于5mm。熟石灰中不得夹有未熟化的生石灰块粒，也不得含有过多的水分。

### 2.2.2.2 施工过程的质量控制

1）检查成孔的深度、桩径、数量及桩孔的中心位置，使之符合设计要求。

2）桩孔填料前应检查孔底是否有积水、杂物等，若有应清理干净，并应夯击孔底8～10次以保证孔底密实。

3）使回填料的含水量接近最优含水量，一般用“手握成团、落地开花”的现场经验判断，或用现场含水量和干密度快速测定法测定，并检查回填料的拌和均匀情况。

4）填料时应检查每次填料厚度(350～400mm)、夯击次数及夯实后的干密度是否符合试验确定的工艺参数，并做好施工记录。

5）检查每个桩孔回填料是否与桩孔计算量相符，并适当考虑1.1～1.2的充盈系数。

### 2.2.2.3 挤密桩地基工程质量检验

挤密桩地基工程质量检验标准和检验方法见表2-5。

**表2-5 挤密桩地基工程质量检验标准和检验方法**

| 项目 | 序号 | 检验项目 | | 允许偏差或允许值 | 检查方法 | 检验数量 |
|---|---|---|---|---|---|---|
| 主控项目 | 1 | 桩体及间距土干密度 | | 符合设计要求 | 现场用环刀取样或触探仪检查，并检查试验报告 | 均按总数抽查20%，且不少于10根 |
| | 2 | 桩长/mm | | +500 | 测量桩管长度或锤球测孔深度，并检查施工记录 | 均按总数抽查20%，且不少于10根 |
| | 3 | 地基承载力 | | 符合设计要求 | 检查荷载试验报告 | 检查总数的0.5%～1%，且不少于3处 |
| | 4 | 桩径/mm | | −20 | 现场量测，并检查施工记录 | 均按总数抽查20%，且不少于10根 |
| 一般项目 | 1 | 土料有机质含量(%,质量分数) | | ≤5 | 实验室焙烧法，并检查土工试验报告 | 抽查总数的20%，且不少于10根 |
| | 2 | 石灰粒径/mm | | ≤5 | 每次熟化后用筛分法 | |
| | 3 | 桩位偏差 | 满堂布桩 | ≤0.40$d$ | 钢尺测量，并检查施工记录 | |
| | | | 条基布桩 | ≤0.25$d$ | | |
| | 4 | 垂直度(%) | | ≤1.5 | 经纬仪测量，并检查施工记录 | |

注：$d$为桩的设计直径。

## 2.2.3 水泥搅拌土桩地基

### 2.2.3.1 材料质量要求

1）水泥：应选用32.5级以上新鲜普通硅酸盐水泥。

2）外掺剂：早强剂选用三乙醇胺、氯化钙、碳酸钠或水玻璃等材料，掺入量宜分别取水泥质量的0.05%、2%、0.5%、2%；减水剂选用木质素黄酸钙，掺入量宜取水泥质量的0.2%；石膏具有缓凝和早强作用，掺入量宜取水泥质量的2%。

### 2.2.3.2 施工过程的质量控制

（1）检查施工准备工作　现场事先应予以平整，必须清除地上、地下的一切障碍物；复核测量放线结果，并检查试桩后确定的施工工艺流程是否满足搅拌桩的设计质量要求；检查机械运转是否正常、计量装置是否正确和输料管是否畅通。

（2）搅拌机位置检查　搅拌机就位时应检查其垂直度和平面位置，垂直度控制在不大于1.5%的范围内，桩位布置偏差不得大于50mm，桩径偏差不得大于0.04$d$（$d$为桩径）。

（3）湿法施工质量控制

1）严格控制水灰比为0.45~0.5，水泥要严格称量，水要用定量容器量取，每次搅拌时间不少于3min。

2）搅拌程序应符合设计要求的“一喷二搅”或“二喷三搅”施工程序。

3）搅拌头切土下沉到达桩端前，应把拌好滤净的水泥浆液输送到桩端，灰浆泵压力控制在0.4~0.6MPa范围内，搅拌提升速度应与输浆速度同步。

4）为了保证桩端施工质量，当浆液到达出浆口时，搅拌头不要提升，应在桩端喷浆座底停留30s，使浆液完全达到桩端。

5）水泥土强度与水泥土搅拌均匀程度成正比，所以最后一次提升搅拌宜采用慢速提升，当喷浆口达到桩顶标高时，宜停止提升，并搅拌数秒，以保证桩头均匀密实。

6）每天上班开机前，应先测量搅拌头刀片直径是否达到700mm，搅拌头刀片有磨损时应及时加焊，以防止桩径偏小。

7）预搅下沉时不宜冲水，当遇到较硬土层且下沉太慢时，方可适当冲水，但应采用缩小浆液水灰比或增加掺入浆液等方法来弥补冲水对桩身强度的影响。

8）拌浆、输浆、搅拌等均应有专人记录，桩深记录误差不得大于100mm，时间记录误差不得大于5s。

9）施工时若因故停浆，应将搅拌头下沉至停浆点以下0.5m处，待恢复供浆时再喷浆提升；若停机3h以上，则应拆卸输浆管路，并清洗干净，以防止恢复施工时堵管。

10）壁状加固时，桩与桩的搭接长度宜为200mm，搭接时间不大于24h，如因特殊原因超过24h时，应对最后一根桩先进行空钻，留出榫头以等待下一个桩搭接；如间隔时间过长，与下一根桩无法搭接时，应在设计和业主方认可后，采取局部补桩或注浆措施。

（4）干法施工质量控制

1）在桩头、桩端等关键部位应复喷和复搅。

2）测量检查料罐喷出的粉量，对喷粉量不到设计要求的桩位应立即复喷复搅。

3）为保证成桩搅拌均匀，应使提升速度与搅拌头转速匹配，粉喷桩机应保证每提升15mm搅拌一圈，若有自制设备，应在制桩试验合格后方可使用。

4）对地下水位以上的桩，在施工后应在地面浇水，以帮助水泥水解水化从而反应充分。

5）其余详见湿法施工质量控制。

（5）承重水泥土搅拌桩施工控制　承重水泥土搅拌桩施工时，设计停浆（灰）面应高出基础底面标高300～500mm（基础埋深大取小值，反之取大值），在开挖基坑时，应将施工质量较差段用手工挖除，以防止发生桩顶与挖土机械碰撞断裂的现象。

### 2.2.3.3　水泥土搅拌桩地基工程质量检验

水泥土搅拌桩地基工程质量检验标准和检验方法见表2-6。

表2-6　水泥土搅拌桩地基工程质量检验标准和检验方法

| 项目 | 序号 | 检查项目 | 允许偏差或允许值 | 检查方法 | 检验数量 |
|---|---|---|---|---|---|
| 主控项目 | 1 | 水泥及外掺剂质量 | 设计要求 | 按进货批检查水泥出厂质量证明书和现场抽验试验报告，外掺剂则按品种、规格检查产品合格证书 | — |
| | 2 | 水泥用量 | 参数指标 | 逐桩检查灰浆泵流量计，以计算输入桩内浆液（粉体）的量并与设计确定的水泥量比较 | 抽查总数的20%，且不少于10根 |
| | 3 | 桩体强度 | 设计要求 | 按设计要求进行检查，水泥土桩应在成桩后7d内进行质量跟踪检验，当设计没有规定方法时，可用双管单动取样器进行钻芯取样，并检查试件抗压强度试验报告。承重桩应取90d后的试件，支护桩应取28d后的试件 | 抽查总数的0.5%～1%，且不少于3根 |
| | 4 | 地基承载力 | 设计要求 | 按设计规定方法进行检验或检查，复核地基荷载试验报告和单桩荷载试验报告，荷载试验宜在28d后进行 | 抽查总数的0.5%～1%，且不少于3处 |
| 一般项目 | 1 | 机头提升速度/(m/min) | ≤0.5 | 测量每分钟机头上升的距离，且每桩全程控制 | 桩顶、桩底、桩位及桩径应全数检查，其余抽查总数的20%，且不少于10根 |
| | 2 | 桩底标高/mm | ±200 | 测量机头深度 | |
| | 3 | 桩顶标高/mm | +100，-50 | 水准仪检查（最上部500mm不计入） | |
| | 4 | 桩位偏差/mm | <50 | 钢尺测量（根据设计桩位点位置） | |
| | 5 | 桩径 | $<0.04d$（$d$为桩径） | 浅部开挖桩头（超过停浆面0.5m）用钢尺测量桩直径 | |
| | 6 | 垂直度(%) | ≤1.5 | 用经纬仪控制搅拌头轴的垂直度 | |
| | 7 | 搭接/mm | >200 | 开挖并用钢尺测量 | |

### 2.2.4 水泥粉煤灰碎石桩复合地基

#### 2.2.4.1 材料质量要求

1）水泥：应选用32.5级普通硅酸盐水泥，且每批均应具备出厂质量证明书。

2）粉煤灰：选用电厂排放的硅铝型低钙粉煤灰，其粒径控制在0.001～2.0mm之间，烧失量小于12%（质量分数），且不得有杂物、垃圾等。

3）砂：采用中、粗砂，粒径在0.3～3mm之间为宜，含泥量不大于5%（质量分数）。

4）碎石：质地坚硬，粒径不大于50mm，含泥量不大于5%，且不得含泥块。

#### 2.2.4.2 施工过程的质量控制

1）施工前应进行成桩工艺试验和成桩质量试验。确定工艺参数，包括水泥粉煤灰碎石混合物填充量、钻杆提管速度、电动机工作电流等。

2）机架安装要平稳，其垂直度偏差应小于1%，水平位置偏差不应超过100～150mm。

3）施工过程中应检查计量磅秤的正确性，还应检查水泥、粉煤灰、砂、石的配合比和坍落度，且每班至少留置一组(3块)标准试块，供强度检验用。

4）填料时应检查提拔钻杆(或套管)的速度以及每次泵入混合料的数量。

5）提拔钻杆(或套管)的速度必须与泵入混合料的速度相匹配，否则容易产生缩颈或断桩。一般情况下，在砂性土、粘质粘土、粘土中提拔的速度为1.2～1.5m/min，在淤泥质土中应适当放慢速度(通过工艺试桩获取提拔速度)。

#### 2.2.4.3 水泥粉煤灰碎石桩复合地基工程质量检验

水泥粉煤灰碎石桩复合地基工程质量检验标准和检验方法见表2-7。

**表2-7 水泥粉煤灰碎石桩复合地基质量检验标准和检验方法**

| 项目 | 序号 | 检查项目 | | 允许偏差或允许值 | 检查方法 | 检验数量 |
|---|---|---|---|---|---|---|
| 主控项目 | 1 | 原材料 | | 设计要求 | 检查产品合格证书和抽样试验报告 | — |
| | 2 | 桩径/mm | | -20 | 用钢尺测量或计算填料量，-20mm是指个别断面 | 抽查总数的20%，且不少于10根 |
| | 3 | 桩身强度 | | 设计要求 | 检查28d试块强度 | 抽查总数的0.5%～1%，且不少于3根 |
| | 4 | 地基承载力 | | 设计要求 | 按规定的方法检查或采用复合地基荷载试验，检查试验报告 | 抽查总数的0.5%～1%，且不少于3处 |
| 一般项目 | 1 | 桩身完整性 | | 按桩基检测技术规范 | 按设计要求或采用低应变动力法试验，判定桩身完整情况，检查试验报告 | 抽查总数的20%，且不少于10根 |
| | 2 | 桩位偏差 | 满堂布桩 | ≤0.40$d$($d$为桩径) | 用钢尺测量，根据桩位放线检查 | |
| | | | 条基布桩 | ≤0.25$d$($d$为桩径) | | |

（续）

| 项目 | 序号 | 检查项目 | 允许偏差或允许值 | 检查方法 | 检验数量 |
| --- | --- | --- | --- | --- | --- |
| 一般项目 | 3 | 桩垂直度(%) | ≤1.5 | 用经纬仪测量桩管垂直度 | 抽查总数的20%，且不少于10根 |
| | 4 | 桩长/mm | +100，0 | 用尺测量桩管长度或垂球测孔深 | |
| | 5 | 褥垫层夯填度 | ≤0.9 | 用钢尺测量 | |

## 2.2.5 高压喷射注浆地基

### 2.2.5.1 材料质量要求

1）水泥：按设计规定的品种、强度等级，检查出厂质保书，按批号抽样送检，并检查试验报告。

2）注浆用砂：粒径小于2.5mm，细度模数小于2.0，含泥量及有机物含量小于3%（质量分数），同产地同规格每300~600t为1检验批，并检查送检样品试验报告。

3）注浆用粘土：塑性指数大于14，粘粒含量大于25%（质量分数），含砂量小于5%（质量分数），有机物含量小于3%（质量分数），决定取土部位后取样送检，并检查送检样品试验报告。

4）粉煤灰：细度不大于同时使用的水泥细度，烧失量不小于3%，决定取某厂粉煤灰后取样送检，并检查送检样品试验报告。

5）水玻璃：模数在2.5~3.3之间，按进货批现场随机抽样送检，并检查送检样品试验报告。

6）其他化学浆液：按设计要求的化学浆液性能指标，检查出厂质保书和送检样品试验报告。

### 2.2.5.2 施工过程的质量控制

1）检查水泥、外掺剂（缓凝剂、速凝剂、流动剂、加气剂、防冻剂等）的质量证明书和复检试验报告。

2）检查高压注浆设备的性能、压力表、流量表的精度及灵敏度。

3）检查制定的高压注浆施工技术方案，通过现场试桩确定施工工艺参数，并检查确认压力、水泥喷浆量、提升速度、旋转速度等是否符合设计要求。

4）施工过程中应随时检查及记录水泥用量，水灰比一般控制在0.7~1.0之间。

5. 检查成桩的施工顺序，防止发生窜孔，应采用间隔跳打的方法施工，一般两孔间距应大于1.5m。

6）检查注浆过程中冒浆量是否控制在10%~25%之间。一般冒浆量小于注浆量的20%为正常现象，当超过25%时或完全不冒浆时为异常现象，此时应查明原因并采取相应措施。

### 2.2.5.3 高压注浆地基工程质量检验

高压注浆地基工程质量检验标准和检验方法见表2-8。

**表 2-8 高压注浆地基工程质量检验标准和检验方法**

| 项目 | 序号 | 检验项目 | 允许偏差或允许值 | 检查方法 | 检验数量 |
|---|---|---|---|---|---|
| 主控项目 | 1 | 水泥及外掺剂质量 | 符合出厂要求 | 检查每批水泥的产品合格证书和抽样试验报告 | — |
| | 2 | 水泥用量 | 符合设计要求 | 查看流量表及水泥浆水灰比（记录） | 每工作班不少于3次 |
| | 3 | 桩体强度或完整性检验 | 符合设计要求 | 质量检验应在注浆结束四周后进行，并按设计规定的方法进行检验。当设计没有规定时，桩体强度检验可选用静力触探、标准贯入或钻芯取样等方法；完整性检验可采用开挖检查等方法 | 桩体完整性应抽查总数的20%，且不少于10根。桩体强度应抽查总数的0.5%～1%，且不少于3根 |
| | 4 | 地基承载力 | 符合设计要求 | 按规定的方法检查或采用复合地基荷载试验，并检查试验报告 | 抽查总数的0.5%～1%，且不少于3处 |
| 一般项目 | 1 | 钻孔位置/mm | ≤50 | 按设计放线进行检查，用尺测量 | 抽查总数的20%，且不少于10根 |
| | 2 | 钻孔垂直度(%) | ≤1.5 | 用测绳或经纬仪测量钻杆垂直度 | |
| | 3 | 孔深/mm | ±200 | 用钢尺测量机上余尺以测定钻孔深度 | |
| | 4 | 注浆压力 | 按设定参数指标 | 查看压力表并检查施工记录 | |
| | 5 | 桩体搭接/mm | >200 | 挖开桩搭接部位用钢尺测量 | |
| | 6 | 桩体直径/mm | ≤50 | 开挖后凿去桩顶疏松部位，并用钢尺测量 | |
| | 7 | 桩身中心允许偏差 | ≤0.2$d$($d$为桩径) | 土方开挖后，用钢尺测量桩顶下500mm处的桩中心与设计桩中心的偏差 | |

## 【能力训练】

训练题目　灰土、砂和砂石地基工程质量检验

(1) 目的　熟悉灰土、砂和砂石地基工程质量检验的检验内容和检验方法。

(2) 能力及标准要求　具备检查灰土、砂和砂石地基原材料和填写验收资料的能力。

(3) 准备　灰土、砂和砂石地基的原材料，验收时所填资料表。

(4) 步骤　现场进行材料检查，仪器检查压实密度，填写验收记录表。

(5) 注意事项　本训练可在现场进行，也可建立仿真现场，注意实际操作训练。

(6) 讨论　地基质量对建筑工程质量造成的影响。

# 课题3 基础工程质量检验

## 2.3.1 钢筋混凝土预制桩基础

### 2.3.1.1 材料及成品桩的质量要求

**1. 材料质量要求**

1）粗骨料：应选用质地坚硬的卵石、碎石，其粒径宜为5~40mm并连续级配，含泥量不大于2%（质量分数），且无垃圾及杂物。

2）细骨料：应选用质地坚硬的中砂，含泥量不大于3%，无有机物、垃圾、泥块等杂物。

3）水泥：宜选用强度等级为32.5、42.5的硅酸盐水泥或普通硅酸盐水泥，使用前必须有出厂质量证明书和水泥现场取样复检试验报告，合格后方准使用。

4）钢筋：应具有出厂质量证明书和钢筋现场取样复检试验报告，合格后方准使用。

5）拌和用水：一般饮用水或洁净的自然水。

6）混凝土配合比：用现场材料和按设计要求强度并经试验室试配后出具的混凝土配合比。

**2. 成品桩质量要求**

钢筋混凝土预制桩的质量检验标准和检查方法见表2-9。

表2-9 钢筋混凝土预制桩的质量检验标准和检查方法

<table>
<tr><th>项目</th><th>序号</th><th colspan="2">检查项目</th><th>允许偏差或允许值</th><th>检查方法</th></tr>
<tr><td rowspan="9">一般项目</td><td>1</td><td colspan="2">砂、石、水泥、钢材等原材料（现场预制时）</td><td>符合设计要求</td><td>查出厂质保文件或抽样送检，并检查试验报告</td></tr>
<tr><td>2</td><td colspan="2">混凝土配合比及强度（现场预制时）</td><td>符合设计要求</td><td>检查称量并检查试块记录</td></tr>
<tr><td>3</td><td colspan="2">成品桩外形</td><td>表面平整，颜色均匀，掉角深度小于10mm，蜂窝面积小于总面积的0.5%</td><td>观察检查</td></tr>
<tr><td>4</td><td colspan="2">成品桩裂缝（收缩裂缝或起吊、装运、堆放引起的裂缝）</td><td>深度小于20mm，宽度小于0.25mm，横向裂缝不超过边长的一半</td><td>裂缝测定仪，该项对地下水有侵蚀的地区及锤击数超过500击的长桩不适用</td></tr>
<tr><td rowspan="5">5</td><td rowspan="5">成品桩尺寸</td><td>横截面边长/mm</td><td>±5</td><td>用钢尺测量</td></tr>
<tr><td>桩顶对角线差/mm</td><td><10</td><td>用钢尺测量</td></tr>
<tr><td>桩尖中心线/mm</td><td><10</td><td>用钢尺测量</td></tr>
<tr><td>桩身弯曲矢高</td><td>$<\frac{1}{1000}L$</td><td>用钢尺测量，$L$为桩长</td></tr>
<tr><td>桩顶平整度/mm</td><td><2</td><td>用水平尺测量</td></tr>
</table>

#### 2.3.1.2 施工过程的质量控制

1）做好桩定位放线检查复核工作，施工过程中应对每根桩位进行复核，防止因沉桩引起的位移。

2）检查钢筋混凝土预制桩的施工技术方案，特别注意检查当桩距小于$4d$（$d$为桩径）或桩的规格不同时的沉桩的顺序。

3）检查桩机就位情况，保证桩架稳定垂直。在现场应安装测量设备（经纬仪和水准仪），随时观测沉桩的垂直度。

4）检查施工机组的打桩参数记录情况。

5）检查接桩时接点的质量。焊接接桩时的钢材宜选用低碳钢，对称焊接，焊缝连续饱满，并注意焊缝变形；硫磺胶泥接桩时宜选用半成品硫磺胶泥，浇注温度应在140～150℃范围内，浇注时间不超过2min，浇注后停歇时间应超过7min。

#### 2.3.1.3 钢筋混凝土预制桩工程质量检验

钢筋混凝土预制桩工程质量检验标准和检验方法见表2-10。

**表2-10 钢筋混凝土预制桩工程质量检验标准和检验方法**

<table>
<tr><th>项目</th><th>序号</th><th colspan="3">检验项目</th><th>允许偏差或允许值</th><th>检查方法</th><th>检验数量</th></tr>
<tr><td rowspan="8">主控项目</td><td>1</td><td colspan="3">桩体质量检验</td><td>符合设计要求</td><td>检查内容包括桩完整性、裂缝、断桩等，应采用动力法检测或钻芯取样至桩尖下50cm进行检测，并检查检测报告</td><td>不少于总桩数的10%，且不少于10根；对设计等级为甲级或地质条件复杂的桩基工程，其抽检数量不应少于总数的20%，且不得少于10根；每个柱子承台不得少于1根</td></tr>
<tr><td rowspan="6">2</td><td rowspan="6">桩位偏差/mm</td><td rowspan="2">盖有基础梁的桩</td><td>垂直基础梁的中心线</td><td>100+0.01$H$</td><td rowspan="6">承台或底板开挖到设计标高后，放测好轴线，逐桩检查沉桩中心线和设计桩位的偏差，斜桩倾斜度的偏差不得大于倾斜角正切值的15%（倾斜角为桩的纵向中心线与铅垂线间的夹角）</td><td rowspan="6">全数检查</td></tr>
<tr><td>沿基础梁的中心线</td><td>150+0.01$H$</td></tr>
<tr><td colspan="2">桩数为1～3根时桩基中的桩</td><td>100</td></tr>
<tr><td colspan="2">桩数为4～16根时桩基中的桩</td><td>1/2桩径或边长</td></tr>
<tr><td rowspan="2">桩数大于16根桩基中的桩</td><td>最外边的桩</td><td>1/3桩径或边长</td></tr>
<tr><td>中间的桩</td><td>1/2桩径或边长</td></tr>
<tr><td>3</td><td colspan="3">承载力</td><td>符合设计要求</td><td>按设计要求或采用高应变动力法检测，并检查荷载试验报告</td><td>不应少于总桩数的2%，且不少于5根。如采用静荷载试验，数量不少于总桩数的1%，且不应少于3根。总桩数少于50根时，为2根</td></tr>
</table>

（续）

| 项目 | 序号 | 检验项目 | | | | 允许偏差或允许值 | 检查方法 | 检验数量 |
|---|---|---|---|---|---|---|---|---|
| 一般项目 | 1 | 成品桩质量 | 外观 | | | 见表2-9 | 见表2-9 | 抽查总桩数的20%，且不少于10根 |
| | | | 外形尺寸 | | | 见表2-9 | 见表2-9 | |
| | | | 强度 | | | 满足设计要求 | 检查产品合格证或钻芯试压 | |
| | 2 | 硫磺胶泥质量（半成品） | | | | 满足设计要求 | 检查产品合格证或抽样送检 | |
| | 3 | 电焊接桩 | 焊缝质量 | 上下节端部错口/mm | 外径≥700mm | ≤3 | 钢尺测量，并检查施工记录 | |
| | | | | | 外径≤700mm | ≤2 | 钢尺测量，并检查施工记录 | |
| | | | | 焊缝咬边深度/mm | | ≤0.5 | 焊缝检测仪 | |
| | | | | 焊缝加强层高度/mm | | 2 | 焊缝检测仪 | |
| | | | | 焊缝加强层宽度/mm | | 2 | 焊缝检测仪 | |
| | | | | 焊缝电焊质量外观 | | 无气孔、无焊瘤及裂缝 | 目测法直观检查 | |
| | | | | 焊缝探伤检验 | | 符合设计要求 | 现场观测测量和探伤检测（超声波法或拍片） | |
| | | | 电焊结束后停歇时间/min | | | >1.0 | 秒表测定 | |
| | | | 上下节平面偏差/mm | | | <10 | 钢尺现场测量 | |
| | | | 节点弯曲矢高 | | | <1/1000$L$ | 钢尺现场测量，$L$为两节桩长 | |
| | 4 | 硫磺胶泥接桩 | 胶泥浇注时间/min | | | <2 | 秒表测定 | |
| | | | 浇注停歇时间/min | | | >7 | 秒表测定 | |
| | 5 | 桩顶标高/mm | | | | ±50 | 现场水准仪测定 | |
| | 6 | 停锤标准 | | | | 符合设计要求 | 检查每根桩的沉桩记录，并用钢尺测定10击后贯入度的数值 | |

注：$H$为施工现场地面标高与桩顶设计标高的距离。

#### 2.3.1.4 竣工验收资料

1）工程地质勘探报告、桩基施工图及工程桩号图、图样会审纪要、设计变更记录、技术核定单、材料代用签证单等。

2）经审定的施工组织设计、施工方案及实施中的变更情况。

3）桩位控制点、线及标高控制点的复核记录，单桩定位控制记录。

4）打桩施工记录。

5）桩位中间验收记录，每根桩每节桩的接桩记录和硫磺胶泥试件试验报告或焊接桩的探伤报告。

6）现场预制桩的检验记录（包括材料合格证，材料试验报告，混凝土配合比、现场混凝土计量和坍落度检验记录，钢筋骨架隐蔽工程验收报告，每批浇筑混凝土强度试验报告，每批浇筑混凝土检验批检验记录等）。

7）成品桩的出厂合格证及进场后对该批成品桩的检验记录。

8）停锤标准有变更时的研究处理意见。

9）桩位（包括桩位偏差、桩顶标高、桩身垂直度）竣工平面图。

10）周围环境的监测记录。

11）打桩的每一检验批记录。

## 2.3.2 钢筋混凝土灌注桩工程基础

### 2.3.2.1 材料质量要求

1）粗骨料：应选用质地坚硬的卵石、碎石，其粒径宜为 15～25mm，且卵石粒径不宜大于 50mm，碎石粒径不宜大于 40mm；含泥量不大于 2%（质量分数），无垃圾及杂物。

2）细骨料：应选用质地坚硬的中砂，含泥量不大于 5%，无草根、泥块等杂物。

3）水泥：宜选用强度等级为 32.5 或 42.5 的硅酸盐水泥或普通硅酸盐水泥，必须有出厂质量证明书和水泥现场取样复检试验报告，合格后方准使用。

4）钢筋：应具有出厂质量证明书和钢筋现场取样复检试验报告，合格后方准使用。

5）拌和用水：一般饮用水或洁净的自然水。

### 2.3.2.2 施工过程的质量控制

**1. 试孔**

桩施工前，应进行“试成孔”。试孔桩的数量每个场地不少于 2 个，通过试成孔检查核对地质资料、施工参数及设备运转情况。试成孔结束后应检查孔径、垂直度、孔壁稳定性等是否符合设计要求。

**2. 检查建筑物位置和工程桩位轴线**

检查建筑物位置和工程桩位轴线是否符合设计要求。

**3. 做好成孔过程的质量检查**

1）泥浆护壁成孔桩应检查护筒的埋设位置，其偏差应符合规范及设计要求；检查钻机就位的垂直度和平面位置，开孔前应对钻头直径和钻具长度进行测量，并记录备查；检查护壁泥浆的密度及成孔后沉渣的厚度。

2）套管成孔灌注桩应经常检查管内有无地下水或泥浆，若有应及时处理再继续沉管；当桩距小于 4 倍桩径时应检查是否有保证相邻桩桩身不受振动损坏的技术措施；应检查桩靴的强度和刚度及与桩管衔接密封的情况，以保证桩管内不进泥砂及地下水。

3）干作业成孔灌注桩应检查钻机的位置和钻杆的垂直度，还应检查钻机的电流值或油压值，以避免钻机超负荷工作；成孔后应用探测器检查桩径、深度和孔底情况。

4）人工挖孔灌注桩应检查护壁井圈的位置以及埋设和制作质量；检查上下节护壁的搭接长度是否大于 50mm；挖至设计标高后，检查孔壁、孔底情况，及时清除孔壁的渣土和淤泥、孔底残渣和积水。

**4. 进行钢筋笼施工质量的检查**

1）钢筋笼应严格按照设计图样进行施工，其制作允许偏差及检查方法见表 2-11。

2）检查焊接质量：钢筋搭接焊缝宽度应不小于 $0.7d$（$d$ 为钢筋直径），厚度不小于 $0.3d$；

焊接长度单面焊为 $8d$（Ⅰ级钢）或 $10d$（Ⅱ级钢）、双面焊为 $4d$（Ⅰ级钢）或 $5d$（Ⅱ级钢）。

**表 2-11 钢筋笼制作允许偏差及检查方法**

| 序号 | 检验项目 | | 允许偏差 | 检查方法 |
|---|---|---|---|---|
| 1 | 主筋间距/mm | | ±10 | 现场钢尺测量笼顶、笼中、笼底3个断面 |
| 2 | 箍筋间距/mm | | ±20 | 现场钢尺测量连续三次并取最大值，每个钢筋笼抽检笼顶、距底1m范围和笼中部3处 |
| 3 | 钢筋笼直径/mm | | ±10 | 现场钢尺测量笼顶、笼中、笼底3个断面，每个断面测量2个垂直相交的直径 |
| 4 | 钢筋笼总长/mm | | ±100 | 现场钢尺测量每节钢筋笼的长度（以最短一根主筋为准），相加并减去 $(n-1)$ 个主筋搭接长度 |
| 5 | 主筋保护层厚度/mm | 水下导管灌注混凝土 | ±20 | 观察保护层垫块的放置情况 |
| | | 非水下灌注混凝土 | ±10 | 观察保护层垫块的放置情况 |

3）钢筋笼安装的质量检查。钢筋笼安装前应进行制作质量的中间检验，检验的标准及方法应符合表2-12中的规定。

**表 2-12 混凝土灌注桩钢筋笼质量检验标准**

| 项目 | 序号 | 检验项目 | 允许偏差 | 检查方法 | 检验数量 |
|---|---|---|---|---|---|
| 主控项目 | 1 | 主筋间距/mm | ±10 | 见表2-11 | 每个桩均全数检查 |
| | 2 | 长度/mm | ±100 | 见表2-11 | 每个桩均全数检查 |
| 一般项目 | 3 | 钢筋材质检验 | 符合设计要求 | 抽样送检，查质保书及试验报告 | 见相关规范要求 |
| | 4 | 箍筋间距/mm | ±20 | 见表2-11 | 抽查桩总数的20% |
| | 5 | 直径/mm | ±10 | 见表2-11 | 抽查桩总数的20% |

**5. 施工质量的检查**

检查混凝土的配合比是否符合设计及施工工艺的要求；检查混凝土的拌制质量，混凝土的坍落度是否符合设计和施工要求；检查灌注桩的平面位置及垂直度，其允许偏差应符合表2-13中的规定。

**表 2-13 灌注桩的平面位置和垂直度的允许偏差**

| 序号 | 成孔方法 | | 桩径允许偏差/mm | 垂直度允许偏差(%) | 桩位允许偏差/mm | |
|---|---|---|---|---|---|---|
| | | | | | 1～3根且单排桩基垂直于中心线方向，群桩基础边桩 | 条形桩基沿中心线方向，群桩基础的中间桩 |
| 1 | 泥浆护壁钻孔桩 | $d \leq 1000$mm | ±50 | <1 | $d/6$，且不大于100 | $d/4$，且不大于150 |
| | | $d > 1000$mm | ±50 | | $100+0.01H$ | $150+0.01H$ |
| 2 | 套管成孔灌注桩 | $d \leq 500$mm | −20 | <1 | 70 | 150 |
| | | $d > 500$mm | | | 100 | |
| 3 | 干作业成孔灌注桩/mm | | −20 | <1 | 70 | 150 |
| 4 | 人工挖孔桩 | 混凝土护壁 | +50 | <0.5 | 50 | 150 |
| | | 钢套管护壁 | | <1 | 100 | 200 |

注：1. $d$ 为桩的设计直径。
2. $H$ 为施工现场地面标高与桩顶设计标高的距离。

### 2.3.2.3 混凝土灌注桩工程质量检验

混凝土灌注桩工程质量检验标准与检验方法见表2-14。

**表 2-14 混凝土灌注桩工程质量检验标准与检验方法**

| 项目 | 序号 | 检验项目 | 允许偏差或允许值 | 检查方法 | 检验数量 |
|---|---|---|---|---|---|
| 主控项目 | 1 | 桩位 | 见表 2-13 | 基坑开挖前测量护筒，开挖后测量桩中心 | 全数检查 |
| | 2 | 孔深/mm | +300，0 | 吊重锤测量，或测量钻杆、套管的长度 | 全数检查 |
| | 3 | 桩体质量检查 | 符合桩基检测技术规范 | 按设计要求选用动力法检测，或钻芯取样至桩尖下 500mm 进行检测，并检查检测报告 | 设计等级为甲级地基或地质条件复杂，且成桩质量可靠性低的灌注桩，抽查数量为总桩数的 30%，且不少于 20 根；其他桩不少于总桩数的 20%，且不少于 10 根；每根柱子承台下不少于 1 根。当桩身完整性差的比例较高时，应扩大检验比例甚至 100% 检验 |
| | 4 | 混凝土强度 | 符合设计要求 | 检查试件报告或钻芯取样 | 每 $50m^3$（不足 $50m^3$ 的桩）必须取 1 组试件，每根桩必须有 1 组试件 |
| | 5 | 承载力 | 符合桩基检测技术规范 | 静荷载试验或采用动载大应变法检测，并检查检测报告 | 设计等级为甲级地基或地质条件复杂，且成桩质量可靠性低的灌注桩，应采用静荷载试验，抽查数量不少于总桩数的 1%，且不少于 3 根；总桩数为 50 根时，检查数量为 2 根。其他桩应采用高应变动力法检测 |
| 一般项目 | 1 | 垂直度 | 见表 2-13 | 检查钻杆、套筒的垂直度或吊重锤检查 | 除第 6 项混凝土坍落度的检测按每 $50m^3$ 1 次或一根桩或一台班不少于 1 次进行外，其余项目为全数检查 |
| | 2 | 桩径 | 见表 2-13 | 采用井径仪或超声波检测，干作业时用钢尺测量，人工挖孔桩不包括内衬厚度 | |
| | 3 | 泥浆相对密度（粘土或砂性土） | 1.15～1.20 | 清孔后在距孔底 500mm 处取样，用密度计测量 | |
| | 4 | 泥浆面标高（高于地下水位）/m | 0.5～1.0 | 观察检查 | |
| | 5 | 沉渣厚度/mm 端成桩 | ≤50 | 用沉渣仪或重锤测量 | |
| | | 沉渣厚度/mm 摩擦桩 | ≤150 | | |
| | 6 | 混凝土坍落度/mm 水下灌注 | 160～220 | 混凝土灌注前用坍落仪测量 | |
| | | 混凝土坍落度/mm 干施工 | 70～100 | | |
| | 7 | 钢筋笼安装深度/mm | ±100 | 用钢尺测量 | |
| | 8 | 混凝土充盈系数 | >1 | 计量检查每根桩的实际灌注量并与桩体积相比，还应检查施工记录 | |
| | 9 | 桩顶标高/mm | +30 | 水准仪测量，应扣除桩顶浮浆和劣质桩体 | |

【能力训练】

训练题目　混凝土灌注桩施工过程的质量控制

(1) 目的　掌握混凝土灌注桩施工过程的质量控制的要点。

(2) 能力及标准要求　具有编写施工过程的质量控制方案的能力，并使其具有可操作性。

(3) 准备　图样，检查的仪器和工具。

(4) 步骤　阅读图样，制订施工过程的质量控制方案，进行检查控制，结果分析。

(5) 注意事项　理论联系实际。

(6) 讨论　施工过程质量控制对工程质量结果的影响。

# 课题4　地下防水工程质量检验

## 2.4.1　防水混凝土

### 2.4.1.1　材料质量要求

1）水泥：水泥品种应按设计要求选用，强度等级不低于32.5，且不得使用过期或结块的水泥。水泥应抗水性好、泌水性小、水化热低，并应具有一定的抗侵蚀性。

2）骨料：石子采用碎石或卵石，粒径宜为5～40mm，含泥量不得大于1.0%（质量分数），泥块含量不得大于0.5%（质量分数）；砂宜用中砂，含泥量不得大于3.0%，泥块含量不得大于1.0%。

3）水：应使用饮用水或不含有害物质的洁净水。

4）外加剂：应根据粗细骨料级配、抗渗等级要求等具体情况而确定，外加剂的技术性能应符合国家标准或行业标准中一等品及以上的质量要求。

5）掺合料：掺合料的掺量应通过试验确定。粉煤灰级别不低于二级，掺量不宜大于20%（质量分数）；硅粉掺量不应大于3%。

### 2.4.1.2　施工过程的质量控制

**1. 防水混凝土的拌制的控制**

1）配合比：施工配合比应通过试验确定，抗渗等级应比设计要求提高一级（0.2MPa）。

2）技术指标：水泥用量不得少于300kg/m³；掺有活性掺合料时，水泥用量不得少于280kg/m³。砂率宜为35%～45%，灰砂比宜为1:(2～2.5)。水灰比不大于55%。普通防水混凝土的坍落度不宜大于50mm，泵送时的入泵坍落度宜为100～140mm。

3）材料计量检验：防水混凝土所用的材料品种、规格和用量的检查，每工作班应不少于2次。检查材料计量的允许偏差：水泥、掺合料（水、外加剂）为每盘±2%，累计±1%；粗、细骨料为每盘±3%，累计±2%。

4）坍落度检验：混凝土浇筑地点的坍落度检验，每工作班应不少于2次，其允许偏差应符合表2-15的规定。

5）防水混凝土的搅拌时间：防水混凝土应用机械搅拌，搅拌时间不应少于2min。掺外加剂的防水混凝土应根据外加剂的技术要求确定搅拌时间。

表 2-15 混凝土坍落度允许偏差 （单位：mm）

| 要求坍落度 | 允许偏差 |
| --- | --- |
| ≤40 | ±10 |
| 50~90 | ±15 |
| ≥100 | ±20 |

**2. 防水混凝土的浇筑**

1）防水混凝土的振捣必须采用机械振捣，振捣时间宜为 10~30s，以开始泛浆、不冒泡为宜，同时应避免漏振、欠振和超振。

2）防水混凝土应连续浇筑，宜少留设施工缝，当留设施工缝时，其防水构造形式应符合防水技术规范的规定，还应遵守下列规定：底板不得留设施工缝，顶板不宜留设施工缝；墙板不宜留设垂直施工缝，如必须留设，应避开地下水和裂隙水较多的地段，并宜与变形缝相结合；墙板的水平施工缝不应留设在剪力与弯矩最大处或底板与侧墙板的交接处，应留设在高出底板面 300mm 的墙体上，当墙体有预留孔洞时，施工缝距孔洞边不应小于 300mm。

3）施工缝的施工应符合下列规定：水平施工缝浇灌前，应将其表面浮浆和杂物清除，先铺净浆，再铺 1:1 的水泥砂浆或涂刷混凝土界面处理剂，并及时浇灌混凝土；垂直施工缝浇灌前，应将其表面清理干净，可以先对基面凿毛(每 $m^2$ 大于 300 点)并涂刷水泥净浆或混凝土界面处理剂，之后及时浇灌混凝土；选用遇水膨胀止水条时应具有缓胀性能，不论是涂刷缓膨胀剂还是做成缓膨胀型的，其 7d 的膨胀率应不大于最终膨胀率的 60%；采用中埋式止水带时，应确保其位置正确，固定牢靠，钢板止水带宜镀锌处理；遇水膨胀止水条应牢固地安装在施工缝表面或预留槽内。

4）防水混凝土试块的留置试件应在浇筑地点制作，采用标准条件下养护的混凝土抗渗试件；每连续浇筑 $500m^3$ 应留置 1 组(1 组为 6 个试件)，且每项工程不得少于 2 组。采用预拌混凝土的抗渗试件留置组数，则根据结构的规模要求而确定。

**3. 防水混凝土的养护**

1）防水混凝土终凝后应立即进行养护，养护时间不少于 14d，必须始终保持混凝土表面湿润，顶板、底板尽可能蓄水养护，侧墙应淋水养护，并应遮盖湿土工布，夏冬两季还应谨防太阳直晒。

2）冬季施工时混凝土入模温度应不低于 5℃；如达不到要求则应采用外加剂或采用蓄热法、暖棚法等进行保温。

3）大体积混凝土应采取措施防止干缩和因温差等产生的裂缝，可采取的措施有：在设计许可的情况下，可采用混凝土 60d 强度作为设计强度；采用低热或中热水泥，并掺加粉煤灰、磨细矿渣粉等掺和料；掺入减水剂、缓凝剂、膨胀剂等外加剂；在炎热季节施工时，应采取降低原材料温度、减少混凝土运输时吸收的外界热量等降温措施；在混凝土内部预埋管道，进行水冷散热；应采取保温保湿养护，混凝土中心温度与表面温度的差值不应大于 25℃，混凝土表面温度与大气温度的差值不应大于 25℃，养护时间不应小于 14d。

### 2.4.1.3 防水混凝土施工质量检验

防水混凝土施工质量检验标准与检验方法见表 2-16。

表 2-16 防水混凝土施工质量检验标准与检验方法

| 项目 | 序号 | 检查项目 | 允许偏差或允许值 | 检查方法 | 检验数量 |
|---|---|---|---|---|---|
| 主控项目 | 1 | 原材料、配合比及坍落度 | 符合设计要求 | 检查出厂合格证、质量检验报告、计量措施和现场抽样试验报告 | 按混凝土外露面积每 $100m^2$ 抽查1处，每处 $10m^2$，且不得少于3处，细部构造全数检查。连续浇筑混凝土 $500m^3$ 应留置一组抗渗试件（6个试件），且每项工程不得少于2组。采用预拌混凝土的抗渗试件留置组数，则根据结构的规模要求而确定。配合比和坍落度检查每工作班应不少于2次 |
| | 2 | 抗压强度和抗渗压力 | 符合设计要求 | 检查混凝土抗压、抗渗试验报告 | |
| | 3 | 变形缝、施工缝、后浇带、穿墙管道、埋设件等设置和构造 | 符合设计要求 | 观察检查和检查隐蔽工程验收记录 | |
| 一般项目 | 1 | 防水混凝土结构表面 | 应坚实、平整，不得有露筋蜂窝等缺陷 | 观察检查和尺量检查 | |
| | | 埋设件位置 | 正确 | | |
| | 2 | 防水混凝土结构表面的裂缝宽度 | ≤0.2mm，并不得贯通 | 用刻度放大镜检查 | |
| | 3 | 防水混凝土结构厚度不应小于250mm | +15mm<br>−10mm | 尺量检查和检查隐蔽工程验收记录 | |
| | | 迎水面钢筋保护层厚度不应小于50mm | 10mm | | |

## 2.4.2 水泥砂浆防水层

### 2.4.2.1 材料质量要求

1）水泥品种应按设计要求选用，其强度等级不应小于32.5，且不得使用过期或结块的水泥。不同品种和强度等级的水泥不得混用。

2）砂宜采用中砂，其粒径在3mm以下，含泥量不得大于1%（质量分数），硫化物和硫酸盐含量不大于1%（质量分数）。

3）水应采用不含有害物质的洁净水。

4）聚合物乳液的外观应无颗粒、异物和凝固物。

5）外加剂的技术性能应符合国家标准或行业标准中一等品以上的质量要求。

### 2.4.2.2 施工过程的质量控制

1）水泥砂浆的配合比应根据防水工程要求而确定。

2）水泥砂浆防水层的基层表面应坚实、平整、粗糙、洁净并充分湿润，且无积水。基层表面的孔洞、缝隙应采用与防水层相同的砂浆填塞抹平。基层上的预埋件部位及穿墙管四周应凿成凹槽并填嵌密封膏。

3）水泥砂浆防水层施工应分层铺抹或喷涂，铺抹时应压实、抹平，最后一层表面应提浆压光。水泥砂浆防水层宜连续施工，如必须留槎时，应采用阶梯坡形槎，依照层次顺序层层搭接紧密，留槎位置必须距离阴阳角处 200mm 以上。水泥砂浆防水层的阴阳角均应做成弧形或钝角，圆弧半径一般阳角为 10mm，阴角为 50mm。

4）水泥砂浆防水层应做好养护工作。水泥终凝后应及时养护，养护温度也不宜低于 5℃，并保持温润，养护时间不得少于 14d。聚合物水泥砂浆未达硬化状态时，不得浇水养护或直接受雨水冲刷，硬化后应采用干湿交替的养护方法，在潮湿环境中，可自然养护。使用特种水泥、外加剂、掺合料的防水砂浆，养护时应按产品有关规定执行。

#### 2.4.2.3 水泥砂浆防水层施工质量检验

水泥砂浆防水层施工质量检验标准与检验方法见表 2-17。

表 2-17 水泥砂浆防水层施工质量检验标准与检验方法

| 项目 | 序号 | 检查项目 | 检验标准 | 检查方法 | 检验数量 |
|---|---|---|---|---|---|
| 主控项目 | 1 | 原材料、配合比 | 符合设计要求 | 检查出厂合格证、质量检验报告、计量措施和现场抽样试验报告 | 按水泥砂浆防水层施工面积每 $100m^2$ 抽查 1 处，每处 $10m^2$，且不得少于 3 处。水泥砂浆防水层的配合比，每工作班至少检查2次 |
| | 2 | 水泥砂浆防水层各层的连接 | 必须结合牢固，无空鼓现象 | 观察检查和小锤轻击检查 | |
| 一般项目 | 1 | 防水砂浆防水表面 | 应密实、平整，不得有裂纹、起砂、麻面等缺陷 | 观察检查 | |
| | | 阴阳角处 | 应做成圆弧形 | | |
| | 2 | 水泥砂浆防水层施工缝留槎位置 | 应正确，接槎应按层次顺序操作，层层槎接紧密 | 观察检查和检查隐蔽工程验收记录 | |
| | 3 | 水泥砂浆防水层的平均厚度 | 应符合设计要求，最小厚度不得小于设计值的85% | 观察和尺量检查 | |

### 2.4.3 卷材防水层

#### 2.4.3.1 材料质量要求

卷材防水层应采用高聚合物改性沥青防水卷材或合成高分子卷材，其材质应符合现行防水工程材料标准，见表 2-18。

表 2-18 卷材材料标准

| 类别 | 标准名称 | 标准号 |
|---|---|---|
| 防水卷材 | 聚氯乙烯防水卷材 | GB 12952—1991 |
| | 氯化聚乙烯防水卷材 | GB 12953—1991 |
| | 改性沥青聚氯乙烯胎防水卷材 | JC/T 633—1996 |
| | 氯化聚乙烯—橡胶共混防水卷材 | JC/T 684—1997 |
| | 高分子防水材料(第一部分片材) | GB 18173.1—2000 |
| | 弹性体改性沥青防水卷材 | GB 18242—2000 |
| | 塑性体改性沥青防水卷材 | GB 18243—2000 |

#### 2.4.3.2 施工过程的质量控制

1）基层表面应平整牢固，无起砂、空鼓等缺陷，并保持清洁干燥。铺贴前应先涂刷基层处理剂，当基层较潮湿时，应涂刷固化型胶粘剂或潮湿界面隔离剂。

2）基层表面阴阳角处应做成圆弧形，圆弧半径沥青防水卷材为100～150mm，高聚合物改性沥青防水卷材为50mm，合成高分子防水卷材为20mm。

3）卷材铺贴时，两幅卷材长边和短边的搭接宽度均不应小于100mm。采用多层卷材铺贴时接缝处应错开1/3幅宽，且两层卷材不得相互垂直铺贴。

4）卷材铺贴方法：合成高分子防水卷材采用冷粘法铺贴，高聚合物改性沥青防水卷材一般采用热熔法铺贴。

5）冷粘法铺贴施工时应遵守下列规定：胶粘剂涂刷应均匀，不露底，不堆积；铺贴卷材时应控制胶粘剂涂刷与卷材铺贴的间隔时间，排除卷材下面的空气，并辊压粘结牢固，不得有空鼓；铺贴卷材应平整、顺直，搭接尺寸正确，不得有扭曲、折皱现象；接缝口应采用密封材料封严，其密封宽度不应小于10mm。

6）热熔法铺贴施工时应遵守下列规定：火焰加热器加热卷材时应均匀，不得过分加热或烧穿卷材，而厚度小于3mm的高聚合物改性沥青防水卷材，严禁采用热熔法铺贴施工；卷材表面热熔后应立即滚铺卷材，排除卷材下面的空气，并辊压粘结牢固，不得有空鼓、皱折现象；滚铺卷材时其接缝部位必须溢出沥青热熔胶，并应立即刮封接口，使接缝粘结严密；铺贴后卷材应平整、顺直，搭接尺寸正确，不得有扭曲现象。

7）卷材防水层铺贴完成后，经验收合格应及时做保护层。保护层做法规定如下：顶板的细石混凝土保护层与防水层之间应设置隔离层，保护层厚度不应小于70mm；底板的细石混凝土保护层厚度应大于50mm；侧墙宜采用聚苯乙烯（或聚乙烯）泡沫塑料板保护层，或采用砖砌保护墙（边砌边填实），或铺抹20mm厚1∶3水泥砂浆。

#### 2.4.3.3　卷材防水层施工质量检验

卷材防水层施工质量检验标准与检验方法见表2-19。

**表2-19　卷材防水层施工质量检验标准与检验方法**

| 项目 | 序号 | 检查项目 | 检验标准 | 检查方法 | 检验数量 |
|---|---|---|---|---|---|
| 主控项目 | 1 | 卷材防水层所用卷材及主要配套材料 | 符合设计要求 | 检查出厂合格证、质量检验报告和现场抽样试验报告 | 按铺贴卷材面积每 $100m^2$ 抽查1处，每处 $10m^2$，且不得少于3处 |
| | 2 | 卷材防水层及其转角处、变形缝、穿墙管道等细部做法 | 符合设计要求 | 观察检查和检查隐蔽工程验收记录 | |
| 一般项目 | 1 | 卷材防水层的基层 | 应牢固，基面应洁净、平整，且不得有空鼓、松动、起砂和脱皮现象，基层阴阳角处应做成圆弧形 | 观察检查和检查隐蔽工程验收记录 | |
| | 2 | 卷材防水层的搭接缝 | 粘（焊）结牢固，密封严密，不得有皱折、翘边和鼓泡等缺陷；冷粘法接缝口应用密封材料封严，宽度不应小于10mm | 观察检查 | |
| | 3 | 侧墙卷材防水层的保护层与防水层 | 粘结牢固，结合紧密，厚度均匀一致 | 观察检查 | |
| | 4 | 卷材搭接宽度/mm | －10 | 观察检查和尺量检查 | |

## 2.4.4 涂料防水层

### 2.4.4.1 材料质量要求

1）涂料防水层材料分为有机防水涂料和无机防水涂料，前者宜用于结构主体的迎水面，后者宜用于结构主体的背水面，其材料标准参见表2-20。

表2-20 防水涂料材料标准

| | | |
|---|---|---|
| 防水涂料 | 聚氨酯防水涂料 | GB/T 19250—2003 |
| | 溶剂型橡胶沥青防水涂料 | JC/T 852—1999 |
| | 聚合物乳液建筑防水涂料 | JC/T 864—2000 |
| | 聚合物水泥防水涂料 | JC/T 894—2001 |

2）涂料防水层所选用的涂料性能应具有良好的耐水性、耐久性、耐腐蚀性及耐菌性，并且无毒、难燃、低污染，同时应具有良好的湿干粘结性和抗刺穿性及较好的延伸性和较大的适应基层变形能力。

3）防水涂料厚度应由设计确定，并应符合表2-21中的规定。

表2-21 防水涂料厚度 （单位：mm）

| 防水等级 | 设防道数 | 有机涂料 | | | 无机涂料 | |
|---|---|---|---|---|---|---|
| | | 反应型 | 水乳型 | 聚合物水泥 | 水泥基 | 水泥基渗透结晶型 |
| 一级 | 3道及3道以上设防 | 1.5~2.0 | 1.2~1.5 | 1.5~2.0 | 1.5~2.0 | ≥0.8 |
| 二级 | 2道设防 | 1.2~2.0 | 1.2~1.5 | 1.5~2.0 | 1.5~2.0 | ≥0.8 |
| 三级 | 1道设防 | — | — | ≥2.0 | ≥2.0 | — |
| | 复合设防 | — | — | ≥1.5 | ≥1.5 | — |

### 2.4.4.2 施工过程的质量控制

**1. 做好基层质量的控制**

1）基层表面的气孔、凹凸不平、蜂窝、缝隙、起砂等应进行修补处理，基层表面必须干净、无浮浆、无水珠、不渗水。

2）涂料施工前，基层阴阳角应做成圆弧形，阴角圆弧直径宜大于50mm，阳角圆弧直径宜大于10mm。

3）涂料施工前可对阴阳角、预埋件、穿墙管道等部位用密封材料及胎体增强材料进行密封或加强处理，然后再大面积施涂。

4）涂料涂刷前应先在基层表面上涂一层与涂料相容的基层处理剂。

**2. 做好涂料涂刷质量的控制**

1）涂刷时应先做转角处、穿墙管道、变形缝等部位的涂料的加强层，然后再大面积涂刷。

2）涂膜应多遍完成，涂刷应待前遍涂层干燥成膜后进行。每遍涂刷时应交替改变涂层的方向，同层涂膜的先后接槎宽度宜为30～50mm。

3）涂料防水层施工不宜留设施工缝，如面积较大必须留设施工缝时，接缝处的搭接宽度应大于100mm，且应处理干净复涂处的接缝涂膜。

4）为增强防水效果，涂料防水层中可铺贴胎体增强材料，胎体增强材料同层相邻的搭接宽度应大于100mm，上下层接缝应错开1/3幅宽。

5）涂料防水层涂刷完成后，应同卷材防水层一样，用细石混凝土、砂浆、砌体或泡沫塑料做保护层，以防涂膜损坏。

### 2.4.4.3 涂料防水层施工质量检验

涂料防水层施工质量检验标准与检验方法见表2-22。

**表2-22 涂料防水施工质量检验标准与检验方法**

| 项目 | 序号 | 检查项目 | 检验标准 | 检查方法 | 检验数量 |
| --- | --- | --- | --- | --- | --- |
| 主控项目 | 1 | 涂料质量及配合比 | 符合产品标准和设计要求 | 检查出厂合格证、质量检验报告、计量措施和现场抽样试验报告 | 按涂层面积每100m²抽查1处，每处10m²，且不得少于3处 |
| | 2 | 涂料防水层及其转角处、变形缝、穿墙管道等细部做法 | 符合设计要求 | 观察检查和检查隐蔽工程验收记录 | |
| 一般项目 | 1 | 涂料防水层的基层 | 牢固，基层表面应洁净、平整，且不得有空鼓、松动、起砂和脱皮现象；基层阴阳角应做成圆弧形 | 观察检查和检查隐蔽工程验收记录 | |
| | 2 | 涂料防水层与基层 | 粘结应牢固，表面平整，涂刷均匀，不得有流淌、皱折、鼓泡、露胎体和翘边等缺陷 | 观察检查 | |
| | 3 | 涂料防水层的平均厚度 | 符合设计要求，最小厚度不得小于设计厚度的80% | 针测法或割取20mm×20mm实样用卡尺测量 | |
| | 4 | 侧墙涂料防水层的保护层与防水层 | 粘结牢固，结合紧密，厚度均匀一致 | 观察检查 | |

## 【能力训练】

训练题目 卷材防水层施工质量检验标准与检验方法

（1）目的 掌握卷材防水层施工质量检验标准的主要内容及检验方法。

（2）能力及标准要求 能够进行质量检查的实际操作，准确填写质量检验记录表。

（3）准备 卷材防水材料，检查工具，质量检验记录表。

（4）步骤　材料的检查，过程的检查，竣工检查，填写检查记录表。

（5）注意事项　检查的程序。

（6）讨论　质量记录表的填写规范性。

## 单 元 小 结

本单元主要介绍土方工程质量检验和常用的地基与基础工程中的灰土、砂和砂石地基、土和灰土挤密桩地基、水泥土搅拌桩地基、水泥粉煤灰碎石桩复合地基、高压注浆地基、钢筋混凝土预制桩基础、混凝土灌注桩基础以及地下防水工程中的防水混凝土、防水砂浆、卷材防水层、涂料防水层施工的材料质量要求、施工过程的质量控制和施工质量的检验标准和检验方法。学习的重点是理解材料质量要求、熟悉施工过程的质量控制要点和检验的标准，并掌握正确的检验方法和检验数量。通过学习和实际训练，能够进行各检验项目的实际量测，能够进行有关隐蔽工程的验收，并能准确地填写验收记录表和分项工程质量检验评定表。

## 复习思考题

2-1　土方工程施工前应进行哪些方面的检查工作？

2-2　土方开挖工程质量检验标准与检验方法的主要内容是什么？

2-3　灰土、砂和砂石地基竣工后的地基强度或承载力检验数量是如何确定的？

2-4　灰土、砂和砂石地基施工时的压实系数如何检查控制？

2-5　挤密桩地基施工时如何检查回填土料的含水量？

2-6　挤密桩地基工程的质量检验标准有哪些？

2-7　水泥搅拌土桩地基的材料质量要求有哪些？

2-8　水泥粉煤灰碎石桩复合地基施工过程质量控制的要点有哪些？

2-9　高压注浆地基工程质量检验标准有哪些？

2-10　钢筋混凝土预制桩的桩体质量检验数量如何确定？

2-11　钢筋混凝土预制桩施工过程的质量控制的要点有哪些？

2-12　混凝土灌注桩如何检查成孔的质量？

2-13　混凝土灌注桩的钢筋笼的质量检验标准有哪些？

2-14　混凝土灌注桩的质量检验标准和检验方法是什么？

2-15　编写土方开挖工程和回填工程的施工技术方案。（提示步骤：施工准备，质量要求，施工工艺，安全要求）

2-16　防水混凝土的抗渗能力如何检查？

2-17　卷材防水层施工过程的质量控制的要点有哪些？

2-18　涂料防水层施工质量检验标准与检验方法的基本内容有哪些？

## 实训练习题

练习题1　某塔式高层住宅，地上部分18层，地下部分1层，并附带有裙楼，裙楼有2层，为营业用房。主楼建筑面积为16 810.34$m^2$，裙楼建筑面积为2 184.60$m^2$，总建筑面积为 18 994.94$m^2$。主楼地基为CFG桩复合地基，基础为筏式基础，主体为剪力墙结构。地下室层高3.90m，1～18层层高3.00m，电梯机房层高4.20m，室内外高差0.90m，檐口标高为54.00m，楼顶标高为61.20m，主楼南北向长度为33.20m，东西向长度为36.80m。裙楼地基为砂夹石垫层，基础为柱下条形基础，主体为框架结构，层高3.00m，檐口标高为6.00m，长度为66.50m。

主楼CFG桩复合地基：桩长23m，桩径400mm，间距1.5m，混凝土强度等级为C15，现场搅拌混凝土。裙楼砂夹石地基：厚度1.5m，压实系数为0.94。

问题：

(1) CFG桩复合地基和砂夹石地基的材料质量有何要求？如何控制？

(2) CFG桩复合地基和砂夹石地基施工过程的质量控制要点是什么？

(3) 施工过程中，发现CFG桩所用碎石石粉含量较大且砂的含泥量较高，对质量会有影响吗？如果有影响，应该如何处理？

(4) 如何进行裙楼砂夹石地基的质量检验？

练习题2　某通信枢纽楼长76.20m，宽29.3m，为框架结构，地上五层，地下一层，局部六层，地下一层层高3.60m，一、五层层高4.30m，二、三、四层层高4.60m，总高度为23.00m，建筑面积为12 254.80$m^2$。基础采用有梁式筏片基础，混凝土等级为C35。地下部分墙身的防水等级为二级，混凝土抗渗等级S8，并采用氯化聚乙烯防水卷材、防水砂浆3道防水设防。

问题：

(1) 防水材料质量检查控制的要点和内容有哪些？

(2) 施工中如何确保防水工程的质量？

(3) 混凝土抗渗等级应该如何检查？

(4) 该工程防水工程的质量检验内容包含哪几个部分？具体内容有哪些？

# 单元3 砌体工程质量检验

【单元概述】

本单元主要介绍砌体工程常用材料的质量要求、施工过程的质量控制要点、施工质量验收检验项目及质量标准的内容和方法，还介绍了砌体工程中常用的质量检验工具的种类和使用方法。

【学习目标】

通过本单元的学习和实训，了解砌体工程在施工过程中对材料的质量要求，熟悉施工过程质量控制的要点，掌握砌体工程质量检验标准和检验方法，掌握常用质量检验工具的使用和检验方法。

## 课题1 砌砖工程质量检验

### 3.1.1 材料质量要求

#### 3.1.1.1 砌筑用砖和钢筋

1）砖的品种和强度等级必须符合设计要求，并应有产品合格证书和性能检测报告，进场后应按规定进行复检，并检查复检试验报告。

2）砌筑时蒸压(养)砖的产品龄期不得少于28d。

3）用于清水墙、柱表面的砖，应边角整齐，色泽均匀。品质为优等品的砖适用于清水墙和墙体装修；为一等品、合格品的砖可用于混水墙。中等泛霜的砖不得用于潮湿部位。冻胀地区的地面或防潮层以下的砌体不宜采用多孔砖；水池、化粪池、窨井等不得采用多孔砖。蒸压粉煤灰砖用于基础或受冻融和干湿交替作用的建筑部位时，必须使用一等砖或优等砖。

4）在多雨地区砌筑外墙时，不宜将有裂缝的砖面砌在室外表面。

5）用于砌体工程的钢筋品种和强度等级必须符合设计要求，并应有产品合格证书和性能检测报告，进场后应进行复检。

6）设置在潮湿环境或有化学侵蚀性介质的环境中的砌体灰缝内的钢筋应采取防腐措施。

#### 3.1.1.2 砌筑砂浆

**1. 原材料要求**

1）水泥：水泥进场时应有出厂质量证明书，且品种和强度等级应符合设计要求。使用前，应分批对其强度、安定性进行复检。当在使用中对水泥质量有怀疑或水泥出厂时间超过三个月(快硬硅酸盐水泥超过一个月)时，应复查试验，并按其结果使用。不同品种的水泥，不得混合使用。水泥砂浆采用的水泥，其强度等级不宜大于32.5；水泥混合砂浆采用的水泥，其强度等级不宜大于42.5。

2）砂：用于砖砌体的砌筑砂浆宜选用中砂并应过筛，且不得含有草根和杂物。强度等级不小于M5的水泥混合砂浆中的砂的含泥量不大于5%(质量分数)，强度等级不大于M5的水泥混合砂浆中的砂的含泥量不大于10%。人工砂、山砂及特细砂，若经试配能满足砌筑砂浆技术条件时，其含泥量要求可适当放宽。

3）石灰膏：宜采用块状生石灰，并经过孔径不大于3mm×3mm的筛淋水熟化，熟化时间不得少于7d。严禁使用脱水硬化石灰膏。

4）水：应使用饮用水。

5）外加剂：凡在砂浆中掺入有机塑化剂、早强剂、缓凝剂、防冻剂等，应经检验和试配，符合要求后方可使用。有机塑化剂还应有砌体强度的型式检验报告。

**2. 砂浆要求**

1）砂浆的品种、强度等级必须符合设计要求。

2）砂浆的稠度应符合表3-1中的规定。

3）砂浆的分层厚度不得大于30mm。

4）水泥砂浆中的水泥用量不应小于200kg/m$^3$；水泥混合砂浆中水泥和掺加料的总量宜为300~350kg/m$^3$。

5）具有冻融循环次数要求的砌筑砂浆，经冻融试验后，质量损失率不得大于5%，抗压强度损失率不得大于25%。

6）水泥混合砂浆不得用于基础等地下潮湿环境中的砌体工程。

**表3-1　砌筑砂浆的稠度选用**

| 砌体种类 | 砂浆稠度/mm | 砌体种类 | 砂浆稠度/mm |
|---|---|---|---|
| 烧结普通砖砌体 | 70~90 | 烧结普通砖平拱式过梁空斗墙，筒拱普通混凝土小型空心砌块砌体，加气混凝土砌块砌体 | 50~70 |
| 轻骨料混凝土小型空心砌块砌体 | 60~90 | | |
| 烧结多孔砖，空心砖砌体 | 60~80 | 石砌体 | 30~50 |

## 3.1.2　施工过程的质量控制

1）检查测量放线的测量结果并进行复核。标志板、皮数杆的设置位置应准确牢固。

2）检查砂浆拌制的质量。砂浆配合比、和易性应符合设计要求及施工要求。砂浆应随拌随用，常温下水泥和水泥混合沙浆应分别在3h和4h内用完，且当温度高于30℃时，应再提前1h用完。

3）检查砖的含水率，砖应提前1~2d浇水湿润。普通砖、多孔砖的含水率宜为10%~15%，灰砂砖、粉煤灰砖的含水率宜为8%~12%。现场可断砖则以水侵入砖内10~15mm为宜。

4）检查砂浆的强度。应在砂浆拌制地点留置砂浆强度试块，不同类型及强度等级的砌筑砂浆每一检验批不超过 250m³ 的砌体，每台搅拌机应至少制作一组试块（每组 6 块），其标养 28d 的抗压强度应满足设计要求。

5）检查砌体的组砌形式。保证上下皮砖至少错开 1/4 的砖长，避免产生通缝。

6）检查砌体的砌筑方法，应采取“三一”砌筑法。

7）施工过程中应检查是否按规定挂线砌筑，随时检查墙体的平整度和垂直度，并应采取“三皮一吊，五皮一靠”的检查方法，以保证墙面的横平竖直。

8）检查砂浆的饱满度。水平灰缝饱满度应达到 80%，每层每轴线应检查 1～2 次，存在问题时应加大 2 倍以上频度。竖向灰缝不得出现透明缝、瞎缝和假缝。

9）检查转角处和交接处的砌筑及接槎的质量。施工中应尽量保证墙体同时砌筑，以提高砌体结构的整体性和抗震性。检查时要注意砌体的转角处和交接处是否同时砌筑，严禁无可靠措施的内外墙分砌施工。对不能同时砌筑而又必须留置的临时间断处应砌成斜槎，斜槎水平投影长度不应小于高度的 2/3。当不能留斜槎时，除转角处外，也可留直槎（阳槎）。抗震设防区应按规定在转角处和交接处设置拉结钢筋。

10）检查预留孔洞、预埋件是否符合设计要求。

11）检查构造柱的设置、施工是否符合设计要求及施工规范的要求。

### 3.1.3 砌砖工程质量检验

砌砖工程质量检验标准和检验方法见表 3-2。

**表 3-2 砌砖工程质量检验标准和检验方法**

<table>
<tr><th>项目</th><th>序号</th><th colspan="3">检验项目</th><th>允许偏差或允许值</th><th>检查方法</th><th>检验数量</th></tr>
<tr><td rowspan="9">主控项目</td><td>1</td><td colspan="3">砖的规格、品种、性能、强度等级</td><td>符合设计要求和产品标准</td><td>检查进场试验报告及出厂合格证</td><td>每一生产厂家烧结砖 15 万块、多孔砖 5 万块、灰砂砖及粉煤灰砖 10 万块各为一个检验批，抽查数量为 1 组</td></tr>
<tr><td>2</td><td colspan="3">砂浆材料的规格、品种、性能、配合比及强度等级</td><td>符合设计要求和产品标准</td><td>检查试块试验报告</td><td>见注 1</td></tr>
<tr><td>3</td><td colspan="3">砂浆饱满度</td><td>≥80%</td><td>用百格网检查砖底面与砂浆粘结痕迹的面积，每处 3 块，取其平均值</td><td>每一检验批抽查不少于 5 处</td></tr>
<tr><td>4</td><td colspan="3">砌体转角处和交接处</td><td>见注 2</td><td>观察检查</td><td rowspan="2">每一检验批抽查 20% 的接槎，且不应小于 5 处</td></tr>
<tr><td>5</td><td colspan="3">临时间断处</td><td>见注 3</td><td>观察检查及尺量检查</td></tr>
<tr><td>6</td><td colspan="3">轴线位置/mm</td><td>≤10</td><td>经纬仪、尺量、拉线测量</td><td>承重墙、柱全数检查</td></tr>
<tr><td rowspan="3">7</td><td rowspan="3">垂直度偏差/mm</td><td colspan="2">每层</td><td>5</td><td>2m 靠尺检查</td><td rowspan="3">外墙垂直度全高检查阳角，应不少于 4 处，每层每 20m 抽查 1 处；内墙按有代表性的自然间抽查 10%，且不少于 3 间，每间不少于 2 处，柱不少于 5 根</td></tr>
<tr><td rowspan="2">全高</td><td>≤10m</td><td>10</td><td rowspan="2">经纬仪、吊线和尺量检查</td></tr>
<tr><td>>10m</td><td>20</td></tr>
</table>

（续）

<table>
<tr><th>项目</th><th>序号</th><th colspan="2">检验项目</th><th>允许偏差或允许值</th><th>检查方法</th><th>检验数量</th></tr>
<tr><td rowspan="10">一般项目</td><td>1</td><td colspan="2">组砌方法</td><td>正确，上下错缝、内外搭接、砖柱无包心砌法</td><td>观察检查</td><td>外墙每20m抽查1处，每处3～5m，且不少于3处，内墙按有代表性的自然间抽查10%，且不少于3间</td></tr>
<tr><td>2</td><td colspan="2">水平灰缝厚度10mm/mm</td><td>±2</td><td>尺量10皮砖高、2m长的砌体来折算其灰缝厚(宽)度</td><td>每步架施工的砌体，每20m抽查1处，且不得少于3处</td></tr>
<tr><td>3</td><td colspan="2">基础顶面和楼面标高/mm</td><td>±15</td><td>水平仪和尺检查，在结构板面上进行</td><td>不应少于5处</td></tr>
<tr><td rowspan="2">4</td><td rowspan="2">表面平整度偏差/mm</td><td>清水墙</td><td>5</td><td rowspan="2">2m靠尺和楔形塞尺检查；检查时，靠尺宜倾斜45°放置，每片墙宜检测1处</td><td rowspan="2">按有代表性的自然间抽查10%，且不少于3间，每间不少于2处</td></tr>
<tr><td>混水墙</td><td>8</td></tr>
<tr><td>5</td><td colspan="2">门窗洞口高、宽(后塞口)/mm</td><td>±5</td><td>尺量检查</td><td>抽查检验批洞口的10%，且不少于5处</td></tr>
<tr><td>6</td><td colspan="2">外墙上下窗口偏移/mm</td><td>20</td><td>以底层窗口为准，用经纬仪或吊线检查，以中心线计算</td><td>抽查检验批的10%，且不少于5处</td></tr>
<tr><td rowspan="2">7</td><td rowspan="2">水平灰缝平直度/mm</td><td>清水墙</td><td>7</td><td rowspan="2">拉10m线和尺量检查，不足10m的墙按全墙长度</td><td rowspan="3">按有代表性的自然间抽查10%，且不少于3间，每间不少于2处</td></tr>
<tr><td>混水墙</td><td>10</td></tr>
<tr><td>8</td><td colspan="2">清水墙游丁走缝/mm</td><td>20</td><td>吊线和尺检查，以第一层第一皮砖为准</td></tr>
</table>

注：1. 同一类型及强度等级的砂浆试块不少于3组。每一检验批且不超过250mm³砌体的各种类型及强度等级的砌筑砂浆，每台搅拌机应至少抽检1次(1组6块)，在搅拌机出料口随机取样(同盘砂浆只应制作一组试块)。

2. 应同时砌筑，严禁无可靠措施的内外墙分砌施工；对不能同时砌筑而又必须留置的临时间断处应砌成斜槎，斜槎水平投影长度不应小于高度的2/3。

3. 非抗震设防及抗震设防6、7度的地区，当不能留斜槎时，除转角处外可留直槎，且必须做成阳槎，并应加设拉结钢筋，按墙厚每120mm放1ϕ6(不少于2根)，间距沿墙高不超过500mm，伸入墙内不少于500mm(抗震区不少于1 000mm)，末端应留有90°的弯钩。合格标准：留槎正确，拉结筋设置数量、直径正确，且其竖向间距偏差不超过100mm，留置长度基本符合规定。

### 3.1.4 竣工验收资料

1）施工执行的技术标准。

2）原材料的合格证书、产品性能检测报告及复检报告。

3）混凝土及砂浆配合比通知单。

4）混凝土及砂浆试块抗压强度试验报告单及评定结果。

5）施工记录。

6）各检验批的主控项目、一般项目验收记录。

7）施工质量控制资料。

8）重大技术问题的处理或修改设计的技术文件。

9）砌体验收观感质量验收记录。

10）砌体分项工程质量验收记录。

11）砌体分部工程质量验收记录。

【能力训练】

训练题目 砖砌体施工过程质量控制

（1）目的 掌握砖砌体施工过程的质量控制要点。

（2）能力及标准要求 编写砖砌体施工过程质量控制预案。

（3）准备 相关资料。

（4）步骤 阅读有关资料，熟悉施工过程，编写质量控制预案，实施验证。

（5）注意事项 质量预控方案的可操作性。

（6）讨论 质量预控方案对保证工程质量的重要性。

## 课题2 砌石工程质量检验

### 3.2.1 材料质量要求

1）石材：石砌体所用的材料应质地坚实、无风化剥落和裂纹。用于清水墙、柱表面的石材，应色泽均匀；石材表面的泥垢、水锈等杂质，砌筑前应清除干净；毛石砌体所用的毛石应成块状，其中部厚度不宜小于150mm；料石砌体所用的料石经加工后，根据其加工面的平整度可分为细、粗、毛三种，料石的宽度和厚度均不宜小于200mm，长度不宜大于厚度的4倍；当有振动荷载时，墙、柱不宜采用毛石砌体。

2）砌筑砂浆：砌筑砂浆同砌砖工程的砌筑砂浆，其中毛石砌体宜选用粗砂。石砌体应采用铺浆法砌筑，所用砂浆稠度宜为30~50mm，当气候变化时应适当调整。

### 3.2.2 施工过程的质量控制

1）检查石料强度和砂浆强度的试验报告。

2）检查石砌体所用石材的质量，应选择质地坚硬、无风化剥落和裂纹的石块。用于清水墙、柱表面的石材，应色泽均匀。石材表面的污垢、水锈等杂质，砌筑前应清除干净。

3）检查石砌体的组砌形式，应做到内外搭接、上下错缝、拉结石与丁砌石交错设置。

4）石砌体的转角处和交接处应同时砌筑，对必须留置的临时间断处应砌成踏步槎。

5）检查石砌体的砂浆饱满度和灰缝厚度。

6）毛石砌体每日砌筑的高度不应超过1.2m。

### 3.2.3 砌石工程质量检验

砌石工程质量检验标准和检验方法见表3-3。

【能力训练】

训练题目 砌石工程质量检验标准和检验方法

（1）目的 掌握砌石工程施工质量检验标准的主要内容及检验方法。

（2）能力及标准要求 能够进行质量检查的实际操作，准确填写质量检验记录表。

(3) 准备　检查工具和质量检验记录表。

(4) 步骤　材料的检查，过程的检查，竣工检查，填写检查记录表。

(5) 注意事项　检查的程序。

(6) 讨论　质量记录表填写的规范性。

**表 3-3　砌石工程质量检验标准和检验方法**

| 项目 | 序号 | 检验项目 | | 允许偏差或允许值 | | | | | | | 检查方法 | 检验数量 |
|---|---|---|---|---|---|---|---|---|---|---|---|---|
| 主控项目 | 1 | 石材强度等级 | | 符合设计要求 | | | | | | | 料石检查产品质量证明书，石材检查试验报告 | 同一产地的石材至少应检查1组(每组3块)，用料石或毛石切割并磨平成边长为70mm的立方体试块 |
| 主控项目 | 2 | 砂浆强度等级 | | 符合设计要求 | | | | | | | 检查试块试验报告 | 每一检验批且不超过 $250m^3$ 砌体的各类型及强度的砌筑砂浆，每台搅拌机应至少抽检1次。每次抽检的砂浆试块应不少于3组 |
| 主控项目 | 3 | 砂浆饱满度 | | ≥80% | | | | | | | 观察检查 | 每步架抽查不应少于1处 |
| | | | | 毛石砌体 | | 料石砌体 | | | | | | |
| | | | | | | 毛料石 | | 粗料石 | | 细料石 | | |
| | | | | 基础 | 墙 | 基础 | 墙 | 基础 | 墙 | 墙、柱 | | |
| 主控项目 | 4 | 轴线位移/mm | | 20 | 15 | 20 | 15 | 15 | 10 | 10 | 经纬仪和尺量检查，或用其他测量仪器检查 | 外墙按楼层(或4m高以内)每20m抽查1处，每处3延米，且不少于3处；内墙按有代表性的自然间抽查10%，且不少于3间，每间不少于2处，柱子不少于5根 |
| 主控项目 | 5 | 墙面垂直度/mm | 每层 | — | 20 | — | 20 | — | 10 | 7 | 经纬仪、吊线和尺量检查，或用其他测量仪器检查 | |
| 主控项目 | 5 | 墙面垂直度/mm | 全高 | — | 30 | — | 30 | — | 25 | 20 | | |
| 一般项目 | 1 | 基础和墙砌体顶面标高/mm | | ±25 | ±15 | ±25 | ±15 | ±15 | ±15 | ±10 | 水平仪和尺量检查 | 外墙按楼层(或4m高以内)每20m抽查1处，每处3延米，且不少于3处；内墙按有代表性的自然间抽查10%，且不少于3间，每间不少于2处，柱子不少于5根 |
| 一般项目 | 2 | 砌体厚度/mm | | +30<br>0 | +20<br>-10 | +30<br>0 | +20<br>-10 | +15<br>0 | +10<br>-5 | +10<br>-5 | 尺量检查 | |
| 一般项目 | 3 | 表面平整度/mm | 清水墙、柱 | — | 20 | — | 20 | — | 10 | 5 | 细料石用2m靠尺和塞尺检查，其他用两直尺垂直于灰缝拉2m线和尺量检查 | |
| 一般项目 | 3 | 表面平整度/mm | 混水墙、柱 | — | 20 | — | 20 | — | 15 | — | | |
| 一般项目 | 4 | 清水墙水平灰缝平直度/mm | | — | — | — | — | — | 10 | 5 | 拉10m线和尺量检查 | |
| 一般项目 | 5 | 组砌形式 | | 内外搭接，上下错缝，拉结石、丁砌石交错设置；毛石墙拉结石每 $0.7m^2$ 墙面不少于1块 | | | | | | | 观察检查 | |

## 单 元 小 结

本单元主要介绍了砌砖工程、砌石工程施工过程中的质量检查项目和施工质量检验标准及检验方法，还介绍了砌筑工程中常用检验工具的种类和使用方法。

砌体结构是由砖、混凝土砌块及石材等地方性材料，通过人工使用砂浆砌筑粘结叠合而成的。砌体结构构件强度低、刚度差，同时砌体的质量较大程度上受材料和施工操作质量的影响，因此控制和检查施工过程中砌体的质量是保证砌体质量的根本。

要确保砌体结构质量，先要从原材料进场时进行检查控制，即要检查出厂质量保证文件和检查产品出厂时间是否符合要求(如水泥要求出厂时间在3个月以内，而小砌块的龄期则要在28d以上)，还要对原材料进行复检。然后控制砂浆的质量，包括配合比、砂浆的拌制及砂浆强度试块的试验。

在施工过程中要加强质量的检查工作，认真对照设计文件和施工技术方案等，检查执行的情况。特别要注意检查洞口、管道沟槽处、±0.00以下、构造柱等部位砌筑的质量。对重要的或经常出问题的部位要增加检验的频度。砌体结构的质量关键是砌体的强度，所以要注意检测块材和砂浆试块的强度，必要时还要现场检测墙体或砌体的强度。

学习的重点是熟悉检验的项目和检验的标准，掌握正确的检验方法和检验的数量。通过学习和实际训练能够进行各检验项目的实际量测，能够进行有关隐蔽工程的验收，并能准确的填写验收记录表和分项工程质量检验评定表。

## 复习思考题

3-1 砖和砂浆的检验批根据什么条件划分？

3-2 如何检查砌筑砂浆的拌制质量？

3-3 砖砌体的转角处和交接处如何进行砌筑？

3-4 砖砌体的临时间断部位应该怎样处理？

3-5 砖砌体质量检验标准的内容有哪些？

3-6 砖砌体的竣工资料主要有哪几方面的内容？

3-7 如何检查石材的质量？

3-8 石砌体的组砌要求是什么？

3-9 石砌体一般项目的检验数量怎样确定？

## 实训练习题

某工程位于南四环和南三环之间，建筑面积为43 000m$^2$，框架结构，筏板式基础，地下3层，基础埋深约为12.8m。该工程由某建筑公司组织施工，于2000年8月开工建设，混凝土强度等级为C35级，墙体采用小型空心砌块，该公司为承揽该项施工任务，报价较低，因此，在工程施工过程中，为节约费用，施工单位采用了一家小厂提供的价格便宜的砌块，在砌块进场前未向监理工程师申报即组织材料进场。

问题：

(1) 该施工单位对砌块的采购做法是否正确，如果该做法不正确，施工单位应如何做？

(2) 针对该工程，施工单位应采取何种方法对工程质量进行控制？

(3) 为确保工程质量，应加强施工现场的检查，施工单位现场质量检查的内容和方法有哪些？

(4) 为保证质量又降低成本，施工单位对进场材料质量控制的要点是什么？

# 单元4 钢筋混凝土工程质量检验

【单元概述】

本单元主要介绍钢筋混凝土工程中的模板工程、钢筋工程、混凝土工程及预应力混凝土工程施工过程的质量检查项目和施工质量检验标准及检验方法，还介绍了钢筋混凝土工程中常用的检验工具的种类和使用方法。

【学习目标】

通过本单元的学习和实训，了解钢筋混凝土工程在施工过程中的质量检查项目和质量验收检验项目以及质量标准的内容，熟悉钢筋混凝土工程中常用检验工具的使用方法和检验方法，掌握钢筋混凝土工程质量验收要求与方法。

## 课题1 模板工程质量检验

### 4.1.1 材料质量要求

混凝土结构模板可采用木模板、钢模板、木胶合板模板、竹胶合板模板、塑料和玻璃钢模板等。常用的模板主要有木模板、钢模板、竹胶合板模板等。

1）木模板：木模板及支撑所用的木料应选用质地优良、无腐朽的松木或杉木，且不宜低于Ⅲ等材，其含水率不小于25%（质量分数）。木模板在拼制时，板边应找平刨直、接缝严密，当为清水混凝土时板面应刨光。

2）组合钢模板：组合钢模板由钢模板、连接件和支承件组成，其规格见表4-1。

表4-1 组合钢模板规格

| 规格 | 平面模板 | 阴角模板 | 阳角模板 | 连接角模 |
|---|---|---|---|---|
| 宽度/mm | 100，150，200<br>250，300 | 150×150<br>100×150 | 100×100<br>50×50 | 50×50 |
| 长度/mm | 450，600，900，1200，1500 | | | |
| 肋高/mm | 55 | | | |

钢模板纵、横肋的孔距与模板的模数应一致，模板横竖都可拼装，钢模板应接缝严密、装拆灵活、搬运方便。钢模板板面应保持平整不翘曲，边框应保证平直不弯折，使用中若有变形应及时整修。

连接件有U形卡、L形插销、紧固螺栓、钩头螺栓、对拉螺栓、扣件等，应满足配套使用、装拆方便、操作安全的要求，使用前应检查其质量合格证明。

支承件有木支架和钢支架两种。支架必须有足够的强度、刚度和稳定性。支架应能承受新浇筑混凝土的重量、模板重量、侧压力以及施工荷载，其质量应符合有关标准的规定，并应检查其质量合格证明。

3）竹胶合板模板：应选用无变质、厚度均匀、含水率小的竹胶合板模板，并优先采用防水胶质型。竹胶合板根据板面处理的不同可分为素面板、复木板、涂膜板和复膜板，表面处理应按《竹胶合板》(JG/T 3026—1995)中的要求进行。

4）隔离剂：不得采用影响结构性能或妨碍装饰工程施工的隔离剂，严禁使用废机油作为隔离剂。常用的隔离剂有皂液、滑石粉、石灰水及其混合液和各种专门化学制品脱模剂等。脱模剂材料宜拌成粘稠状，且应涂刷均匀、不得流淌。

5）模板及其支架使用的材料规格尺寸，应符合模板设计要求。模板及其支架应定期维修，钢模板及钢支架还应有防锈措施。

6）清水混凝土工程及装饰混凝土工程所使用的模板，应满足设计要求的效果。

7）泵送混凝土对模板的要求与常规作业不同，必须通过混凝土侧压力的计算，来确定如何采取措施增强模板支撑，是将对销螺栓加密、截面加大，还是减少围檩间距或增大围檩截面等，从而防止模板变形。

### 4.1.2 施工过程的质量控制

1）审查模板设计文件和施工技术方案。特别是要检查模板及其支撑系统在浇筑混凝土时的侧压力以及在施工荷载作用下的强度、刚度和稳定性是否满足要求。

2）按编制的模板设计文件和施工技术方案检查模板安装质量。在混凝土浇筑前，进行模板工程验收。

3）检查测量、放样、弹线工作是否按照施工技术方案进行，并进行复核记录。

4）模板安装时检查接头处、梁柱板交叉处连接是否牢固可靠，防止烂根、位移、胀模等不良现象。

5）对照图样检查所有预埋件及预留孔洞，并检查其固定是否牢靠准确。

6）检查在模板支设安装时是否按要求拉设水平通线、竖向垂直度控制线，确保模板横平竖直、位置准确。

7）检查防止模板变形的控制措施。

8）检查模板的支撑体系是否牢固可靠。模板及支撑系统应连成整体，竖向结构模板(墙、柱等)应加设斜撑和剪刀撑，水平结构模板(梁、板等)应加强支撑系统的整体连接。对于木支撑，纵横方向应加设拉杆；采用钢管支撑时，应扣成整体排架。所有可调节的模板及支撑系统在模板验收后，不得对其任意改动。

9）模板与混凝土的接触面应清理干净并涂刷隔离剂，严禁隔离剂污染钢筋和混凝土接槎处。混凝土浇筑前，应检查模板内的杂物是否清理干净。

10）审查模板拆除的技术方案，并检查在模板拆除时执行的情况。

### 4.1.3 模板工程质量检验

#### 4.1.3.1 现浇结构模板的安装

现浇结构模板安装工程质量检验标准和检验方法见表4-2。

**表4-2　现浇结构模板安装工程质量检验标准和检验方法**

| 项目 | 序号 | 检验项目 | 允许偏差或允许值 | 检查方法 | 检验数量 |
| --- | --- | --- | --- | --- | --- |
| 主控项目 | 1 | 现浇结构模板及支架的安装 | 安装上层楼板的模板及支架时，下层楼板应具有承受上层荷载的承载能力；上、下层支架的立柱应对准，并铺设垫板 | 对照模板设计文件和施工技术方案观察检查 | 全数检查 |
| | 2 | 隔离剂涂刷 | 不得污染钢筋和混凝土接槎处，不准使用油性隔离剂，不能影响装修 | 观察检查 | |
| 一般项目 | 1 | 模板安装的一般要求 | 模板接缝处不应漏浆；模板内应清理干净；模板内应涂刷隔离剂；对清水混凝土工程和装饰混凝土工程，应使用能达到设计效果的模板 | 观察检查 | 全数检查 |
| | 2 | 用作模板的地坪、胎模 | 应平整光洁，不得产生影响构件质量的下沉、裂缝、起砂和起鼓现象 | 观察检查 | |
| | 3 | 模板起拱 | 跨度大于4m的模板起拱高度应符合设计要求；当设计无具体要求时，起拱高度宜为跨度的0.1%～0.3% | 水准仪或拉线、钢尺检查 | 在同一个检验批内，对梁板应抽查构件数量的10%，且不少于3件(间)；对大空间结构按纵、横轴线划分检查面，抽查总数的10%，且不少于3面 |
| | 4 | 预埋件及预留孔洞/mm：预埋钢板中心线位置 | 3 | 钢尺检查；中心线位置检查时，应沿纵、横两个方向测量，并取其中的较大值 | 同一个检验批内，对梁、柱和独立基础，抽查构件数量的10%，且不少于3件；对墙和板，按有代表性自然间抽查10%，且不少于3间；对大空间结构，墙可按相邻轴线(高度5m)划分检查面，板可按纵、横轴线划分检查面，抽查总数的10%，且不少于3面 |
| | | 预埋管(孔)中心线位置 | 3 | | |
| | | 插筋/中心线位置 | 5 | | |
| | | 插筋/外露长度 | ±10，0 | | |
| | | 预埋螺栓/中心线位置 | 2 | | |
| | | 预埋螺栓/外露长度 | ±10，0 | | |
| | | 预留洞/中心线位置 | 10 | | |
| | | 预留洞/尺寸 | ±10，0 | | |
| | 5 | 模板安装/mm：轴线位置 | 5 | 钢尺检查，检查时应沿纵、横两个方向测量，并取其中的较大值 | |
| | | 底模上表面标高 | ±5 | 水准仪或拉线、钢尺检查 | |
| | | 截面内部尺寸/基础 | ±10 | 钢尺检查 | |
| | | 截面内部尺寸/柱、墙、梁 | +4，-5 | | |
| | | 层高垂直度/不大于5m | 6 | 经纬仪或吊线、钢尺检查 | |
| | | 层高垂直度/大于5m | 8 | | |
| | | 相邻两板表面高低差 | 2 | 钢尺检查 | |
| | | 表面平整度 | 5 | 2m靠尺和塞尺检查 | |

#### 4.1.3.2 模板的拆除

模板拆除工程质量检验标准和检验方法见表4-3。

**表4-3 模板拆除工程质量检验标准和检验方法**

| 项目 | 序号 | 检验项目 | | 检验要求 | | 检查方法 | 检验数量 |
|---|---|---|---|---|---|---|---|
| | | | | 构件跨度/m | 达到的设计强度等级(%) | | |
| 主控项目 | 1 | 底模拆除时的混凝土强度 | 板 | ≤2 | ≥50 | 检查同条件养护的试件强度试验报告 | 全数检查 |
| | | | | >2，≤8 | ≥75 | | |
| | | | | >8 | ≥100 | | |
| | | | 梁、拱、壳 | ≤8 | ≥75 | | |
| | | | | >8 | ≥100 | | |
| | | | 悬臂构件 | — | ≥100 | | |
| | 2 | 后张法预应力混凝土结构模板拆除 | | 侧模宜在预应力张拉之前拆除；底模支架的拆除应按施工技术方案执行，当无具体要求时，不应在结构预应力建立前拆除 | | 观察检查 | |
| | 3 | 后浇带模板拆除和支顶 | | 按施工技术方案执行 | | 观察检查 | |
| 一般项目 | 1 | 侧模板拆除 | | 混凝土强度应能保证其表面及棱角不受损伤 | | 观察检查 | |
| | 2 | 模板拆除操作及其堆放 | | 不应对楼层产生冲击荷载，拆除的模板、支架宜分散堆放并及时清运 | | 观察检查 | |

**【能力训练】**

训练题目 模板工程质量检验标准和检验方法

(1) 目的 掌握模板工程施工质量检验标准的主要内容及检验方法。

(2) 能力及标准要求 能够进行质量检查的实际操作，准确填写质量检验记录表。

(3) 准备 图样，检查工具和质量检验记录表。

(4) 步骤 阅读图样，过程的检查，量测检查，填写检查记录表。

(5) 注意事项 检查的程序。

(6) 讨论 质量记录表填写的规范性。

## 课题2 钢筋工程质量检验

### 4.2.1 材料质量要求

1）混凝土结构构件所采用的热轧钢筋、热处理钢筋、碳素钢丝、刻痕钢丝和钢纹线的质量，必须符合现行国家标准的有关规定。

2）钢筋进场应检查产品合格证、出厂检验报告；钢筋的品种、规格、型号、化学成分、力学性能等，必须满足设计要求和符合现行国家标准的有关规定。当用户有特别要求时，还应列出某些专门的检验数据。

3）对进场的钢筋应按进场的批次和产品的抽样检验方案来抽样复检，钢筋复检报告结果应符合现行国家标准。进场复检报告是判断材料能否在工程中应用的依据。进场的每捆（盘）钢筋均应有二个标牌（标明生产厂家、生产日期、钢号、炉罐号、钢筋级别、直径等），还应按炉罐号、批次及直径分批验收，之后分别堆放整齐，严防混料，并应对其检验状态进行标识，防止混用。

4）钢筋进场时和使用前应全数检查其外观质量。钢筋应平直、无损伤，表面不得有裂纹、油污、颗粒状或片状的老锈。

5）检查现场复检报告时，对于有抗震设防要求的框架结构，其纵向受力钢筋的强度应满足设计要求；当设计无具体要求时，对于一、二级抗震，检验所得的强度实测值应符合下列规定：钢筋的抗拉强度实测值与屈服强度实测值的比值不应小于1.25；钢筋的屈服强度实测值与强度标准值的比值不应大于1.3。

6）在钢筋分项工程施工过程中，若发现钢筋脆断、焊接性能不良或力学性能显著不正常等现象时，应立即停止使用，并对该批钢筋进行化学成分检验或其他专项检验，再按其检验结果进行技术处理。

7）钢筋的种类、强度等级、直径应符合设计要求。当钢筋的品种、级别或规格需作变更时，应办理设计变更文件。当需要代换时，必须征得设计单位同意，并应符合下列要求：不同种类钢筋的代换，应按钢筋受拉承载力设计值相等的原则进行，代换后应满足混凝土结构设计规范中有关间距、锚固长度、最小钢筋直径、根数等的要求；对有抗震要求的框架钢筋需代换时，应符合上一条规定，不宜以强度等级较高的钢筋代换原设计中的钢筋，对重要的受力结构，不宜用Ⅰ级钢筋代换变形钢筋；当构件受抗裂、裂缝宽度或挠度控制时，钢筋代换时应重新进行验算，梁的纵向受力钢筋与弯起钢筋应分别进行代换。

8）当进口钢筋需要焊接时，必须进行化学成分检验。

9）预制构件的吊环，必须采用未经冷拉的Ⅰ级热轧钢筋制作。

### 4.2.2 施工过程的质量控制

1）对进场的钢筋原材料进行检查验收。应检查产品合格证、出厂检验报告；检查进场复检报告；钢筋进场时和使用前还应全数检查外观质量。

2）钢筋加工的质量检查。检查钢筋冷拉的方法和控制参数；检查钢筋翻样图及配料单中的钢筋尺寸、形状是否符合设计要求，加工尺寸偏差也应符合规定；检查受力钢筋加工时的弯钩及弯折的形状和弯曲半径；检查箍筋末端的弯钩形式。

3）检查钢筋连接的质量。钢筋的连接方法应符合设计要求；钢筋接头的设置位置应满足规定要求；钢筋接头的质量应按规定进行抽样检验。

4）钢筋安装时的质量检查。应检查钢筋的品种、级别、规格、数量是否符合设计要求；检查钢筋骨架绑扎方法是否正确、是否牢固可靠；检查梁、柱箍筋弯钩处是否沿受力钢筋方向相互错开放置，绑扎扣是否按变换方向进行绑扎；检查钢筋保护层垫块是否根据钢筋直径、间距和设计要求正确放置；检查受力钢筋放置的位置是否符合设计要求，特别是梁、板、悬挑构件的上部纵向受力钢筋；检查钢筋安装位置是否准确，其偏差是否符合规定要求。

## 4.2.3 钢筋工程质量检验

### 4.2.3.1 钢筋原材料及加工质量检验

钢筋原材料及加工质量检验标准和检验方法见表4-4。

**表4-4 钢筋原材料及钢筋加工质量检验标准和检验方法**

| 项目 | 序号 | 检验项目 | 质量检验标准 | 检查方法 | 检验数量 |
|---|---|---|---|---|---|
| 主控项目 | 1 | 钢筋原材料进场 | 按相关规定抽样并检验力学性能，其质量必须符合产品标准的规定 | 检查产品合格证、出厂检验报告和进场复检报告 | 按进场的批次和产品的抽样检验方案确定。一般钢筋混凝土用的钢筋按质量不大于60t为一个检验批，每批应由同一牌号、同一炉罐号、同一规格的钢筋组成。其中冷轧扭钢筋的检验批由同一牌号、同一规格尺寸、同一台轧机、同一台班的钢筋组成，且每批不大于10t，不足10t按一批计 |
| | 2 | 有抗震设防要求的框架结构的纵向受力钢筋强度 | 满足设计要求；钢筋的抗拉强度实测值与屈服强度实测值的比值不应小于1.25，钢筋的屈服强度实测值与强度标准值的比值不应大于1.3 | 检查进场复检报告 | 按进场的批次和产品的抽样检验方案确定 |
| | 3 | 有异常的钢筋 | 当发现钢筋脆断、焊接性能不良或力学性能不正常等现象时，应对该批钢筋进行化学成分或其他专项检验，如果力学性能或化学成分不符要求，应停止使用，作退货处理 | 检查化学成分或进行其他专项检查 | 对发现有异常的钢筋按批次抽样检查 |
| | 4 | 受力钢筋的弯钩和弯折 | 1. HPB235级钢筋末端应作180°弯钩，其弯弧内直径不小于2.5$d$，弯钩的弯后平直部分长度不小于3$d$，$d$为钢筋直径<br>2. HRB335级、HRB400级钢筋按设计要求需作135°弯钩时，其弯弧内直径不小于4$d$，弯钩的弯后平直部分长度应符合设计要求<br>3. 作不大于90°的弯折时，其弯弧内直径不小于5$d$ | 尺量检查 | 按每工作班同一类型钢筋、同一加工设备抽样，且不应少于3件 |

（续）

| 项目 | 序号 | 检验项目 | 质量检验标准 | | 检查方法 | 检验数量 |
|---|---|---|---|---|---|---|
| 主控项目 | 5 | 箍筋的加工 | 除焊接封闭环式箍筋外，箍筋的末端应作弯钩，弯钩的形式应符合设计要求。当设计无具体要求时，应符合下列规定：<br>1. 箍筋弯钩的弯弧内直径除应满足前面的规定外，尚应不小于受力钢筋直径<br>2. 箍筋弯折的弯折角度，对一般结构不应小于90°，对有抗震等要求的结构，应为135°<br>3. 箍筋弯后平直部分长度，对一般结构不宜小于箍筋直径的5倍，对有抗震等要求的结构不应小于箍筋直径的10倍 | | 尺量检查 | 按每工作班同一类型钢筋、同一加工设备抽样，且不应少于3件 |
| 一般项目 | 1 | 钢筋外观 | 钢筋应平直、无损伤，表面不得有裂纹、油污、颗粒状或片状的老锈 | | 观察检查 | 进场时和使用前全数检查 |
| | 2 | 钢筋调直 | 宜采用机械方法，也可采用冷拉方法。采用冷拉方法时，冷拉率HPB235不宜大于4%；HRB335、400和RRB400不宜大于1% | | 观察检查，钢尺检查 | 按每工作班同一类型钢筋、同一加工设备抽样，且不应少于3件 |
| | 3 | 与钢筋加工的形状对应的尺寸允许偏差/mm | 受力钢筋顺长度方向全长的净尺寸 | ±10 | 钢尺检查 | |
| | | | 弯起钢筋的弯折位置 | ±20 | | |
| | | | 箍筋的内净尺寸 | ±5 | | |

#### 4.2.3.2 钢筋连接质量检验

钢筋连接质量检验标准和检验方法见表4-5。

**表4-5 钢筋连接检验标准和检查方法**

| 项目 | 序号 | 检验项目 | 质量检验标准 | 检查方法 | 检验数量 |
|---|---|---|---|---|---|
| 主控项目 | 1 | 纵向受力钢筋的连接方式 | 符合设计要求 | 观察检查 | 全数检查 |
| | 2 | 钢筋机械连接接头、焊接接头的力学性能 | 应按现行国家标准JGJ 107—2003《钢筋机械连接通用技术规程》、JGJ 18—2003《钢筋焊接及验收规程》的规定抽样检验钢筋接头的力学性能，其质量应符合有关规程的规定 | 检查产品合格证、接头力学性能试验报告 | 按有关规程确定① |
| 一般项目 | 1 | 钢筋接头的设置 | 宜设置在受力较小处，同一纵向受力钢筋不宜设置两个或两个以上的接头（指同一跨中），接头末端至弯起点的距离不应小于钢筋直径的10倍 | 观察、钢尺检查 | 全数检查 |
| | 2 | 钢筋接头的外观检查 | 应按现行国家标准的规定进行外观检查，其质量应符合有关规程的规定 | 观察检查 | |

（续）

| 项目 | 序号 | 检验项目 | 质量检验标准 | 检查方法 | 检验数量 |
|---|---|---|---|---|---|
| 一般项目 | 3 | 钢筋机械连接接头或焊接接头在同一构件中的设置 | 设置在同一构件的接头宜相互错开。纵向受力钢筋接头连接区段的长度为35$d$（$d$为纵向受力钢筋的较大直径）且不小于500mm。同一区段内，接头面积百分率为该区段内有接头的纵向受力钢筋截面面积与全部纵向受力钢筋截面面积的百分比，应符合设计要求。当设计无要求时应符合以下规定：<br>1. 在受拉区不宜大于50%<br>2. 接头不宜设置在有抗震设防要求的框架梁端、柱端的箍筋加密区，但是当无法避免时，对等强度的高质量机械连接接头，不宜大于50%<br>3. 直接承受动力荷载的结构中，不宜采用焊接接头；当采用机械连接接头时，不应大于50% | 观察检查 | 同一检验批内，对梁、柱和独立基础，抽查总数的10%，且不少于3件；对墙和板，按有代表性的自然间抽查10%，且不少于3间；对大空间结构，墙可按相邻轴线（高度5m左右）划分检查面，板可按纵横轴线划分检查面，均抽查总数10%，且不少于3面 |
| | 4 | 同一构件中相邻纵向受力钢筋的绑扎搭接接头设置 | 搭接接头宜相互错开。同一区段内，纵向受拉钢筋搭接接头面积百分率应符合设计要求。当设计无具体要求时，应符合下列规定：<br>1. 对梁、板及墙类构件，不宜大于25%<br>2. 柱类构件，不宜大于50%<br>3. 当工程中确有必要增大接头面积百分率时，对梁构件不应大于50%；对其他构件，可根据实际情况适当放宽<br>4. 纵向受力钢筋绑扎搭接接头的最小长度应符合《混凝土结构施工质量验收规范》附录B的规定 | 观察、钢尺检查 | |
| | 5 | 梁、柱类构件的纵向受力钢筋搭接长度范围内箍筋的设置 | 应按设计要求配置箍筋。当设计无具体要求时，应符合下列规定：<br>1. 箍筋直径不应小于搭接钢筋较大直径的0.25倍<br>2. 受拉搭接区段的箍筋间距不宜大于搭接钢筋较小直径的5$d$，且不应大于100mm<br>3. 受压搭接区段的箍筋间距不应大于搭接钢筋较小直径的10$d$，且不应大于200mm<br>4. 当柱中纵向受力钢筋直径大于25mm时，应在搭接接头两个端面外100mm范围内各设两个箍筋，其间距宜为50mm | 钢尺检查 | |

① 一般机械连接时，应按同一施工条件采用同一批材料的同等级、同形式、同规格的接头，以500个作为一个检验批，不足500个也作为一个检验批，每批随机抽取3个试件；焊接连接时，按同一工作班、同一焊接参数、同一接头形式、同一钢筋级别，以300个焊接接头作为一个检验批，闪光对焊一周内不足300个、焊条电弧焊每一至二层中不足300个、电渣焊、气压焊同一层中不足300个接头仍按一批计算。闪光对焊接头应从每批成品中随机切取6个试件，3个试件做拉伸试验，3个试件做弯曲试验。焊条电弧焊及电渣焊接头应从每批接头成品中随机切取3个试件做拉伸试验。气压焊接头应从每批接头成品中随机切取3个试件做拉伸试验，在梁、板的水平钢筋连接中，另切取3个接头试件做弯曲试验。

#### 4.2.3.3 钢筋安装质量检验

钢筋安装质量检验标准和检验方法见表4-6。

**表4-6　钢筋安装质量检验标准和检查方法**

| 项目 | 序号 | 检验项目 | | | | 允许偏差 | 检查方法 | 检验数量 |
|---|---|---|---|---|---|---|---|---|
| 主控项目 | 1 | 受力钢筋的品种、级别、规格和数量 | | | | 符合设计要求 | 观察、钢尺检查 | 全数检查 |
| 一般项目 | 1 | 钢筋安装位置/mm | 绑扎钢筋网 | 长、宽 | | ±10 | 钢尺检查 | 同一检验批内，对梁、柱和独立基础，抽查总数的10%，且不少于3件；对墙和板，按有代表性的自然间抽查10%，且不少于3间；对大空间结构，墙可按相邻轴线(高度5m左右)划分检查面，板可按纵横轴线划分检查面，均抽查总数的10%，且不少于3面 |
| | | | | 网眼尺寸 | | ±20 | 钢尺测量连续三档，并取最大值 | |
| | | | 绑扎钢筋骨架 | 长 | | ±10 | 钢尺检查 | |
| | | | | 宽、高 | | ±5 | | |
| | | | 受力钢筋 | 间距 | | ±10 | 钢尺测量两端、中间各一点，并取最大值 | |
| | | | | 排距 | | ±5 | | |
| | | | | 保护层厚度 | 基础 | ±10 | 钢尺检查 | |
| | | | | | 柱、梁 | ±5 | | |
| | | | | | 板、墙、壳 | ±3 | | |
| | | | 绑扎箍筋、横向钢筋的间距 | | | ±20 | 钢尺测量连续三档，并取最大值 | |
| | | | 钢筋弯起点位置 | | | 20 | 钢尺检查 | |
| | | | 预埋件 | 中心线位置 | | 5 | 钢尺检查 | |
| | | | | 水平高差 | | +3，0 | 钢尺和塞尺检查 | |
| | 2 | 钢筋保护层厚度 | | | | 符合设计要求 | 观察、钢尺检查 | 应抽查构件数量的10%，且不少于3件 |
| | 3 | 钢筋绑扎 | | | | 牢固，无松动变形现象 | 观察、钢尺检查 | |

## 4.2.4　竣工验收资料

1）钢筋产品合格证，出厂检验报告。

2）钢筋进场复验报告。

3）钢筋冷拉记录。

4）钢筋焊接接头力学性能试验报告。

5）焊条(剂)试验报告。

6）钢筋隐蔽工程验收记录。

7）钢筋锥(直)螺纹加工检验记录及连接套产品合格证。

8）钢筋机械连接接头力学性能试验报告。

9）钢筋锥(直)螺纹接头质量检查记录。

10）施工现场挤压接头质量检查记录。

11）设计变更和钢材代用证明。

12）见证检测报告。

13）检验批质量验收记录。

14）钢筋分项工程质量验收记录。

【能力训练】

训练题目　钢筋原材料进场检查验收

（1）目的　掌握钢筋原材料进场检查验收的重点内容。

（2）能力及标准要求　能够对进场的钢筋进行正确的检查验收。

（3）准备　图样，检查工具和质量检验记录表。

（4）步骤　阅读图样，编写材料单，制订抽样方案，外观检查，抽取试件，检查资料。

（5）注意事项　根据进场原材料的数量确定抽样方案。

（6）讨论　钢筋连接和加工、安装等质量检查方案如何确定。

## 课题3　混凝土工程质量检验

### 4.3.1　材料质量要求

#### 4.3.1.1　水泥

建筑工程中常用水泥有硅酸盐水泥（代号 P.Ⅰ、P.Ⅱ）、普通硅酸盐水泥（代号 P.O）、矿渣硅酸盐水泥（代号 P.S）、火山灰质硅酸盐水泥（代号 P.P）、粉煤灰硅酸盐水泥（代号 P.F）等五种。

1）水泥进场时必须有产品合格证、出厂检验报告，并应对水泥的品种、级别、包装或散装仓号、出厂日期等进行检查验收，还应对其强度、安定性及其他必要的性能指标进行复检，其质量必须符合《硅酸盐、普通硅酸盐水泥》（GB 175—1999）中的规定。

2）当使用中对水泥的质量有怀疑或水泥出厂超过三个月（快硬水泥超过一个月）时，应进行复检，并按复检结果使用。

3）钢筋混凝土结构、预应力混凝土结构中，严禁使用含氯化物的水泥。

4）水泥在运输和储存时，应有防潮、防雨措施，以防止水泥受潮凝结结块而使强度降低。不同品种和标号的水泥应分别储存，不得混杂。

#### 4.3.1.2　骨料

混凝土中用的骨料有细骨料（砂）、粗骨料（碎石、卵石）。

1）骨料进场时，必须进行复检，按进场的批次和产品的抽样检验方案，检验其颗粒级配、含泥量及粗细骨料的针片状颗粒含量，必要时还应检验其他质量指标。对海砂还应按批检验其氯盐含量，其检验结果应符合有关标准的规定；对含有活性二氧化硅或其他活性成分的骨料，应进行专门试验，待验证确认其对混凝土质量无有害影响时，方可使用。

2）骨料在生产、采集、运输与储存过程中，严禁混入煅烧过的白云石或石灰块等影响混凝土性能的有害物质；骨料应按品种、规格分别堆放，不得混杂。

#### 4.3.1.3　水

拌制混凝土宜采用饮用水；当采用其他水源时，应进行水质化验，水质应符合现行国家标准《混凝土拌合用水标准》(JGJ 63—1989)中的规定。不得使用海水拌制钢筋混凝土和预应力混凝土，且不宜使用海水拌制有饰面要求的素混凝土。

#### 4.3.1.4 外加剂

混凝土常用的外加剂有减水剂、引气剂、缓凝剂、早强剂、防冻剂、膨胀剂等。选用外加剂时，应根据混凝土的性能要求、施工工艺及气候条件，并结合混凝土的原材料性能、配合比以及对水泥的适应性能等因素，通过试验确定其品种和掺量。

1）混凝土中掺用的外加剂应有产品合格证、出厂检验报告，并应按进场的批次和产品的抽样检验方案进行复检，其质量及应用技术应符合现行国家标准《混凝土外加剂》(GB 8076—1997)、《混凝土外加剂应用技术规范》(GB 50119—2003)等和有关环境保护的规定。

2）预应力混凝土结构中，严禁使用含氯化物的外加剂。钢筋混凝土结构中，当使用含氯化物的外加剂时，混凝土中氯化物的总含量应符合现行国家标准《混凝土质量控制标准》(GB 50164—1992)中的规定。选用的外加剂，必要时还应检验其中的氯化物、硫酸盐等有害物质的含量，经验证确认其对混凝土无有害影响时，方可使用。

3）不同品种的外加剂应分别储存，做好标记，在运输和储存时不得混入杂物和遭受污染。

#### 4.3.1.5 掺合料

混凝土中使用的掺合料主要是粉煤灰，其掺量应通过试验确定。进场的粉煤灰应有出厂合格证，并应按进场的批次和产品的抽样检验方案进行复检。

### 4.3.2 施工过程的质量控制

1）检查混凝土原材料的产品合格证、出厂检验报告及进场复检报告。

2）审查混凝土配合比设计是否满足设计和施工要求，并且是否经济合理。

3）混凝土现场搅拌时应对原材料的计量进行检查，并应经常检查坍落度，控制水灰比。

4）检查混凝土搅拌的时间，每工作班至少检查两次，并在混凝土搅拌后和在浇筑地点分别抽样检测混凝土的坍落度，每工作班至少检查两次。

5）检查混凝土的运输设备及道路是否良好畅通，以保证混凝土的连续浇筑和良好的混凝土和易性。运至浇筑地点时的混凝土坍落度应符合规定要求。

6）检查控制混凝土浇筑的方法和质量。混凝土浇筑应在混凝土初凝前完成，浇筑高度不宜超过2m，且竖向结构不宜超过3m，否则应检查是否采取了相应措施。控制混凝土一次浇筑的厚度，并保证混凝土的连续浇筑。

7）检查混凝土振捣的情况，保证混凝土振捣密实。合理使用混凝土振捣机械，掌握正确的振捣方法，控制振捣的时间。

8）审查施工缝、后浇带处理的施工技术方案。检查施工缝、后浇带留设的位置是否符合规范和设计要求，若不符合其处理应按施工技术方案执行。

9）检查混凝土浇筑后是否按施工技术方案进行养护，并对养护的时间进行检查落实。

10）施工过程中应对混凝土的强度进行检查，在混凝土浇筑地点随机留取标准养护试件和同条件养护试件，其留取的数量应符合要求。

## 4.3.3 混凝土工程质量检验

### 4.3.3.1 混凝土原材料及配合比质量检验

混凝土原材料及配合比质量检验标准和检验方法见表4-7。

表4-7 混凝土原材料及配合比检验质量标准和检验方法

| 项目 | 序号 | 检验项目 | 质量标准及要求 | 检查方法 | 检验数量 |
|---|---|---|---|---|---|
| 主控项目 | 1 | 进场水泥 | 应检查品种、级别、包装或散装仓号、出厂日期，并应对其强度、安定性及其他必要的性能指标进行复检；严禁使用含氯化物的水泥 | 检查产品合格证、出厂检验报告和进场复检报告 | 同一厂家、同一等级、同一品种、同一批号且连续进场的水泥，袋装不超过200t为一批，散装不超过500t为一批，每批抽样不少于1次。在有代表性的部位，分别在至少20个取样点上等量抽取试样，经混合拌均后称取不少于12kg |
| 主控项目 | 2 | 混凝土中掺用的外加剂 | 质量及应用技术应符合相关标准GB 8076—1997《混凝土外加剂》、GB 50119—2003《混凝土外加剂应用技术规范》等和有关环境保护的规定。预应力混凝土结构中，严禁使用含氯化物的外加剂；钢筋混凝土结构中，使用含氯化物外加剂时，氯化物的含量应符合现行标准GB 50164—1992《混凝土质量控制标准》中的规定 | 检查产品合格证、出厂检验报告和进场复检报告 | 按进场的批次和产品的抽样方案确定 |
| 主控项目 | 3 | 混凝土中氯化物和碱的总含量 | 应符合设计要求和GB 50010—2002《混凝土结构设计规范》的规定 | 检查原材料试验报告和氯化物、碱的总含量计算书 | — |
| 主控项目 | 4 | 混凝土配合比设计 | 应符合设计要求和JGJ 55—2000《普通混凝土配合比设计规程》的规定，还应满足混凝土强度等级、耐久性和工作性的要求；有特殊要求的混凝土尚应符合专门标准规定 | 检查配合比设计资料 | — |
| 一般项目 | 1 | 混凝土中矿物掺合料 | 质量应符合GB 1596—1991《用于水泥和混凝土中的粉煤灰》的规定，掺量应通过试验确定 | 检查产品合格证和进场复检报告 | 按进场的批次和产品的抽样方案确定。粉煤灰以连续供应相同等级200t为一批，不足200t也按一批计，粉煤灰的抽检数量应按干灰(含水率小于1%,质量分数)的质量计算 |
| 一般项目 | 2 | 普通混凝土所用粗、细骨料 | 质量应符合相应的规定。粗骨料最大粒径不得超过构件截面最小尺寸的1/4，且不得超过钢筋最小净距的3/4；对混凝土空心楼板，骨料的最大粒径不宜超过板厚的1/3，且不得超过40mm | 检查进场复检报告 | 按进场的批次和产品的抽样方案确定。骨料进场时，应按同产地、同规格的骨料，用大型工具运输的以400m³或600t、小型工具运输的以200m³或300t作为一个验收批。取样时应从料堆上的不同部位均匀分布抽取，取样前先将表层铲除。砂由各部位抽取大致相等的8份，总质量不小于10kg，并混合均匀；石子在料堆的上、中、下选取5个不同部位抽取大致相等的15份，总质量不小于60kg，并混合均匀 |

（续）

| 项目 | 序号 | 检验项目 | 质量标准及要求 | 检查方法 | 检验数量 |
|---|---|---|---|---|---|
| 一般项目 | 3 | 拌制混凝土的水 | 宜采用饮用水；当采用其他水源时，水质应符合 JGJ 63—1989《混凝土拌合用水标准》的规定 | 检查水质试验报告 | 同一水源检查不应少于1次 |
| | 4 | 首次使用的混凝土配合比 | 应进行开盘鉴定，其工作性能应满足设计配合比的要求。开始生产时，应至少留置一组标准养护试块作为验证配合比的依据 | 检查开盘鉴定资料和试件强度试验报告 | 每工作班检查1次 |
| | 5 | 砂、石含水率 | 混凝土拌制前应进行测定，根据测定的结果调整材料用量，提出施工配合比 | 检查含水率测试结果和施工配合比通知单 | |

#### 4.3.3.2 混凝土施工工程质量检验

混凝土施工工程质量检验标准和检验方法见表4-8。

**表4-8 混凝土施工工程质量检验标准及检查方法**

<table>
<tr><th>项目</th><th>序号</th><th colspan="3">检验项目</th><th>质量标准及要求</th><th>检查方法</th><th>检验数量</th></tr>
<tr><td rowspan="6">主控项目</td><td>1</td><td colspan="3">结构混凝土强度等级</td><td>符合设计要求</td><td>检查施工记录及试件强度检测报告</td><td>见注</td></tr>
<tr><td>2</td><td colspan="3">抗渗混凝土等级</td><td>符合设计要求</td><td>检查试件抗渗试验报告</td><td>同一工程、同一配合比的混凝土，取样不应少于1次，留置组数可根据实际需要确定</td></tr>
<tr><td rowspan="3">3</td><td rowspan="3">原材料每盘称量允许偏差</td><td>水泥、掺合料</td><td>±2%</td><td rowspan="3">1. 各种量器应定期校验，使用前应进行零点校核，以保持计量准确<br>2. 当遇雨天或含水率有变化时，应增加含水率检测次数，并及时调整水和骨料的用量</td><td rowspan="3">复称</td><td rowspan="3">每工作班抽查不少于1次，检查后形成记录</td></tr>
<tr><td>粗、细骨料</td><td>±3%</td></tr>
<tr><td>水、外加剂</td><td>±2%</td></tr>
<tr><td>4</td><td colspan="3">混凝土的运输、浇筑及间歇时间</td><td>浇筑时不应超过初凝时间。同一施工段的混凝土应连续浇筑，并应在底层混凝土初凝之前将上层混凝土浇筑完毕；否则应按施工技术方案的要求对施工缝进行处理</td><td>观察检查，并检查施工记录</td><td>全数检查</td></tr>
<tr><td rowspan="2">一般项目</td><td>1</td><td colspan="3">施工缝</td><td>位置应按设计要求和施工技术方案确定，相应处理应按施工技术方案进行</td><td>观察检查，并检查施工记录</td><td rowspan="2">全数检查</td></tr>
<tr><td>2</td><td colspan="3">后浇带</td><td>位置应按设计要求和施工技术方案确定，相应处理应按施工技术方案进行</td><td>观察检查，并检查施工记录</td></tr>
</table>

（续）

| 项目 | 序号 | 检验项目 | 质量标准及要求 | 检查方法 | 检验数量 |
|---|---|---|---|---|---|
| 一般项目 | 3 | 混凝土养护措施 | 混凝土浇筑完毕后，应按施工技术方案及时采取有效养护措施，并应符合以下规定：<br>1. 应在浇筑完毕后的12h内对混凝土进行覆盖保湿养护<br>2. 混凝土浇水养护时间，对采用硅酸盐水泥和矿渣硅酸盐水泥制作的混凝土不得少于7d，对掺用缓凝剂型外加剂或有抗渗要求的混凝土不得少于14d；当日平均气温低于5℃时，不得浇水，且大体积混凝土应有控温措施<br>3. 应保持混凝土处于湿润状态，用水与拌制时相同<br>4. 采用塑料布覆盖养护的混凝土，其敞露的全部表面应覆盖严密，并应保持塑料布内有凝结水，也可刷养护剂养护<br>5. 在混凝土强度达到 $1.2N/mm^2$ 前，不得在其上踩踏或安装模板及支架 | 观察检查，并检查施工记录 | 全数检查 |

注：用于检查结构构件混凝土强度的试件，应在混凝土的浇筑地点随机抽取。取样与留置应符合下列规定：

1）每拌制100盘且不超过 $100m^3$ 的同配合比的混凝土，取样不得少于1次。

2）每工作班拌制的同一配合比混凝土不足100盘时，取样不得少于1次。

3）当一次连续浇筑超过 $1000m^3$ 时，同一配合比的混凝土每 $200m^3$ 取样不得少于1次。

4）每一楼层、同一配合比的混凝土，取样不得少于1次。

5）每次取样至少留置1组标准养护试件，同条件养护试件的留置组数应根据实际需要确定。

#### 4.3.3.3 现浇混凝土结构外观质量和尺寸偏差检验

现浇混凝土结构外观质量和尺寸偏差检验标准和检验方法见表4-9。

**表4-9 现浇混凝土结构外观质量和尺寸偏差检验标准及检查方法**

| 项目 | 序号 | 检验项目 | 质量标准及要求 | 检查方法 | 检验数量 |
|---|---|---|---|---|---|
| 主控项目 | 1 | 现浇结构的外观质量 | 不应有严重缺陷，参照表4-10；对已出现的严重缺陷，应由施工单位提出技术处理方案，并经监理(建设)单位认可后进行处理，之后重新检查验收 | 按表4-10进行观察检查并检查技术处理方案 | 全数检查 |
| | 2 | 结构和设备安装尺寸 | 不应影响结构性能和设备安装尺寸偏差；对超过尺寸允许偏差的部位应由施工单位提出技术处理方案，并经监理(建设)单位认可后进行处理，对经处理的部位应重新检查验收 | 观察检查和尺量检查，并检查技术处理方案 | |

（续）

| 项目 | 序号 | 检验项目 | | | 质量标准及要求 | 检查方法 | 检验数量 |
|---|---|---|---|---|---|---|---|
| 一般项目 | 1 | 现浇结构的外观质量 | | | 不宜有一般缺陷；对已出现的一般缺陷，应由施工单位按技术处理方案进行处理，并重新检查验收 | 观察检查和尺量检查，并检查技术处理方案 | 全数检查 |
| | 2 | 现浇结构尺寸允许偏差/mm | 轴线位置 | 基础 | 15 | 钢尺检查，应沿纵、横两个方向量测，并取最大值 | 按楼层、结构缝或施工段划分检验批。在同一检验批内，对梁、柱和独立基础，抽查总数的10%，且不少于3件；对墙和板，应按有代表性的自然间抽查10%，且不少于3间；对大空间结构，墙可按相邻轴线（高度5m）划分检查面，板可按纵、横轴线划分检查面，均抽查总数的10%，且均不少于3面；对电梯井，应全数检查 |
| | | | | 独立基础 | 10 | | |
| | | | | 墙、柱、梁 | 8 | | |
| | | | | 剪力墙 | 5 | | |
| | | | 垂直度 | 层高 ≤5m | 8 | 经纬仪或吊线、钢尺检查 | |
| | | | | 层高 >5m | 10 | | |
| | | | | 全高(H) | H/1 000 且≤30 | 经纬仪、钢尺检查 | |
| | | | 标高 | 层高 | ±10 | 水准仪或拉线、钢尺检查 | |
| | | | | 全高 | ±30 | | |
| | | | 截面尺寸 | | +8，-5 | 钢尺检查 | |
| | | | 电梯井 | 井筒长、宽对定位中心线 | +25，0 | 钢尺检查，应沿纵、横两个方向量测，并取最大值 | |
| | | | | 井筒全高(H)垂直度 | H/1 000 且≤30 | 经纬仪、钢尺检查 | |
| | | | 表面平整度 | | 8 | 2m靠尺和塞尺检查 | |
| | | | 预埋设施中心线位置 | 预埋件 | 10 | 钢尺检查，应沿纵、横两个方向量测，并取最大值 | |
| | | | | 预埋螺栓 | 5 | | |
| | | | | 预埋管 | 5 | | |
| | | | 预留洞中心线 | | 15 | 钢尺检查 | |
| | 3 | 设备基础尺寸允许偏差/mm | 坐标位置 | | 20 | 钢尺检查 | |
| | | | 不同平面的标高 | | 0，-20 | 水准仪或拉线、钢尺检查 | |
| | | | 平面外形尺寸 | | ±20 | 钢尺检查 | |
| | | | 凸台上平面外形尺寸 | | 0，-20 | 钢尺检查 | |
| | | | 凹穴尺寸 | | +20，0 | 钢尺检查 | |
| | | | 平面水平度 | 每米 | 5 | 水平尺、塞尺检查 | |
| | | | | 全长 | 10 | 水准仪或拉线、钢尺检查 | |
| | | | 垂直度 | 每米 | 5 | 经纬仪或吊线、钢尺检查 | |
| | | | | 全高 | 10 | | |
| | | | 预埋地脚螺栓 | 标高(顶部) | +20，0 | 水准仪或拉线、钢尺检查 | |
| | | | | 中心距 | ±2 | 钢尺检查 | |
| | | | 预埋地脚螺栓孔 | 中心线位置 | 10 | 钢尺检查 | |
| | | | | 深度 | +20，0 | | |
| | | | | 孔垂直度 | 10 | 吊线、钢尺检查 | |
| | | | 预埋活动地脚螺栓锚板 | 标高 | +20，0 | 水准仪或拉线、钢尺检查 | |
| | | | | 中心线位置 | 5 | 钢尺检查 | |
| | | | | 带槽锚板平整度 | 5 | 钢尺、塞尺检查 | |
| | | | | 带螺纹孔锚板平整度 | 2 | | |

表 4-10 现浇结构外观质量缺陷

| 名称 | 现　　象 | 严 重 缺 陷 | 一 般 缺 陷 |
|---|---|---|---|
| 露筋 | 构件内钢筋未被混凝土包裹而外露 | 纵向受力钢筋有外露 | 其他钢筋有少量外露 |
| 蜂窝 | 混凝土表面缺少水泥砂浆面而形成石子外露 | 构件主要受力部位有蜂窝 | 其他部位有少量蜂窝 |
| 孔洞 | 混凝土中孔穴深度和长度均超过保护层厚度 | 构件主要受力部位有孔洞 | 其他部位有少量孔洞 |
| 夹渣 | 混凝土中夹有杂物且深度超过保护层厚度 | 构件主要受力部位有夹渣 | 其他部位有少量夹渣 |
| 疏松 | 混凝土中局部不密实 | 构件主要受力部位有疏松 | 其他部位有少量疏松 |
| 裂缝 | 缝隙从混凝土表面延伸至混凝土内部 | 构件主要受力部位有影响结构或使用功能的裂缝 | 其他部位有少量不影响结构性能或使用功能的裂缝 |
| 连接部位缺陷 | 构件连接处混凝土有缺陷及连接钢筋、连接件松动 | 构件连接部位有影响结构传力性能或使用功能的缺陷 | 连接部位有基本不影响结构传力性能的缺陷 |
| 外形缺陷 | 缺棱掉角、棱角不直、翘曲不平、飞边凸肋等 | 清水混凝土结构有影响使用功能或装饰效果的外形缺陷 | 其他混凝土构件有不影响使用功能的外形缺陷 |
| 外表缺陷 | 构件表面麻面、掉皮、起砂、沾污等 | 具有重要装饰效果的清水混凝构件有外表缺陷 | 其他混凝土构件有不影响使用功能的外表缺陷 |

### 4.3.4 竣工验收资料

1）水泥产品合格证、出厂检验报告、进场复检报告。

2）外加剂产品合格证、出厂检验报告，进场复验报告。

3）混凝土中氯化物、碱的含量计算书。

4）掺合料出厂合格证、进场复检报告。

5）粗、细骨料进场复检报告。

6）水质试验报告。

7）混凝土配合比设计资料。

8）砂、石含水率测试结果记录。

9）混凝土配合比通知单。

10）混凝土试件强度试验报告和混凝土试件抗渗试验报告。

11）施工记录。

12）检验批质量验收记录。

13）混凝土分项工程质量验收记录。

## 【能力训练】

训练题目　混凝土施工工程质量控制验收

(1) 目的　掌握混凝土施工工程质量控制验收要点。

(2) 能力及标准要求　编写混凝土施工工程质量控制预案及验收方案。

(3) 准备 有关资料。

(4) 步骤 阅读有关资料，熟悉施工过程，编写质量控制预案，制订验收方案。

(5) 注意事项 混凝土施工工艺过程。

(6) 讨论 模板工程、钢筋工程和混凝土工程对混凝土结构质量的影响。

# 课题4 预应力钢筋混凝土工程质量检验

## 4.4.1 材料质量要求

### 4.4.1.1 预应力筋

预应力筋常用的品种有钢丝、钢绞线和热处理钢筋。

1）预应力筋进场时，应具备产品合格证、出厂检验报告，使用前应做进场复检。按现行国家标准规定，还应按批次抽取试件做力学性能检验，其质量必须符合有关标准的规定。

2）预应力筋使用前应进行外观检查，其质量应符合下列要求：有粘结预应力筋展开后应平顺，不得弯折，且表面不应有裂纹、机械损伤、氧化铁皮或油污；无粘结预应力筋的护套应光滑、无裂缝和明显褶皱。

3）无粘结预应力筋的涂包质量应符合无粘结预应力钢绞线标准的规定，进场时应具备产品合格证、出厂检验报告和进场复检报告。涂包质量的检验是按每60t为一批，每批抽取1组试件来检查涂包层的油脂用量。

4）无粘结预应力筋的护套，有严重破损的不得使用，有轻微破损的应外包防水塑料胶带修补好。当根据工程经验并经观察认为质量有保证时，可不做油脂用量和护套厚度的进场复检。

### 4.4.1.2 锚具、夹具和连接器

1）预应力筋所用的锚具、夹具和连接器应按设计规定采用，其性能应符合现行国家标准《预应力筋用锚具、夹具和连接器》(GB/T 14370—2000)和《预应力筋用锚具、夹具和连接器应用技术规程》(JGJ 85—2002)中的规定。

2）预应力筋端部锚具的制作质量应符合下列要求：挤压锚具制作时，压力表的油压应符合操作说明书的规定，挤压后预应力筋应露出挤压套筒1~5mm；钢绞线压花锚成形时，表面应洁净无污染，且梨形头尺寸和直线段长度应符合设计要求；钢丝镦头的强度不得低于钢丝强度标准值的98%，制作预应力筋的锚具每工作班应进行抽样检查，对挤压锚每工作班抽查5%，且不应少于5件，对压花锚每工作班抽查3件，对钢丝镦头则主要是检查钢丝的可镦性，故按钢丝进场批量每批检查6个墩头试件的强度试验报告。

3）预应力筋所用的锚具、夹具和连接器进场时应做进场复检，主要对锚具、夹具、连接器做静载锚固性能试验，并按出厂检验报告中所列的指标，核对材质、机加工尺寸等。对锚具使用较少的一般工程，如供货方提供了有效的出厂试验报告，可不再做静载锚固性能试验。

4）锚具、夹具和连接器使用前应进行外观质量检查，其表面应无污物、锈蚀、机械损伤和裂纹，否则应根据不同情况进行处理，以确保其使用性能。

#### 4.4.1.3 孔道成型及灌浆材料

1）后张预应力混凝土孔道成型材料应具有刚度和密闭性，在铺设及浇筑混凝土过程中不应变形，其咬口及连接处不应漏浆。成型后的管道应能有效地传递灰浆及其周围混凝土的粘结力。

2）预应力混凝土所用的金属螺旋管，进场时应具备产品合格证、出厂检验报告，使用前应做进场复检，其尺寸、径向刚度和抗渗性能等应符合现行国家标准《预应力混凝土用金属螺旋管》(JG/T 3013)中的规定。对金属螺旋管用量较少的一般工程，如有可靠依据时，可不做径向刚度、抗渗性能的进场复检。

3）预应力混凝土所用的金属螺旋管在使用前应进行外观质量检查，其内外表面应清洁、无锈蚀、无油污，且不应有变形、孔洞和不规则的褶皱，咬口不应有开裂和脱扣现象。

4）孔道灌浆所用的水泥应采用普通硅酸盐水泥，水泥及水泥浆中掺入的外加剂应符合本书中对水泥及混凝土外加剂的相关要求。预应力混凝土结构中严禁使用含氯化物的外加剂。孔道灌浆所用的水泥及外加剂进场时应具备产品合格证，使用前应做进场复检，对孔道灌浆所用的水泥和外加剂用量较少的一般工程，如果由使用单位提供了近期采用的相同品牌和型号的水泥及外加剂的检验报告，可不做材料性能的进场复检。

### 4.4.2 施工过程的质量控制

1）对进场的预应力钢材、锚具，应现场检查厂家质量合格证书、包装情况、标识内容、材料规格及外观质量。

2）在预应力筋的制作和安装过程中主要检查以下内容：预应力筋下料长度的计算资料。预应力筋现场加工或组装时，有无采用加热、焊接和电弧烧割等违章现象；现场钢筋加工的安全措施落实情况；孔道的施工质量，应保证其尺寸及位置的准确，孔道应平顺、通畅，接头不漏浆；预应力筋的铺设情况，保证铺设的位置准确、牢固，并符合设计要求。

3）在预应力筋张拉和放张施工中主要检查以下内容：张拉所用的机具、设备及仪表的校验和标定，应符合规定要求；按审定工艺施加预应力，执行张拉程序，控制张拉应力值、持荷时间等参数；控制断丝、滑丝情况和预应力筋应力不均匀情况；后张法预应力筋张拉时，千斤顶轴线与预应力筋轴线应保持一致，锚固则在张拉应力稳定后进行；预应力筋张拉或放张时的混凝土强度应符合设计要求，当无设计要求时不应低于设计强度的75%；先张法放张、后张法张拉时应控制应力变化的速度，注意观察梁的反向拱起以及梁体积混凝土的开裂情况。

4）在预应力工程的灌浆与封锚施工中主要检查以下内容：灌浆的时间，应在预应力筋张拉后及时灌浆；灌浆的材料、配合比及外加剂，应符合设计要求；控制灌浆泌水率；标准尺寸水泥试件的抗压强度是否大于30MPa；灌浆与封锚的施工技术方案执行情况，保证符合设计要求。

### 4.4.3 预应力钢筋混凝土工程质量检验

#### 4.4.3.1 预应力原材料质量检验

预应力原材料质量检验标准和检验方法见表4-11。

表4-11　预应力原材料质量检验标准和检验方法

| 项目 | 序号 | 检验项目 | 质量标准及要求 | 检查方法 | 检验数量 |
|---|---|---|---|---|---|
| 主控项目 | 1 | 预应力筋 | 必须有出厂合格证，并按GB/T 5224—1995《预应力混凝土用钢绞线》标准抽样作力学性能检验 | 检查产品合格证、出厂检验报告和进场复检报告 | 按进场的批次和产品的抽样检验方案确定 |
| | 2 | 无粘结预应力筋 | 涂包质量应符合无粘结预应力钢绞线标准的规定 | 观察检查，并检查产品合格证、出厂检验报告和进场复检报告 | 每60t为一批，每批抽取1组试件，不足60t亦应抽取1组试件 |
| | 3 | 锚具、夹具和连接器 | 应按设计要求采用，其性能应符合GB/T 14370—2000《预应力筋用锚具、夹具和连接器》的规定 | 检查产品合格证、出厂检验报告和进场复检报告 | 按进场的批次和产品的抽样检验方案确定 |
| | 4 | 孔道灌浆水泥 | 应采用普通硅酸盐水泥，质量应符合GB175的规定；孔道灌浆所用外加剂的质量应符合GB 8076—1997《混凝土外加剂》、GB 50119—2003《混凝土外加剂应用技术规范》的规定；严禁使用含氯化物的水泥和外加剂 | 检查产品合格证、出厂检验报告和进场复检报告 | 按进场的批次和产品的抽样检验方案确定 |
| 一般项目 | 1 | 预应力筋的外观 | 1. 有粘结预应力筋展开后应平顺，不得弯折，表面不应有裂纹、小刺、机械损伤、氧化铁皮和油污<br>2. 无粘结预应力筋的护套应光滑、无裂缝、无明显褶皱 | 观察检查 | 全数检查 |
| | 2 | 锚具、夹具和连接器使用前的外观检查 | 应无污物、锈蚀、机械损伤和裂纹 | 观察检查 | |
| | 3 | 金属螺旋管的尺寸和性能检验 | 应符合《预应力混凝土用金属螺旋管》(JG/T 3013—1994)的规定 | 检查产品合格证、出厂检验报告和进场复检报告 | |
| | 4 | 金属螺旋管的外观 | 内外表面应清洁、无锈蚀，不应有油污、孔洞和不规则的褶皱，咬口不应有开裂或脱扣现象 | 观察检查 | |

#### 4.4.3.2　预应力钢筋制作与安装工程质量检验

预应力钢筋制作与安装工程质量检验标准和检验方法见表4-12。

表4-12　预应力筋制作与安装工程质量检验标准和检验方法

| 项目 | 序号 | 检验项目 | 质量标准及要求 | 检查方法 | 检验数量 |
|---|---|---|---|---|---|
| 主控项目 | 1 | 预应力筋安装时的品种、级别、规格、数量 | 符合设计要求 | 观察检查和钢直尺检查 | 全数检查 |
| | 2 | 先张法预应力施工时所用的隔离剂 | 应选用非油质类模板隔离剂，避免污染预应力筋 | 观察检查 | |
| | 3 | 施工过程中的预应力筋 | 避免电火花的损伤，受损伤的预应力筋应予更换 | 观察检查 | |

（续）

| 项目 | 序号 | 检验项目 | | 质量标准及要求 | | 检查方法 | 检验数量 |
|---|---|---|---|---|---|---|---|
| 一般项目 | 1 | 预应力筋的下料 | | 应采用砂轮锯或切断机切断，不得采用电弧切割；钢丝束两端采用镦头锚具时，同一束钢丝长度极差不大于 $l/5000$（$l$ 为钢丝束长度），且不大于5mm；当成组张拉长度不大于10m的钢丝时，同组张拉钢丝长度的极差应不大于2mm | | 观察检查和钢尺检查 | 每工作班抽查预应力筋总数的3%，且不少于3束 |
| | 2 | 预应力筋端部锚具的制作 | | 1. 挤压锚具制作时，压力表油压应符合说明书的规定，挤压后预应力筋外端应露出套筒1～5mm<br>2. 钢绞线压花锚成形时，表面应清洁、无油污，且梨形头尺寸和直线段长度应符合设计要求<br>3. 钢丝镦头的强度不得低于钢丝强度标准值的98% | | 观察检查和钢尺检查，检查镦头锚具强度试验报告 | 对挤压锚，每工作班抽查总数的5%，且不少于5件；对压花锚，每工作班抽查3件；对钢丝镦头强度，每批钢丝抽查6个镦头试件 |
| | 3 | 后张法有粘结预应力筋的孔道 | | 其规格、数量、位置和形状应符合设计要求，同时应符合下列规定：<br>1. 预留孔道的定位应牢固，浇筑混凝土时不应出现移位和变形<br>2. 孔道应平顺，端部的预埋锚板应垂直于孔道中心线<br>3. 成孔用管道应密封良好，接头应严密且不得漏浆<br>4. 灌浆孔的间距：对预埋金属螺旋管不宜大于30m，对抽芯成型孔道不宜大于12m<br>5. 在曲线孔道的曲线波峰部位应设置排气兼泌水管，必要时可在最底点设置排气孔 | | 观察检查和钢尺检查 | 全数检查 |
| | 4 | 预应力筋束形控制点的竖向位置允许偏差/mm | 截面高（厚）度 $h$/mm | ≤300 | ±5 | 钢尺检查 | |
| | | | | $300<h\leqslant1500$ | ±10 | | |
| | | | | >1500 | ±15 | | |
| | 5 | 无粘结预应力筋的铺设 | | 除应符合一般项目第4条规定外尚应符合下列要求：<br>1. 无粘结预应力筋的定位应牢固，浇筑混凝土时不应出现移位和变形<br>2. 端部的预埋锚板应垂直于预应力筋<br>3. 内埋式固定端垫板不应重叠，锚具与垫板应贴紧。<br>4. 无粘结预应力筋成束布置时应能保证混凝土密实并能裹住预应力筋<br>5. 无粘结预应力筋的护套应完整，局部破损处应采用防水胶带缠绕紧密 | | 观察检查 | |
| | 6 | 后张法有粘结预应力筋 | | 在混凝土浇筑前穿入孔道内的预应力筋，宜采取防锈措施 | | 观察检查 | |

### 4.4.3.3　预应力张拉、放张、灌浆及封锚工程质量检验

预应力张拉、放张、灌浆及封锚工程质量检验标准和检验方法见表4-13。

**表4-13　预应力张拉、放张、灌浆及封锚工程质量检验标准与检查方法**

| 项目 | 序号 | 检验项目 | 质量标准及要求 | 检查方法 | 检验数量 |
|---|---|---|---|---|---|
| 主控项目 | 1 | 预应力筋张拉或放张时的混凝土强度 | 应符合设计要求；当设计无要求时，不应低于设计强度的75% | 检查同条件养护试件试验报告 | 全数检查 |
| | 2 | 预应力筋的张拉力、张拉或放张顺序及张拉工艺 | 应符合设计及施工技术方案的要求，并应符合以下规定：<br>1. 当施工需要超张拉时，最大张拉应力不应大于《混凝土结构设计规范》(GB 50010—2002)的规定<br>2. 张拉工艺应能保证同一束中各根预应力筋的应力均匀一致<br>3. 后张法施工中，当预应力筋是逐根或逐束张拉时，应保证各阶段不出现对结构不利的应力状态；同时宜考虑后批张拉预应力筋所产生的结构构件的弹性压缩对先批张拉预应力筋的影响，从而确定张拉力<br>4. 先张法预应力筋放张时，宜缓慢放松锚固装置，使各根预应力筋同时缓慢放松<br>5. 当采用应力控制方法张拉时，应校验预应力筋的伸长值。实际伸长值与设计计算理论伸长值的相对允许偏差值为±6% | 检查张拉记录 | |
| | 3 | 实际建立预应力值与设计规定检验值的相对允许偏差 | ±5% | 先张法施工检查预应力筋应力检测记录，后张法施工检查张拉记录 | 先张法施工，每工作班抽查预应力筋总数的1%，且不少于3根；后张法施工，在同一检验批内抽查预应力筋总数的3%，且不少于5束 |
| | 4 | 张拉过程中的预应力筋 | 应避免断裂或滑脱；当发生断裂或滑脱时，必须符合以下规定：<br>1. 对后张法预应力结构构件，断裂或滑脱的数量严禁超过同一截面预应力筋总数的3%，且每束钢丝不得超过一根；对多跨双向连续板，其同一截面应按每跨计算<br>2. 对先张法预应力构件，在混凝土浇筑前发生断裂或滑脱的预应力筋必须予以更换 | 观察检查，并检查张拉记录 | 全数检查 |
| | 5 | 后张法有粘结预应力筋孔道灌浆 | 应在预应力筋张拉后及时进行，孔道内水泥浆应饱满、密实 | 观察检查，并检查灌浆记录 | |
| | 6 | 锚具的封闭保护 | 应符合设计要求，当设计无具体要求时应符合下列规定：<br>1. 应采取防止锚具腐蚀和遭受机械损伤的有效措施<br>2. 凸出式锚固端锚具的保护层厚度不应小于50mm<br>3. 外露预应力筋的保护层厚度：处于正常环境时，不应小于20mm；处于易受腐蚀的环境时，不应小于50mm | 观察检查和尺量检查 | 在同一检验批内，抽查预应力筋总数的5%，且不少于5处 |

（续）

<table>
<tr><th>项目</th><th>序号</th><th>检验项目</th><th colspan="4">质量标准及要求</th><th>检查方法</th><th>检验数量</th></tr>
<tr><td rowspan="11">一般项目</td><td rowspan="7">1</td><td rowspan="7">锚固阶段张拉端预应力筋的内缩量</td><td colspan="4">应符合设计要求</td><td rowspan="7">尺量检查</td><td rowspan="8">每工作班抽查预应力筋总数的3%，且不少于3束</td></tr>
<tr><td rowspan="6">设计无具体规定时</td><td colspan="2">锚具类别</td><td>内缩量限值/mm</td></tr>
<tr><td rowspan="2">支承式锚具（镦头锚具等）</td><td>螺帽缝隙</td><td>1</td></tr>
<tr><td>每块后加垫块缝隙</td><td>1</td></tr>
<tr><td colspan="2">锥锚式锚具</td><td>5</td></tr>
<tr><td rowspan="2">夹片式锚具</td><td>有顶压</td><td>5</td></tr>
<tr><td>无顶压</td><td>6～8</td></tr>
<tr><td>2</td><td>先张法预应力筋张拉后与设计位置偏差</td><td colspan="4">不大于5mm，且不大于构件截面短边边长的4%</td><td>尺量检查</td></tr>
<tr><td>3</td><td>后张法预应力筋锚固后外露部分</td><td colspan="4">宜采用机械切割，外露长度不小于1.5d，且不小于30mm</td><td>观察检查和尺量检查</td><td>在同一检验批内，抽查预应力筋总数的3%，且不少于5束</td></tr>
<tr><td>4</td><td>灌浆用水泥的水灰比</td><td colspan="4">不应大于0.45，搅拌3h后的泌水率不宜大于2%，且不应大于3%，泌水应能在24h内全部吸收</td><td>检查水泥性能报告</td><td>同一配合比检查1次</td></tr>
<tr><td>5</td><td>灌浆用的水泥浆的抗压强度</td><td colspan="4">不应小于30N/mm²</td><td>检查水泥试件强度试验报告</td><td>每工作班留置1组边长为70.7mm的立方体试件</td></tr>
</table>

## 【能力训练】

训练题目　预应力混凝土施工过程的质量控制要点

（1）目的　熟悉预应力混凝土施工过程质量控制的基本内容。

（2）能力及标准要求　能够正确设置质量检查点、控制点和停止点。

（3）准备　检查工具和质量检验记录表。

（4）步骤　熟悉施工工艺过程，制定控制方案，检查控制过程质量，评价结果。

（5）注意事项　质量检查点、控制点和停止点的选定。

（6）讨论　建筑工程施工过程质量控制中设置质量检查点、控制点和停止点的意义。

## 单 元 小 结

钢筋混凝土结构是建筑工程主体结构最常见的结构形式。钢筋混凝土工程的材料是由混凝土和钢筋两种不同特性的材料互补组成，并且能够相互粘结共同受力。因此钢筋混凝土工程的特点主要有以下两点：一是影响工程质量的因素多，如材料本身（水泥、骨料、钢材）的化学性能的影响，混凝土、钢筋以及它们之间粘结的物理性能的影响，施工过程中的工艺、工序及环境等的影响；二是钢筋混凝土工程的施工工艺比较复杂，工序多，工种多。因此，钢筋混凝土工程的质量检查控制，涉及到对材料、构件和结构性能、施工方法等多方面的检查控制。

对钢筋混凝土工程的质量控制，首先应领会设计文件对钢筋混凝土结构的要求，检查钢筋、水泥、骨料、外加剂等原材料的质量，并按规范要求现场取样复检。其次，注意审查钢筋混凝土的施工技术方案，包括钢筋安装、模板架设、混凝土配制、混凝土运输、混凝土浇捣及预应力筋施工等方面的内容。认真检查验收钢筋工程、模板工程，其中主要检查钢筋的规格、数量、间距、接头等，检查模板及其支撑的强度、刚度和稳定性以及接缝严密性、尺寸等是否符合设计文件和规范的要求。

在混凝土浇筑过程中，检查混凝土的质量，检查混凝土浇筑是否按施工技术方案进行，以保证混凝土的施工符合有关技术标准的规定。混凝土浇筑时不能破坏钢筋和模板，且模板及支撑的变形应控制在允许的范围内。

在施工过程中要按规定留取或抽取钢筋接头、混凝土试件进行试验，确保工程质量。必要时可对钢筋混凝土结构实体进行无损或微损检测。在预应力混凝土施工时应特别注意预应力筋的张拉和锚固工艺的检查控制，必要时可检查预应力筋的有效锚固力。

本单元学习的重点是熟悉检验的项目和检验的标准，掌握正确的检验方法和检验的数量。通过学习和实际训练能够进行各检验项目的实际量测，能够进行有关隐蔽工程的验收，并能准确的填写验收记录表和分项工程质量检验评定表。

## 复习思考题

4-1 如何检查模板支撑体系的可靠性？

4-2 模板安装工程质量检验标准中的主控项目有哪些？如何进行检查？

4-3 模板拆除工程质量检验标准和检查方法有哪些？

4-4 钢筋原材料进场检查的内容有哪些？如何划分检验批？

4-5 钢筋加工时主要检查哪些方面的内容？

4-6 有抗震设防要求的框架结构的纵向受力钢筋的强度应满足什么要求？

4-7 箍筋加工时的质量检验标准有哪些？

4-8 在同一构件中钢筋接头设置的要求有哪些？钢筋接头质量检验批如何划分？

4-9 钢筋安装位置允许偏差的检查数量如何确定？

4-10 混凝土施工过程中质量检查项目有哪些？

4-11 用于检查结构构件混凝土强度的试件如何留置？

4-12 现浇混凝土结构的外观质量检验标准有哪些？

4-13 预应力筋在制作和安装过程中主要检查哪些方面的内容？

4-14 预应力筋的张拉力、张拉或放张顺序及张拉工艺的质量标准及要求有哪些？

4-15 预应力张拉、放张、灌浆及封锚工程质量检验数量如何确定？

4-16 编写混凝土框架结构的施工质量检查方案。(要求:模板工程的检查,钢筋工程的检查,混凝土工程的检查)

## 实训练习题

2002年7月某一天凌晨两点左右，某市一所职业技术学校教学楼顶面带挂板大挑檐根部突然发生断裂。该工程系一幢6层砖混结构，长41.04m，宽9.78m，高8.00m，建筑面

积 $2259.6m^2$，设计单位为该市建筑设计研究院，施工单位为定海市某建筑公司，监理单位为该市利华工程监理公司。事故发生后，进行事故调查和原因分析后，发现造成该质量事故的主要原因是施工队伍素质差，竟然将悬挑构件的受力钢筋反向放置，且构件厚度控制不严。

问题：

(1) 为了满足质量要求，施工单位进行现场质量检查目测法和实测法常用手段有哪些？

(2) 在工程施工过程中，应做好工序质量控制，施工工序质量控制的内容有哪些？施工工序质量控制的步骤是什么？

(3) 钢筋工程安装质量质量检验标准和检查方法具体内容有哪些？若要防止类似质量事故的出现，应该怎样做？

# 单元5　屋面工程质量检验

【单元概述】

本单元主要介绍屋面工程常用材料的质量要求、施工过程的质量控制要点、施工质量验收检验项目及质量标准的内容和方法，还介绍了屋面工程中常用质量检验工具的种类和使用方法。

【学习目标】

通过本单元的学习和实训，了解屋面工程在施工过程中对材料的质量要求，熟悉施工过程质量控制的要点，掌握屋面工程质量检验标准和检验方法，掌握常用质量检验工具的使用方法和检验方法。

## 课题1　屋面找平层工程质量检验

### 5.1.1　材料质量要求

#### 5.1.1.1　基本要求

屋面找平层材料是指水泥砂浆找平层或细石混凝土找平层或沥青砂浆找平层所用的材料，这些材料应有产品合格证书和性能检测报告，材料的品种、规格、性能等应符合国家现行产品标准和设计要求。材料进场后，应按规定进行抽样复检，并提交试验报告。不合格的材料，不得使用。

#### 5.1.1.2　具体质量要求

1）水泥：宜采用硅酸盐水泥、普通硅酸盐水泥，其强度等级不应小于32.5，进场时应按规定进行复检。不同品种的水泥，不得混合使用。

2）砂：宜采用中砂或粗砂，含泥量应不超过设计规定。

3）石：用于细石混凝土找平层的石子，最大粒径不应大于15mm，含泥量应不超过设计规定。

4）水：拌合用水宜采用饮用水。当采用其他水源时，水质应符合现行国家标准《混凝土拌合用水标准》中的规定。

5）沥青：宜采用10号、30号建筑石油沥青，具体品种、材质和配合比应符合设计要求。

## 5.1.2 施工过程的质量控制

1）检查找平层是否粘结牢固，有无松动、起壳、起砂等现象。水泥砂浆找平层施工后应加强养护，避免早期脱水；还应控制加水量，掌握抹压时间，且成品不能过早上人。

2）检查找平层是否空鼓、开裂。由于基层表面清理不干净、水泥砂浆找平层施工前未用水湿润好，可造成空鼓；由于砂子过细、水泥砂浆级配不好、找平层厚薄不匀、养护不够，均可造成找平层开裂。注意使用符合要求的砂料，保护层的平整度应严格控制，保证找平层的厚度基本一致，加强成品养护，防止表面开裂。

3）检查找平层的坡度是否准确，是否符合设计要求，是否造成倒泛水。保温层施工必须保证找坡泛水，铺抹找平层前应检查保温层坡度泛水是否符合要求，铺抹找平层应掌握坡向及厚度。

4）检查水落口周围的坡度是否准确。水落口杯与基层接触处应留设宽 20mm、深 20mm 的凹槽，并在其中嵌填密封材料。

## 5.1.3 屋面找平层工程质量检验

### 1. 屋面找平层工程质量检验标准和检验方法

屋面找平层工程质量检验标准和检验方法见表 5-1。

**表 5-1 屋面找平层工程质量检验标准和检验方法**

<table>
<tr><th>项目</th><th>序号</th><th colspan="2">检验项目</th><th colspan="3">允许偏差或允许值</th><th>检查方法</th></tr>
<tr><td rowspan="2">主控项目</td><td>1</td><td colspan="2">材料质量及配合比</td><td colspan="3">必须符合设计要求</td><td>检查出厂合格证、质量检验报告和计量措施</td></tr>
<tr><td>2</td><td colspan="2">排水坡度</td><td colspan="3">必须符合设计要求，平屋面采用结构找坡不应小于3%，采用材料找坡宜为2%；天沟、檐沟纵向坡度不应大于1%，沟底水落差不得超过200mm</td><td>水平（水平尺）、拉线和尺量检查</td></tr>
<tr><td rowspan="9">一般项目</td><td rowspan="5">1</td><td colspan="2" rowspan="5">基层与突出屋面结构的交接处和基层的转角处</td><td colspan="3">应做成圆弧形，且整齐平顺；内部排水的水落口周围，找平层应做成略低的凹坑</td><td rowspan="5">观察检查和尺量检查</td></tr>
<tr><td rowspan="4">转角处圆弧半径</td><td>卷材种类</td><td>圆弧半径/mm</td></tr>
<tr><td>沥青防水卷材</td><td>100～150</td></tr>
<tr><td>高聚物改性沥青防水卷材</td><td>50</td></tr>
<tr><td>合成高分子防水卷材</td><td>20</td></tr>
<tr><td rowspan="2">2</td><td rowspan="2">找平层</td><td>水泥砂浆、细石混凝土</td><td colspan="3">平整，压光，不得有酥松、起皮现象</td><td rowspan="2">观察检查</td></tr>
<tr><td>沥青砂浆</td><td colspan="3">不得有拌合不匀、蜂窝现象</td></tr>
<tr><td>3</td><td colspan="2">分割缝的位置和间距</td><td colspan="3">分割缝应留设在板端缝处，其纵横缝的最大间距，水泥砂浆或细石混凝土找平层不宜大于6m，沥青砂浆找平层不宜大于4m</td><td>观察检查和尺量检查</td></tr>
<tr><td>4</td><td colspan="2">找平层表面的平整度</td><td colspan="3">5mm</td><td>2m 靠尺和楔形塞尺检查</td></tr>
</table>

**2. 屋面找平层工程质量检验数量**

应按屋面面积，每 $100m^2$ 抽查1处，每处检查 $10m^2$，且不得少于3处。细部构造根据分项工程的内容，应全部进行检查。

【能力训练】

训练题目 屋面找平层工程的检验

(1) 目的 掌握屋面找平层工程的检验内容和要求。

(2) 能力及标准要求 能够进行现场的检查验收，正确判断质量情况，准确抽取试件并阅读审核试验结果。

(3) 准备 材料的准备，检查工具的准备，资料的准备。

(4) 步骤 熟悉材料检测、试验相关标准的相关内容，现场进行材料的检查验收并按标准抽取试件，审阅材料合格证书、产品性能检测报告及复检报告，结果评价。

(5) 注意事项 要结合工程实际情况确定检查内容和方法。

(6) 讨论 材料检查与工程质量的关系。

# 课题2 屋面保温(隔热)层工程质量检验

## 5.2.1 材料质量要求

### 5.2.1.1 基本要求

屋面保温层材料可采用松散材料、板状材料或整体现浇(喷)材料等，这些材料应有产品合格证书和性能检测报告，材料的品种、规格、性能等应符合国家现行产品标准和设计要求。材料进场后，应按规定进行抽样复检，并提交试验报告。不合格的材料，不得使用。

### 5.2.1.2 具体质量要求

**1. 松散保温材料**

松散保温材料质量应符合表5-2的要求。

表5-2 松散保温材料质量要求

| 项 目 | 膨胀蛭石 | 膨胀珍珠岩 |
|---|---|---|
| 粒径 | 3～5mm | ≥0.15mm，<0.15mm的含量不大于8%(质量分数) |
| 堆积密度 | ≤300kg/m³ | ≤120kg/m³ |
| 导热系数 | ≤0.14W/(m·K) | ≤0.07W/(m·K) |

**2. 板状保温材料**

板状保温材料质量应符合表5-3的要求。

表 5-3 板状保温材料质量要求

| 项目 | 聚苯乙烯泡沫塑料 | | 硬质聚氨酯泡沫塑料 | 泡沫玻璃 | 微孔混凝土类 | 膨胀憎水（珍珠岩）板 | 水泥聚苯颗粒板 |
|---|---|---|---|---|---|---|---|
| | 挤压 | 模压 | | | | | |
| 表观密度/($kg/m^3$) | 25~38 | 15~30 | ≥30 | ≥150 | 500~700 | 300~800 | ≤250 |
| 导热系数/[W/(m·K)] | ≤0.03 | ≤0.041 | ≤0.027 | ≤0.062 | ≤0.22 | ≤0.26 | 0.07 |
| 抗压强度/MPa | — | — | — | ≥0.4 | ≥0.4 | ≥0.3 | 0.3 |
| 70℃、48h 后尺寸变化率(%) | ≤2.0 | ≤5.0 | ≤5.0 | ≤5.0 | — | — | — |
| 吸水率(%) | ≤1.5 | ≤6.0 | ≤3 | ≤0.5 | — | — | — |
| 外观质量 | 板材表面基本平整，无严重凹凸不平现象，厚度允许偏差不大于 5%，且不大于 4mm，憎水率≥98% | | | | | | |

## 5.2.2 施工过程的质量控制

1）检查保温层基层是否平整、干燥、干净。

2）检查保温层铺筑厚度是否满足设计要求，可采取拉线找坡方法进行控制。

3）检查保温隔热层功能是否良好，避免出现保温材料表观密度过大、铺设前含水量大、未充分晾干等现象。施工选用的材料应达到技术标准，以控制保温材料的导热系数、含水量和铺实密度，从而保证保温的功能效果。

4）检查铺设厚度是否均匀。铺设时应认真操作、拉线找坡、铺顺平整，操作中避免材料在屋面上堆积及二次倒运，保证匀质铺设及表面平整，铺设厚度应满足设计要求。

5）检查保温层边角处质量，防止由于边线不直、边槎不齐整而影响屋面找坡、找平和排水。

6）检查板块保温材料铺贴是否密实，以确保保温和防水效果，防止找平层出现裂缝。应按照规范和质量验收评定标准的质量标准，进行严格验收。

7）检查保温层是否干燥，要求封闭式保温层的含水率相当于该材料在当地自然风干状态下的平衡含水率。

8）屋面保温层严禁在雨天、雪天和五级风及以上时施工。施工环境气温宜符合表 5-4 的要求，施工完成后应及时进行找平层和防水层的施工。同时要求对屋面保温层进行隐蔽验收，施工质量应验收合格，质量控制资料应完整。

表 5-4 屋面保温层施工环境气温表

| 项目 | 施工环境气温 |
|---|---|
| 粘结保温层 | 热沥青不低于 -10℃，水泥砂浆不低于 5℃ |

9）松散保温材料施工时应分层铺设，每层虚铺厚度不宜大于 150mm，压实的程度与厚度必须经试验确定，压实后不得直接在保温层上行车或堆物。施工人员宜穿软底鞋进行操作。

10）板状保温材料施工，当采用干铺法时保温材料应紧贴基层表面，多层设置的板块上下层接缝要错开，板缝间隙应嵌填密实；当采用胶结剂粘贴时，板块相互之间及与基层之间应满涂胶结材料，以保证相互粘牢；当采用水泥砂浆粘贴时，板缝间隙应采用保温灰浆填实并勾缝。

## 5.2.3　屋面保温(隔热)层工程施工质量检验

### 1. 屋面保温层工程质量检验标准和检验方法

屋面保温层工程质量检验标准和检验方法见表5-5。

表5-5　屋面保温层工程质量检验标准和检验方法

| 项目 | 序号 | 检验项目 | | 允许偏差或允许值 | 检查方法 |
|---|---|---|---|---|---|
| 主控项目 | 1 | 材料的堆积密度或表观密度、导热系数以及板材的强度、含水率 | | 必须符合设计要求及产品标准 | 检查出厂合格证、质量检验报告和现场抽样复检报告 |
| | 2 | 含水率 | | 必须符合设计要求 | 检查现场抽样检验报告 |
| 一般项目 | 1 | 保温层的铺设 | 松散材料 | 分层铺设，适当压实，表面平整，找坡正确 | 观察检查 |
| | | | 板状材料 | 紧贴基层，铺平垫稳，接缝严密，找坡正确 | |
| | | | 整体现浇材料 | 拌合均匀，分层铺设，压实适当，表面平整，找坡正确 | |
| | 2 | 保温层的厚度 | 松散材料 | +10%，-5% | 用钢针插入和尺量检查 |
| | | | 板状材料 | ±5%且不大于4mm | |
| | | | 整体现浇材料 | +10%，-5% | |
| | 3 | 隔热层相邻高低差 | | 3mm | 直尺和楔形塞尺检查 |
| | 4 | 倒置式屋面保护层采用卵石铺压 | | 卵石应分布均匀，卵石的质(重)量应符合设计要求 | 观察检查和按堆积密度计算其质(重)量 |

### 2. 屋面保温层工程质量检验数量

应按屋面面积，每100$m^2$抽查1处，每处检查10$m^2$，且不得少于3处。细部构造根据分项工程的内容，全数检查。

## 【能力训练】

训练题目　屋面保温层工程的检验

(1) 目的　掌握屋面保温层工程的检验内容和要求。

(2) 能力及标准要求　能够进行现场的检查验收，正确判断质量情况，准确抽取试件并阅读和审核试验结果。

(3) 准备　材料的准备，检查工具的准备，资料的准备。

(4) 步骤　熟悉材料检测、试验相关标准的相关内容，现场进行材料的检查验收并按标准抽取试件，审阅材料合格证书、产品性能检测报告及复检报告，结果评价。

(5) 注意事项　要结合工程实际情况确定检查内容和方法。

(6) 讨论　材料检查与工程质量的关系。

# 课题3 卷材防水层工程质量检验

## 5.3.1 材料质量要求

### 5.3.1.1 基本要求

1）屋面卷材防水层材料包括高聚物改性沥青防水卷材、合成高分子防水卷材或沥青防水卷材，适用于Ⅰ～Ⅳ防水等级的屋面防水。

2）卷材防水材料应有产品合格证书和性能检测报告，材料的品种、规格、性能等应符合国家现行产品标准和设计要求。材料进场后，应按规定进行抽样复检，并提交试验报告。不合格的材料，不得使用。

3）所选用的基层处理剂、接缝胶结剂、密封材料等配套材料应与铺贴的卷材材性相容。

### 5.3.1.2 质量要求

1）高聚物改性沥青防水卷材的外观质量和物理性能应分别符合表5-6和表5-7的要求。

表5-6 高聚物改性沥青防水卷材的外观质量

| 项目 | 质量要求 | 项目 | 质量要求 |
|---|---|---|---|
| 孔洞、缺边、裂口 | 不允许 | 撒布材料的粒度、颜色 | 均匀 |
| 边缘不整齐 | 不超过10mm | 每卷卷材的接头 | 不超过1处，较短的一段不应小于1 000mm，接头处应加长150mm |
| 胎体露白、未浸透 | 不允许 | | |

表5-7 高聚物改性沥青防水卷材的物理性能

| 项目 | | 性能要求 | | |
|---|---|---|---|---|
| | | 聚酯毡胎体 | 玻纤胎体 | 聚乙烯胎体 |
| 强度/(N/50mm) | | ≥450 | 纵向，≥350<br>横向，≥250 | ≥100 |
| 延伸率(%) | | 最大拉力时，≥30 | — | 断裂时，≥200 |
| 耐热度(℃,2h) | | SBS卷材90，APP卷材110，且无滑动、流淌、滴落现象 | | PEE卷材90，且无流淌、起泡现象 |
| 低温柔度/℃ | | SBS卷材 -18，APP卷材 -5，PEE卷材 -10<br>3mm厚 $r=15$mm；4mm厚 $r=25$mm；3s弯180°，无裂纹 | | |
| 不透水性 | 压力/MPa | ≥0.3 | ≥0.2 | ≥0.3 |
| | 保持时间/min | ≥30 | | |

注：SBS——弹性体改性沥青防水卷材，APP——塑性体改性沥青防水卷材，PEE——改性沥青聚乙烯胎体防水卷材。

2）合成高分子防水卷材的外观质量和物理性能应分别符合表5-8和表5-9的要求。

**表5-8　合成高分子防水卷材的外观质量**

| 项　目 | 质　量　要　求 |
|---|---|
| 折痕 | 每卷不超过2处，总长度不超过20mm |
| 杂质 | 不允许存在粒径大于0.5mm的颗粒，杂质含量每$1m^2$面积不超过$9mm^2$ |
| 胶块 | 每卷不超过6处，每处面积不大于$4mm^2$ |
| 凹痕 | 每卷不超过6处，深度不超过本身厚度的30%；树脂类深度不超过15% |
| 每卷卷材的接头 | 橡胶类每20m不超过1处，较短的一段不应小于3 000mm，接头处应加长150mm；树脂20m长度内不允许有接头 |

**表5-9　合成高分子防水卷材物理性能**

| 项　目 | | 性　能　要　求 | | | |
|---|---|---|---|---|---|
| | | 硫化橡胶类 | 非硫化橡胶类 | 树脂类 | 纤维增强类 |
| 断裂拉伸强度/MPa | | ≥6 | ≥3 | ≥10 | ≥9 |
| 扯断伸长度(%) | | ≥400 | ≥200 | ≥200 | ≥10 |
| 低温弯折/℃ | | -30 | -20 | -20 | -20 |
| 不透水性 | 压力/MPa | ≥0.3 | ≥0.2 | ≥0.3 | ≥0.3 |
| | 保持时间/min | ≥30 | | | |
| 热老化保持率(80℃,168h) | 断裂拉伸强度 | ≥80% | | | |
| | 扯断伸长率 | ≥70% | | | |
| 加热收缩率(%) | | <1.2 | <2.0 | <2.0 | <1.0 |

3）沥青防水卷材的外观质量和物理性能应分别符合表5-10和表5-11的要求。

**表5-10　沥青防水卷材外观质量**

| 项　目 | 质　量　要　求 |
|---|---|
| 孔洞、硌伤 | 不允许 |
| 露胎、涂盖不匀 | 不允许 |
| 折纹、皱折 | 距卷芯1 000mm以外，长度不大于100mm |
| 裂纹 | 距卷芯1 000mm以外，长度不大于10mm |
| 裂口、缺边 | 边缘裂口小于20mm，缺边长度小于50mm，深度小于20mm |
| 每卷卷材的接头 | 不超过1处，较短的一段不应小于2 500mm，接头处应加长150mm |

**表5-11　沥青防水卷材物理性能**

| 项　目 | | 性　能　要　求 | |
|---|---|---|---|
| | | 350号 | 500号 |
| 纵向拉力(25℃±2℃)/N | | ≥340 | ≥440 |
| 耐热度(85℃±2℃,2h) | | 不流淌，无集中性气泡 | |
| 柔度(18℃±2℃) | | 绕$\phi$20mm圆棒无裂纹 | 绕$\phi$25mm圆棒无裂纹 |
| 不透水性 | 压力/MPa | ≥0.10 | ≥0.15 |
| | 保持时间/min | ≥30 | ≥30 |

4）卷材胶粘剂的质量应符合下列规定：改性沥青胶粘剂的粘结剥离强度不应小于8N/10mm；合成高分子胶粘剂的粘结剥离强度不应小于15N/10mm，浸水168h后的保持率不应小于70%；双面胶粘带的粘结剥离强度不应小于10N/25mm，浸水168h后的保持率不应小于70%。

### 5.3.2 施工过程的质量控制

1）检查在坡度大于25%的屋面上采用卷材作防水层时是否采取了固定措施，且固定点要求密封严密。

2）检查铺设屋面隔汽层和防水层前，基层是否干净、干燥。检查时可将1m²卷材平坦地干铺在找平层上，静置3~4h后掀开检查，若找平层覆盖部位与卷材上均未见水印即可铺设。

3）检查卷材铺贴方向是否符合下列规定：屋面坡度小于3%时，卷材宜平行于屋脊铺贴；屋面坡度为3%~15%时，卷材可平行或垂直于屋脊铺贴；屋面坡度大于15%或屋面受震动时，沥青防水卷材应垂直于屋脊铺贴，高聚物改性沥青防水卷材和合成高分子防水卷材可平行或垂直于屋脊铺贴；上下层卷材不得相互垂直铺贴。

4）检查冷贴法铺贴的卷材是否符合下列规定：胶粘剂涂刷应均匀，不露底，不堆积；根据胶粘剂的性能，应控制胶粘剂涂刷与卷材铺贴的间隔时间；铺贴卷材下面的空气应排尽，并辊压粘结牢固；铺贴卷材应平整顺直，搭接尺寸应准确，不得扭曲、皱折；接缝口应采用密封材料封严，且密封宽度不应小于10mm。

5）检查热熔法铺贴的卷材是否符合下列规定：火焰加热器加热卷材应均匀，不得过分加热或烧穿卷材，而厚度小于3mm的高聚物改性沥青防水卷材严禁采用热熔法施工；卷材表面热熔后应立即滚铺卷材，卷材下面的空气应排尽，并辊压粘结牢固，不得有空鼓。卷材接缝部位必须溢出热熔的改性沥青胶；铺贴卷材应平整顺直，搭接尺寸应准确，不得扭曲、皱折。

6）检查天沟、檐沟、檐口、泛水和立面卷材收头的端部。要求端部应裁齐，并塞入预留凹槽内；用金属压条钉压固定，最大钉距不应大于900mm，并用密封材料嵌填封严。

7）检查卷材防水层是否有渗漏或积水现象。检验方法：雨后或淋水、蓄水检验。

### 5.3.3 卷材防水工程质量检验

**1. 卷材防水工程质量检验标准和检验方法**

卷材防水工程质量检验标准和检验方法见表5-12。

**表5-12 卷材防水工程质量检验标准与方法**

| 项目 | 序号 | 检验项目 | 允许偏差或允许值 | 检查方法 |
|---|---|---|---|---|
| 主控项目 | 1 | 卷材防水层所用材料及其配套材料 | 必须符合设计要求 | 检查出厂合格证、质量检验报告和现场抽样复检报告 |
| | 2 | 卷材防水层的渗漏或积水 | 不得有渗漏或积水现象 | 雨后或淋水、蓄水试验检查 |
| | 3 | 卷材防水层在天沟、檐沟、檐口、水落口、泛水、变形缝和伸出屋面管道的防水构造 | 必须符合设计要求和规范规定 | 观察检查和检查隐蔽工程验收记录 |

（续）

| 项目 | 序号 | 检验项目 | | 允许偏差或允许值 | 检查方法 |
|---|---|---|---|---|---|
| 一般项目 | 1 | 卷材防水层的搭接缝、收头 | | 搭接缝应粘（焊）结牢固，密封严密，不得有皱折、翘边和鼓泡等缺陷；收头应与基层粘结并固定牢固，缝口应严密、不得翘边 | 观察检查 |
| | 2 | 防水卷材保护层 | 撒布材料和浅色涂料 | 应铺撒或涂刷均匀，粘结牢固 | 观察检查 |
| | | | 水泥砂浆、块材或细石混凝土 | 与卷材防水层之间应设置隔离层 | |
| | | | 刚性材料 | 分割缝留置应符合设计要求 | |
| | 3 | 排汽屋面的排汽道 | | 应纵横贯通，不得堵塞；排汽管应安装牢固，位置正确，封闭严密 | 观察检查 |
| | 4 | 卷材铺贴方向 | 屋面坡度小于3%时 | 卷材宜平行于屋脊铺贴 | 观察检查 |
| | | | 屋面坡度为3%～15%时 | 卷材可平行或垂直于屋脊铺贴 | |
| | | | 屋面坡度大于15%或屋面受振动时 | 沥青防水卷材应垂直于屋脊铺贴，高聚物改性沥青防水卷材和合成高分子防水卷材可平行或垂直于屋脊铺贴 | |
| | | | 上下层卷材 | 不得相互垂直铺贴 | |
| | 5 | 卷材搭接宽度的允许偏差 | | −10mm | 观察检查和尺量检查 |

**2. 卷材防水工程质量检验数量**

按屋面面积，每100m² 抽查1处，每处检查10m²，且不少于3处。接缝密封防水，每50m应抽查1处，每处检查5m，且不得少于3处。细部构造根据分项工程的内容，全数检查。

## 【能力训练】

训练题目　卷材防水工程的检验

（1）目的　掌握内容和要求。

（2）能力及标准要求　能够进行现场的检查验收，正确判断质量情况，准确抽取试件并阅读和审核试验结果。

（3）准备　材料的准备，检查工具的准备，资料的准备。

（4）步骤　熟悉材料检测。试验相关标准的相关内容，现场进行材料的检查验收并按标准抽取试件，审阅材料合格证书、产品性能检测报告及复检报告，结果评价。

（5）注意事项　要结合工程实际情况确定检查内容和方法。

（6）讨论　材料检查与工程质量的关系。

# 课题4 细石混凝土防水层工程质量检验

## 5.4.1 材料质量要求

### 5.4.1.1 基本要求

1）细石混凝土防水层包括普通细石混凝土防水层和补偿收缩混凝土防水层，适用于Ⅰ~Ⅲ防水等级的屋面防水，不适用于铺设有松散材料保温层的屋面以及受较大振动或冲击时和坡度大于15%的建筑屋面。

2）防水材料应有产品合格证书和性能检测报告，材料的品种、规格、性能等应符合国家现行产品标准和设计要求。材料进场后，应按规定进行抽样复检，并提交试验报告。不合格的材料，不得使用。

### 5.4.1.2 质量要求

1）水泥宜采用普通硅酸盐水泥或硅酸盐水泥，不得采用火山灰质水泥，强度等级不低于32.5；石子最大粒径不宜超过15mm，含泥量不应大于1%（质量分数），且应有良好的级配；砂子应采用中砂或粗砂，粒径为0.3~0.5mm，含泥量不应大于2%。

2）混凝土中掺加膨胀剂、减水剂、防水剂等外加剂时，应按配合比准确计量，且应顺序得当、机械搅拌、机械振捣，其质量指标也应符合设计要求。

## 5.4.2 施工过程的质量控制

1）检查混凝土的原材料配合比是否符合设计要求，细石混凝土防水层是否出现渗漏或积水现象。混凝土水灰比不应大于0.55，每$m^3$混凝土的水泥用量不得少于330kg，含砂率宜为35%~40%（质量分数），灰砂比宜为1:2~1:2.5，混凝土强度等级不应低于C20。

2）检查防水层分格缝的位置设置是否合格，分格缝内是否嵌填了密封材料。通常细石混凝土防水层的分格缝，应设在屋面板的支撑端、屋面转折处、防水层与突出屋面结构的交接处，其纵横向间距不宜大于6m，且分格缝内应该嵌填密封材料。

3）检查分格缝的宽度是否正确。通常分格缝的宽度应不大于40mm，且不小于10mm，如分格缝太宽，应进行调整或用聚合物水泥砂浆处理。

4）检查绑扎的钢筋网片是否合格。钢筋网片可采用$\phi4$~$\phi6$冷拔低碳钢丝制作的间距为100~200mm的绑扎或点焊的双向钢筋网片。钢筋网片应放在防水层上部，绑扎钢丝收口应向下弯，不得露出防水层表面。钢筋的保护层厚度不应小于10mm，钢丝必须调直。

## 5.4.3 细石混凝土防水层工程质量检验

**1. 细石混凝土防水层工程质量检验标准和检验方法**

细石混凝土防水层工程质量检验标准和检验方法见表5-13。

表 5-13 细石混凝土防水层工程质量检验标准和检验方法

| 项目 | 序号 | 检验项目 | 允许偏差或允许值 | 检查方法 |
| --- | --- | --- | --- | --- |
| 主控项目 | 1 | 原材料，外加剂，混凝土配合比，防水性能 | 必须符合设计要求和规范的规定 | 检查产品出厂合格证、质量检验报告、计量措施和混凝土现场抽样复检报告 |
| | 2 | 防水层的渗漏和积水 | 严禁有渗漏和积水现象 | 雨后或淋水、蓄水试验检查，可蓄水高度达 30～100mm，持续 24h 观察 |
| | 3 | 天沟、檐沟、檐口、水落口、泛水、变形缝和伸出屋面管道处的防水构造 | 必须符合设计要求和规范的规定 | 检查隐蔽工程验收记录及观察检查 |
| 一般项目 | 1 | 细石混凝土防水层表面表面 | 表面平整、压实抹光，不得有裂缝、起壳、起砂等缺陷 | 观察检查 |
| | 2 | 混凝土厚度和钢筋位置 | 应符合设计要求 | 观察检查和尺量检查 |
| | 3 | 分格缝的位置和间距 | 应符合设计要求和规范的规定 | 观察检查和尺量检查 |
| | 4 | 表面平整度 | ±5mm | 2m 直尺和楔形塞尺检查 |

**2. 细石混凝土防水层工程质量检验数量**

按屋面面积，每 $100m^2$ 抽查 1 处，每处检查 $10m^2$，且不得少于 3 处。接缝密封防水，每 50m 应检查 1 处，每处检查 5m，且不得少于 3 处。细部构造根据分项工程的内容，全数检查。

试块留置组数：每个屋面（检验批）同材料、同配比的混凝土每 1 $000m^2$ 做 1 组试块，小于 1 $000m^2$ 按 1 $000m^2$ 计算。当改变配合比时，应制作相应的试块组数。

## 【能力训练】

训练题目 细石混凝土防水层工程的检验

(1) 目的 掌握细石混凝土防水层工程的检验内容和要求。

(2) 能力及标准要求 能够进行现场的检查验收，正确判断质量情况，准确抽取试件并阅读和审核试验结果。

(3) 准备 材料的准备，检查工具的准备，资料的准备。

(4) 步骤 熟悉材料检测、试验相关标准的相关内容，现场进行材料的检查验收并按标准抽取试件，审阅材料合格证书、产品性能检测报告及复检报告，结果评价。

(5) 注意事项 要结合工程实际情况确定检查内容和方法。

(6) 讨论 材料检查与工程质量的关系。

## 单元小结

建筑防水技术是保证工程结构不受侵蚀的一项专门技术，对房屋建筑功能的正常发挥起着一定的保障作用。屋面防水工程质量的好坏，不仅直接影响到人们生活和生产活动的正常进行，也影响到建筑物的使用寿命。因此，建筑防水工程必须综合考虑合理的设计、合适的防水方案、优质的防水材料、优秀的施工队伍、严格的施工操作和仔细的质量检验等因素，才能确保质量。而质量检验又是确保不出现不合格品的关键环节。

本单元主要介绍了屋面找平层、保温(隔热)层、卷材防水层和细石混凝土防水层工程的材料质量要求、施工过程的质量控制要点以及质量验收标准与方法。学习的重点是掌握施工过程的质量控制方法和控制要点，熟悉屋面工程常用材料的质量要求，掌握质量检验的内容和方法，正确使用检验工具并进行实际操作。学习中还应注意检验标准的时效性，即检验标准的制定、修改往往有一定的年限，因此在工程实践中，应注意学习和了解新的检验标准。

## 复习思考题

5-1 屋面找平层开裂的原因是什么？应如何防治？

5-2 对屋面找平层排水坡度有何要求？应如何检查？

5-3 屋面找平层对分格 缝有何要求？应如何检查？

5-4 应如何控制保温层的保温隔热效果？

5-5 应如何控制保温层的铺设厚度？

5-6 对保温层的材料有何具体要求？

5-7 采用冷贴法、热熔法铺贴的卷材各应满足哪些要求？

5-8 如何控制卷材铺贴方向？

5-9 卷材防水层的搭接缝、收头应满足哪些要求？

5-10 对细石混凝土防水层工程所用的材料有哪些具体要求？

5-11 应如何控制细石混凝土的分格缝？

5-12 对泛水、檐口、分格缝及落水口等位置的防水层有何要求？

5-13 如何进行屋面防水层的渗漏和积水的检查？

## 实训练习题

某商厦建筑面积为16 600m$^2$，为现浇钢筋混凝土框架结构，地上6层，地下2层，由市建筑设计院设计，路南区建筑工程公司施工。1996年4月8日开工，1996年10月20日竣工验收，交付使用。在2004年夏季，商厦员工发现屋面大面积渗漏，经调查发现，该工程所采用的SBS防水卷材材料质量存在问题，该材料由施工单位负责采购，因此，该商厦业主要求原施工单位维修并赔偿损失。施工单位则称该屋面防水工程已过保修期，对建设单位要求不予理睬。

问题：

(1) 为避免出现屋面工程的质量问题，施工单位应该从哪些方面进行施工质量控制？

(2) 该工程卷材防水层材料质量控制的要点和内容是什么？

(3) 施工单位的说法是否合理？为什么？

# 单元6　装饰装修工程质量检验

【单元概述】

本单元主要介绍装饰装修工程常用材料的质量要求、施工过程的质量控制要点、施工质量验收检验项目及质量标准的内容和方法，还介绍了装饰装修工程中常用质量检验工具的种类和使用方法。

【学习目标】

通过本单元的学习和实训，了解装饰装修工程在施工过程中对材料的质量要求，熟悉施工过程质量控制的要点，掌握装饰装修工程质量检验的标准和方法，掌握常用质量检验工具的使用方法和检验方法。

## 课题1　楼地面工程质量检验

### 6.1.1　基层工程

#### 6.1.1.1　材料质量要求

1）基土严禁采用淤泥、腐殖土、冻土、耕植土、膨胀土和含有8%（质量分数）以上有机物质的土作为填土。

2）填土应保持最优含水率，重要工程或大面积填土前，应取土样按击实试验确定最优含水率与相应的最大干密度。

3）灰土垫层应采用熟化石灰粉与粘土（含粉质粘土、粉土）的拌合料铺设，其厚度不应小于100mm。灰土体积比应符合设计要求。

4）找平层应采用水泥砂浆或水泥混凝土铺设，并应符合设计规定。隔离层的材料，其材质应经有资质的检测单位认定。

5）当采用掺有防水剂的水泥类找平层作为防水隔离层时，其掺量和强度等级（或配合比）应符合设计要求。

6）填充层应按设计要求选用材料，其密度和导热系数应符合国家有关产品标准的规定。

#### 6.1.1.2　施工过程的质量控制

1）基层铺设前，应检查其下一层表面是否干净、有无积水。

2）检查在垫层、找平层内埋设暗管时，管道是否按设计要求予以稳固。

3）检查基层的标高、坡度、厚度等是否符合设计要求，基层表面是否平整、是否符合规定。

4）检查灰土垫层是否铺设在不受浸泡的基土上，施工后是否有防止水浸泡的措施。

5）检查对有防水要求的建筑地面工程在铺设前是否对立管、套管和地面与楼板的节点之间进行了密封处理，排水坡度是否符合设计要求。

6）检查在预制钢筋混凝土板上铺设找平层前，板缝填嵌的施工是否符合下列要求：预制钢筋混凝土板相邻缝底宽不应小于20mm；填嵌时，板缝内应清理干净，保持湿润；填缝采用细石混凝土，其强度等级不得小于C20，填缝高度应低于板面10～20mm，且振捣密实，表面不应压光，填缝后还应进行养护；当板缝底宽度大于40mm时，应按设计要求配置钢筋。

7）检查在预制钢筋混凝土板上铺设找平层时，其板端是否按设计要求设置了防裂的构造钢筋。

8）检查在水泥类找平层上铺设沥青类防水卷材、防水涂料时或以水泥类材料作为防水隔离层时，其表面是否坚固、洁净、干燥，且在铺设前是否涂刷了基层处理剂，基层处理剂是否采用了与卷材性能配套的材料或采用了同类涂料的底子油。

9）检查铺设防水隔离层时，在管道穿过楼板面四周防水材料是否向上铺涂，且超过套管的上口；在靠近墙面处，是否高出面层200～300mm或按设计要求的高度铺涂，阴阳角和管道穿过楼板面的根部是否增设了附加防水隔离层。

10）检查填充层的下一层表面是否平整。当为水泥类时，是否洁净、干燥，并不得有空鼓、裂缝和起砂等缺陷。

#### 6.1.1.3 基层工程质量检验

**1. 基层工程质量检验标准和检验方法**

基层工程质量检验标准和检验方法见表6-1。

**表6-1 基层工程质量检验标准和检验方法**

| 项目 | 序号 | 检验项目 | | 允许偏差或允许值 | 检查方法 |
|---|---|---|---|---|---|
| 主控项目 | 1 | 基土 | 材料 | 严禁采用淤泥、腐植土、冻土、耕植土、膨胀土和含有机物质大于8%（质量分数）的土作为填土 | 观察检查和检查土质记录 |
| | | | 质量 | 应均匀密实，压实系数应符合设计要求，设计无要求时，不应小于0.90 | 观察检查和检查实验记录 |
| | 2 | 垫层 | 灰土体积比 | 应符合设计要求 | 观察检查和检查配合比通知单记录 |
| | 3 | 找平层 | 材料粒径及含泥量 | 碎石或卵石的粒径不应大于其厚度的2/3，含泥量不应大于2%（质量分数）；砂为中粗砂，其含泥量不应大于3% | 观察检查和检查材质合格证明文件及检测报告 |
| | | | 体积比 | 水泥砂浆体积比或水泥混凝土强度等级应符合设计要求，且水泥砂浆体积比不应小于1:3（或相应的强度等级）；水泥混凝土强度等级不应小于C15 | 观察检查和检查配合比通知单及检测报告 |
| | | | 渗漏 | 有建筑要求的建筑地面工程的立管、套管、地漏处严禁渗漏，坡向应正确，无积水 | 观察检查和蓄水、泼水检验或坡度尺检查 |

（续）

| 项目 | 序号 | 检验项目 | | 允许偏差或允许值 | 检查方法 |
|---|---|---|---|---|---|
| 主控项目 | 4 | 隔离层 | 构造 | 厕浴间和有防水要求的建筑地面必须设置防水隔离层。楼层结构必须采用现浇混凝土或整块预制混凝土板，混凝土强度等级不应低于C20；楼板四周除门洞外，应做混凝土翻边，其高度不应小于120mm。施工时结构层标高和预留洞位置应准确，严禁乱凿洞 | 观察检查和钢尺检查 |
| | | | 强度 | 水泥类防水隔离层的防水性能和强度等级必须符合设计要求 | 观察检查和检查检测报告 |
| | | | 渗漏 | 防水隔离层严禁渗漏，坡度应正确，排水通畅 | 观察检查和蓄水、泼水检验或坡度尺检查，并检查检验记录 |
| | 5 | 填充层 | 材料质量 | 必须符合设计要求和国家产品标准的规定 | 观察检查和检查材质合格证明文件、检测报告 |
| | | | 配合比 | 必须符合设计要求 | 观察检查和检查材质配合比通知单 |
| 一般项目 | 1 | 基土 | 表面平整度 | 15mm | 2m靠尺和楔形塞尺检查 |
| | 2 | 垫层 | 石灰、粘土 | 熟化石灰颗粒粒径不得大于5mm；粘土（或粉质粘土、粉土）内不得含有机物质，其颗粒粒径不得大于15mm | 观察检查和检查材质合格记录 |
| | | | 表面平整度 | 灰土、三合土、炉渣、混凝土为10mm；砂、砂石为15mm | 观察检查和检查材质合格记录 |
| | 3 | 找平层 | 空鼓 | 要求找平层与下一层结合牢固，不得有空鼓现象 | 小锤轻击检查 |
| | | | 表面 | 应密实，不得有起砂、蜂窝和裂缝等缺陷 | 观察检查 |
| | | | 表面平整度 | 用水泥砂浆结合层铺设板块面层为5mm | 2m靠尺和楔形塞尺检查 |
| | 4 | 隔离层 | 厚度 | 应符合设计要求 | 观察检查和钢尺检查 |
| | | | 质量 | 隔离层与其下一层粘结牢固，不得有空鼓现象；防水涂层应平整、均匀，无脱皮、裂缝、鼓泡等缺陷 | 小锤轻击检查和观察检查 |
| | 5 | 填充层 | 质量要求 | 松散材料填充层铺设应密实，板块状材料填充层应压实、无翘曲 | 观察检查 |
| | | | 表面平整度 | 松散材料7mm；板块状材料5mm | 2m靠尺和楔形塞尺检查 |

**2. 基层工程质量检验数量**

基层（各构造层）和各类面层的分项工程的施工质量验收应按每一层次或每层施工段（或变形缝）作为一个检验批，高层建筑的标准层可按每三层（不足三层按三层计）作为一个检验批。每个检验批应以各子分部工程的基层（各构造层）和各类面层所划分的分项工程按自然间（或标准间）检验，随机检验抽查数量不应少于3间，不足3间应全数检查；走廊（过道）

应以10延长米为1间，工业厂房(按单跨计)、礼堂、门厅应以两个轴线为1间计算；有防水要求的建筑地面子分部工程的分项工程，每个检验批的抽查数量应按其房间总数随机抽查，且不应少于4间，不足4间应全数检查。

### 6.1.2 整体楼地面工程

#### 6.1.2.1 材料质量要求

1）整体楼地面面层材料应有出厂合格证、样品试验报告以及材料性能检测报告。

2）整体楼地面面层材料的出厂时间应符合要求。

3）面层中采用的水泥应为硅酸盐水泥、普通硅酸盐水泥，其强度等级不应小于32.5级，不同品种、不同强度等级的水泥严禁混用；砂应为中粗砂，当采用石屑时，其粒径应为1～5mm，且含泥量不应大于3%(质量分数)。

#### 6.1.2.2 施工过程的质量控制

1）检查水泥混凝土面层的厚度是否符合设计要求。

2）检查施工缝留设情况。要求水泥混凝土面层铺设不留施工缝，当施工间歇超过允许时间规定时，应对接槎处进行处理。

3）检查水泥砂浆面层的厚度是否符合设计要求，且不应小于20mm。

4）检查面层与下一层结合是否牢固。要求空鼓面积不应大于400 $cm^2$，若每自然间(标准间)不多于2处则可忽略不计。

5）检查面层表面是否有裂纹、脱皮、麻面、起砂等缺陷。

6）检查面层表面的坡度是否符合设计要求，要求不得有倒泛水和积水现象。

7）检查踢脚线与墙面结合是否紧密，高度是否一致，出墙厚度是否均匀。

#### 6.1.2.3 整体楼地面工程质量检验

**1. 整体楼地面工程质量检验标准和检验方法**

整体楼地面工程质量检验标准和检验方法见表6-2。

表6-2 整体楼地面工程质量检验标准和检验方法

| 项目 | 序号 | 检验项目 | | 允许偏差或允许值 | 检查方法 |
|---|---|---|---|---|---|
| 主控项目 | 1 | 水泥混凝土面层 | 材料 | 水泥混凝土采用的粗骨料，其最大粒径不应大于面层厚度的2/3，细石混凝土面层采用的石子粒径不应大于15mm | 观察检查和检查材质合格证明文件及检测报告 |
| | | | 强度 | 面层的强度等级应符合设计要求，且水泥混凝土面层强度等级不应小于C20；水泥混凝土垫层兼面层强度等级不应小于C15 | 检查配合比通知单和检测报告 |
| | 2 | 水泥砂浆面层 | | 水泥砂浆面层的体积比(强度等级)必须符合设计要求，且体积比应为1:2，强度等级不应小于M15 | 检查配合比通知单和检测报告 |

（续）

| 项目 | 序号 | 检验项目 | 允许偏差或允许值 | 检查方法 |
| --- | --- | --- | --- | --- |
| 一般项目 | 1 | 踏步 | 楼梯踏步的宽度、高度应符合设计要求。楼层梯段相邻踏步高度差不应大于10mm，每踏步两段宽度差不应大于10mm；旋转楼梯段的每踏步两段宽度的允许偏差为5mm。楼梯踏步的齿角应整齐，防滑条应顺直 | 观察检查和钢尺检查 |
| | 2 | 表面平整度 | 水泥混凝土面层5mm，水泥砂浆面层4mm，普通水磨石面层3mm，高级水磨石面层2mm | 2m靠尺和楔形塞尺检查 |
| | 3 | 踢脚线上口平直 | 水泥混凝土面层4mm，水泥砂浆面层4mm，普通水磨石面层3mm，高级水磨石面层3mm | 拉5m线和钢尺检查 |
| | 4 | 缝格平直 | 水泥混凝土面层3mm，水泥砂浆面层3mm，普通水磨石面层3mm，高级水磨石面层2mm | |

**2. 整体楼地面工程质量检验数量**

整体楼地面工程质量检验数量同基层工程。

## 6.1.3 板块楼地面工程

### 6.1.3.1 材料质量要求

1）板块的品种、质量必须符合设计要求，必须有材质合格证明文件及检测报告。

2）砖面层的表面应洁净、图案清晰、色泽一致、接缝平整、深浅一致、周边顺直。板块无裂纹、掉角和缺棱等缺陷。

3）配制水泥砂浆时应采用硅酸盐水泥、普通硅酸盐水泥或矿渣硅酸盐水泥，其水泥强度等级不宜小于32.5级。

### 6.1.3.2 施工过程的质量控制

1）检查水泥类基层的抗压强度等级，要求铺设板块面层时不得低于1.2MPa。

2）检查板块的铺砌是否符合设计要求，当设计无要求时，宜避免出现小于1/4板块面积的边角料。

3）检查配制水泥砂浆的体积比以及面层所用的板块品种、质量是否符合设计要求。

### 6.1.3.3 板块楼地面工程质量检验

**1. 板块楼地面工程质量检验标准和检验方法**

板块楼地面工程质量检验标准和检验方法见表6-3。

**2. 板块楼地面工程质量检验数量**

板块楼地面工程质量检验数量同基层工程

**表 6-3 板块楼地面工程质量检验标准和检验方法**

<table>
<tr><th>项目</th><th>序号</th><th colspan="2">检 验 项 目</th><th colspan="5">允许偏差或允许值/mm</th><th>检 查 方 法</th></tr>
<tr><td rowspan="2">主控项目</td><td>1</td><td colspan="2">板块品种、质量</td><td colspan="5">符合设计要求</td><td>观察检查和检查材质合格证明文件及检测报告</td></tr>
<tr><td>2</td><td colspan="2">面层与其下一层的结合（粘结）</td><td colspan="5">应牢固，无空鼓现象</td><td>小锤轻击检查</td></tr>
<tr><td rowspan="10">一般项目</td><td>1</td><td colspan="2">板块</td><td colspan="5">砖面层的表面应洁净、图案清晰、色泽一致、接缝平整、深浅一致、周边顺直，板块无裂纹、掉角和缺棱等缺陷</td><td>观察检查</td></tr>
<tr><td>2</td><td colspan="2">踢脚线</td><td colspan="5">表面应洁净、高度一致、结合牢固、出墙厚度一致</td><td>观察检查和小锤轻击及钢尺检查</td></tr>
<tr><td>3</td><td colspan="2">楼梯踏步和台阶板块的缝隙宽度</td><td colspan="5">应一致，齿角整齐，楼层相邻踏步高度差不应大于 10mm，防滑条顺直</td><td>观察检查和钢尺检查</td></tr>
<tr><td>4</td><td colspan="2">面层表面的坡度</td><td colspan="5">应符合设计要求，不倒泛水、无积水；与地漏、管道结合处应严密牢固，无渗漏现象</td><td>观察检查和泼水或坡度尺及蓄水检查</td></tr>
<tr><td rowspan="6">5</td><td rowspan="6">板块面层的允许偏差</td><td>项目</td><td>陶瓷锦砖面层</td><td>缸砖面层</td><td>水泥花砖面层</td><td>水磨石板块面层</td><td>活动地板面层</td><td>—</td></tr>
<tr><td>表面平整度</td><td>2.0</td><td>4.0</td><td>3.0</td><td>3.0</td><td>2.0</td><td>2m 靠尺和楔形塞尺检查</td></tr>
<tr><td>缝格平直</td><td>3.0</td><td>3.0</td><td>3.0</td><td>3.0</td><td>2.5</td><td>拉 5m 线和钢尺检查</td></tr>
<tr><td>接缝高低差</td><td>0.5</td><td>1.5</td><td>0.5</td><td>1.0</td><td>0.4</td><td>钢尺和楔形塞尺检查</td></tr>
<tr><td>踢脚线上口平直</td><td>3.0</td><td>4.0</td><td>—</td><td>4.0</td><td>—</td><td>拉 5m 线和钢尺检查</td></tr>
<tr><td>板块间隙宽度</td><td>2.0</td><td>2.0</td><td>2.0</td><td>2.0</td><td>0.3</td><td>钢尺检查</td></tr>
</table>

## 【能力训练】

训练题目 楼地面工程的检验

(1) 目的 掌握楼地面基层工程、整体楼地面工程、板块楼地面工程的检验内容和要求。

(2) 能力及标准要求 能够进行现场的检查验收，正确判断质量情况，准确抽取试件并阅读和审核试验结果。

(3) 准备 材料的准备，检查工具的准备，资料的准备。

(4) 步骤 熟悉材料检测、试验相关标准的相关内容，现场进行材料的检查验收并按标准抽取试件，审阅材料合格证书、产品性能检测报告及复检报告，结果评价。

(5) 注意事项 要结合工程实际情况确定检查内容和方法。

(6) 讨论 材料检查与工程质量的关系。

# 课题2 门窗工程质量检验

## 6.2.1 木门窗安装工程

### 6.2.1.1 材料质量要求

1）木门窗的木材品种、材质等级、规格、尺寸、框扇的线型及人造木板的甲醛含量均应符合设计要求。

2）木门窗应采用烘干的木材，其含水率应符合规范的规定。

3）木门窗的防火、防腐、防虫处理应符合设计要求。

4）制作木门窗所用的胶料，宜采用国产的酚醛树脂胶和脲醛树脂胶。普通木门窗可采用半耐水的脲醛树脂胶，高档木门窗应采用耐水的酚醛树脂胶。

5）工厂生产的木门窗必须有出厂合格证。由于运输堆放等原因而受损的门窗框、扇，应进行预处理，达到合格要求后方可用于工程中。

6）小五金零件的品种、规格、型号、颜色等均应符合设计要求，质量必须合格，地弹簧等五金零件应有出厂合格证。

7）对人造木板的甲醛含量应进行复检。

### 6.2.1.2 施工过程的质量控制

1）制作前必须选择符合设计要求的材料。

2）检查木门框和厚度大于50mm的门窗扇是否采用双榫连接，未采用双榫连接的必须用双榫连接。榫槽应采用胶料严密嵌合，并应采用胶楔加紧。

3）检查木门窗的品种、类型、规格、开启方向、安装位置及连接方式是否符合设计要求。预埋木砖的防腐处理、木门窗框固定点的数量、位置及固定方法应符合设计要求。

4）检查木门窗框的安装是否牢固，开关是否灵活，关闭是否严密，有无倒翘现象。

5）检查木门窗配件的型号、规格、数量是否符合设计要求，安装是否牢固，位置是否正确，功能是否满足使用要求。在砌体上安装门窗时严禁采用射钉固定。

6）检查木门窗表面是否洁净，且不得有刨痕、锤印。

7）检查木门窗的割角、拼缝是否严密平整，门窗框、扇裁口是否顺直，刨面是否平整。

8）检查木门窗上的槽、孔是否边缘整齐，有无毛刺。

9）检查木门窗与墙体间缝隙的填嵌料是否符合设计要求，填嵌是否饱满。寒冷地区外门窗（或门窗框）与砌体间的空隙应填充保温材料。

10）检查木门窗批水、盖口条、压缝条、密封条的安装是否顺直，与门窗结合是否牢固、严密。

11）对预埋件、锚固件及隐蔽部位的防腐、填嵌处理应进行隐蔽工程的质量验收。

### 6.2.1.3 木门窗安装工程质量检验

**1. 木门窗安装工程质量检验标准和检验方法**

木门窗安装工程质量检验标准和检验方法见表6-4。

**表6-4 木门窗安装工程质量检验标准和检验方法**

<table>
<tr><th>项目</th><th>序号</th><th colspan="3">检验项目</th><th colspan="4">允许偏差或允许值</th><th>检查方法</th></tr>
<tr><td rowspan="5">主控项目</td><td>1</td><td colspan="3">木门窗的品种、类型、规格、开启方向、安装位置及连接方式</td><td colspan="4">符合设计要求</td><td>观察检查，尺量检查，并检查成品门的产品合格证书</td></tr>
<tr><td>2</td><td colspan="3">木门窗框的安装，预埋木砖的防腐处理，木门窗框固定点的数量、位置及固定方法</td><td colspan="4">符合设计要求</td><td>观察检查，手板检查，并检查隐蔽工程验收记录和施工记录</td></tr>
<tr><td>3</td><td colspan="3">木门窗扇的安装</td><td colspan="4">必须牢固，并应开关灵活，并闭严密，无倒翘现象</td><td>观察检查，开启和关闭检查，手板检查</td></tr>
<tr><td rowspan="2">4</td><td rowspan="2">木门窗配件</td><td colspan="2">型号，规格，数量</td><td colspan="4">符合设计要求</td><td rowspan="2">观察检查，开启和关闭检查，手板检查</td></tr>
<tr><td colspan="2">安装，位置，功能</td><td colspan="4">牢固，正确，满足使用要求</td></tr>
<tr><td rowspan="18">一般项目</td><td>1</td><td colspan="3">木门窗与墙体间缝隙的填嵌材料</td><td colspan="4">应符合设计要求，填嵌应饱满。寒冷地区外门窗（或门窗框）与砌体间的空隙应填充保温材料</td><td>轻敲门窗框检查，并检查隐蔽工程验收记录和施工记录</td></tr>
<tr><td>2</td><td colspan="3">木门窗批水、盖口条、压缝条、密封条的安装</td><td colspan="4">应顺直，与门窗结合应牢固、严密</td><td>观察检查和手板检查</td></tr>
<tr><td rowspan="16">3</td><td rowspan="16">安装留缝限值及允许偏差</td><td colspan="2" rowspan="2">项　目</td><td colspan="2">留缝限值/mm</td><td colspan="2">允许偏差/mm</td><td rowspan="2">—</td></tr>
<tr><td>普通</td><td>高级</td><td>普通</td><td>高级</td></tr>
<tr><td colspan="2">门窗槽口对角线的长度差</td><td>—</td><td>—</td><td>3</td><td>2</td><td>钢尺检查</td></tr>
<tr><td colspan="2">门窗框的正、侧面垂直度</td><td>—</td><td>—</td><td>2</td><td>1</td><td>1m垂直检测尺检查</td></tr>
<tr><td colspan="2">框与扇、扇与扇接缝的高低差</td><td>—</td><td>—</td><td>2</td><td>1</td><td>钢直尺和塞尺检查</td></tr>
<tr><td colspan="2">门窗扇对口缝</td><td>1~2.5</td><td>1.5~2</td><td>—</td><td>—</td><td>塞尺检查</td></tr>
<tr><td colspan="2">工业厂房双扇大门对口缝</td><td>2~5</td><td>—</td><td>—</td><td>—</td><td>塞尺检查</td></tr>
<tr><td colspan="2">门窗扇与上框间的留缝</td><td>1~2</td><td>1~1.5</td><td>—</td><td>—</td><td>塞尺检查</td></tr>
<tr><td colspan="2">门窗扇与侧框间的留缝</td><td>1~2.5</td><td>1~1.5</td><td>—</td><td>—</td><td>塞尺检查</td></tr>
<tr><td colspan="2">窗扇与下框间的留缝</td><td>2~3</td><td>2~2.5</td><td>—</td><td>—</td><td>塞尺检查</td></tr>
<tr><td colspan="2">门扇与下框间的留缝</td><td>3~5</td><td>3~4</td><td>—</td><td>—</td><td>塞尺检查</td></tr>
<tr><td colspan="2">双层门窗内外框的间距</td><td>—</td><td>—</td><td>4</td><td>3</td><td>钢尺检查</td></tr>
<tr><td rowspan="4">无下框时门扇与地面间的留缝</td><td>外门</td><td>4~7</td><td>5~6</td><td>—</td><td>—</td><td rowspan="4">塞尺检查</td></tr>
<tr><td>内门</td><td>5~8</td><td>6~7</td><td>—</td><td>—</td></tr>
<tr><td>卫生间门</td><td>8~12</td><td>8~10</td><td>—</td><td>—</td></tr>
<tr><td>厂房大门</td><td>10~20</td><td>—</td><td>—</td><td>—</td></tr>
</table>

注：建筑外门窗安装必须牢固，在砌体上安装门窗严禁采用射钉固定。

**2. 木门窗安装工程质量检验数量**

同一品种、同一类型和规格的木门窗及门窗玻璃每 100 樘应划分为一个检验批，不足 100 樘也应划分为一个检验批。每个检验批应至少抽查总数的 5%，且不得少于 3 樘，不足 3 樘时应全数检查；高层建筑的外窗，每个检验批应至少抽查总数的 10%，且不得少于 6 樘，不足 6 樘时应全数检查。

## 6.2.2　塑料门窗安装工程

### 6.2.2.1　材料质量要求

1）门窗材料应有产品合格证书、性能检测报告、进场验收记录和复检报告。

2）门窗采用的异型材、密封条等原材料应符合国家现行标准《门、窗框用硬聚氯乙烯型材》(GB-8814—1988)和《塑料门窗用密封条》(GB 12002—1989)中的有关规定。

3）门窗采用的紧固件、五金件、增强型钢及金属衬板等，应符合下列要求：表面应进行防腐处理；紧固件的镀层金属及其厚度宜符合现行国家标准《螺纹紧固件电镀层》(GB 5267.1—2002)中的有关规定，紧固件的尺寸、螺纹、公差、十字槽及机械性能等技术条件应符合现行国家标准《十字槽沉头自攻螺钉》(GB 845—1985)、《十字槽半沉头自攻螺钉》(GB-846)中的有关规定；五金件的型号、规格和性能均应符合现行国家标准的有关规定，滑撑铰链不得使用铝合金材料。

4）组合窗及其拼樘料应采用与其内腔紧密吻合的增强型钢作为内衬，型钢两端应比拼樘料长出 10～15mm。外窗拼樘料的截面尺寸及型钢的形状、壁厚，应能使组合窗承受该地区的瞬时风压值，并应符合设计要求。

5）固定片材质应采用 Q235—A 冷轧钢板，其厚度应不小于 1.5mm，最小宽度应不小于 15mm，且表面应进行镀锌处理。

6）全防腐型门窗应采用相应的防腐型五金件及紧固件。

7）密封门窗与洞口所用的嵌缝膏应具有弹性和粘接性。

8）出厂的塑料门窗应符合设计要求，其外观、外形尺寸、装配质量、力学性能应符合现行国家标准的有关规定；门窗中竖框、中横框或拼樘料等主要受力杆件中的增强型钢，应在产品说明中注明其规格、尺寸。门窗的抗风压、抗空气渗透、抗雨水渗漏三项基本物理性能应符合《PVC 塑料门》(JG/T 3017—1994)、《PVC 塑料窗》(JG/T 3018—1994)中对三项性能分级的规定及设计要求，并应附有该等级的质量检测报告。如果设计中对保温及隔声性能提出了要求，这两项也应符合《PVC 塑料门》(JG/T 3017—1994)、《PVC 塑料窗》(JG/T 3018—1994)的规定及设计要求。

### 6.2.2.2　施工过程的质量控制

1）检查塑料门窗的品种、类型、规格、尺寸、开启方向、安装位置、连接方式及填嵌密封处理是否符合设计要求，内衬增强型钢的壁厚及设置是否符合国家现行产品标准的质量要求。检验方法：观察检查，尺量检查，检查产品合格证书、性能检测报告、进场验收记录和复检报告，检查隐蔽工程验收记录。

2）检查塑料门窗框、副框和扇的安装是否牢固，固定片或膨胀螺栓的数量与位置是否正确，连接方式是否符合设计要求。要求固定点距离窗角、中横框、中竖框 150 ~ 200mm，且固定点间距应不大于 600mm。检验方法：观察检查，手板检查，检查隐蔽工程验收记录。

3）检查塑料门窗扇开关是否灵活，关闭是否严密，是否无倒翘现象，推拉门窗扇是否有防脱落措施。检验方法：观察检查，开启和关闭检查，手板检查。

4）检查塑料门窗配件的型号、规格、数量是否符合设计要求，安装是否牢固，位置是否正确，功能是否满足使用要求。检验方法：观察检查，手板检查，尺量检查。

5）检查塑料门窗表面是否洁净、平整、光滑，大面是否有划痕、碰伤。检查方法：观察检查。

6）塑料门窗扇的密封条不得脱槽，旋转窗间隙应基本均匀，玻璃密封条与玻璃及玻璃槽口的接缝应平整、不得卷边及脱槽。检验方法：观察检查。

7）检查排水孔是否畅通，位置和数量是否符合设计要求。检查方法：观察检查。

8）检查塑料门窗扇的开关力是否符合下列规定：平开门窗扇平铰链的开关力应不大于 80N，滑撑铰链的开关力应不大于 80N 且不小于 30N；推拉门窗扇的开关力应不大于 100N。检验方法：观察检查，弹簧秤检查。

### 6.2.2.3 塑料门窗安装工程质量检验

#### 1. 塑料门窗安装工程质量检验标准和检验方法

塑料门窗安装工程质量检验标准和检查方法见表 6-5。

表 6-5 塑料门窗安装工程质量检验标准和检验方法

| 项目 | 序号 | 检 验 项 目 | 允许偏差或允许值/mm | 检 查 方 法 |
|---|---|---|---|---|
| 主控项目 | 1 | 塑料门窗的品种、类型、规格、尺寸、开启方向、安装位置、连接方式及填嵌密封处理 | 符合设计要求 | 观察检查，尺量检查，检查产品合格证书、性能检测报告、进场验收记录和复检报告，检查隐蔽工程验收记录 |
| | 2 | 塑料门窗框、副框和扇的安装 | 必须牢固。固定片或膨胀螺栓的数量与位置应正确，连接方式应符合设计要求；固定点应距离窗角、中横框、中竖框 150 ~ 200mm，且固定点间距应不大于 600mm | 观察检查，手板检查，检查隐蔽工程验收记录 |
| | 3 | 塑钢门窗拼樘料 | 要求内衬增强型钢的规格、壁厚必须符合设计要求，型钢应与型材内腔紧密吻合，且两端必须与洞口固定牢固；窗框必须与拼樘料连接紧密，固定点间距应不大于 600mm | 观察检查，手板检查，尺量检查，检查进场验收记录 |
| | 4 | 塑料门窗扇 | 应开关灵活、关闭严密，无倒翘。推拉门窗扇必须有防脱落措施 | 观察检查，开启和关闭检查，手板检查 |
| | 5 | 塑料门窗配件的型号、规格、数量 | 应符合设计要求；安装应牢固，位置应正确，功能应满足使用要求 | 观察检查，手板检查，尺量检查 |
| | 6 | 塑料门窗框与墙体间的缝隙 | 应采用闭孔弹性材料填嵌饱满，表面应采用密封胶密封。密封胶应粘结牢固，表面应光滑、顺直、无裂纹 | 观察检查，检查隐蔽工程验收记录 |

（续）

<table>
<tr><th>项目</th><th>序号</th><th colspan="3">检验项目</th><th>允许偏差或允许值/mm</th><th>检查方法</th></tr>
<tr><td rowspan="19">一般项目</td><td>1</td><td colspan="3">塑料门窗表面</td><td>应洁净、平整、光滑，大面应无划痕、碰伤</td><td>观察检查</td></tr>
<tr><td>2</td><td colspan="3">塑料门窗扇的密封条</td><td>不得脱槽，旋转窗间隙应基本均匀</td><td>观察检查</td></tr>
<tr><td rowspan="3">3</td><td rowspan="3" colspan="3">塑料门窗扇的开关力</td><td>平开门窗扇平铰链的开关力应不大于80N</td><td rowspan="3">观察检查，弹簧秤检查</td></tr>
<tr><td>滑撑铰链的开关力应不大于80N，且不小于30N</td></tr>
<tr><td>推拉门窗扇的开关力应不大于100N</td></tr>
<tr><td>4</td><td colspan="3">玻璃密封条与玻璃及玻璃槽口的接缝</td><td>应平整，不得卷边、脱槽</td><td>观察检查</td></tr>
<tr><td>5</td><td colspan="3">排水孔</td><td>孔应畅通，位置和数量应符合设计要求</td><td>观察检查</td></tr>
<tr><td rowspan="12">6</td><td rowspan="12">允许偏差</td><td rowspan="2">门窗槽口宽度、高度</td><td>≤1500</td><td>2</td><td rowspan="2">钢尺检查</td></tr>
<tr><td>>1500</td><td>3</td></tr>
<tr><td rowspan="2">门窗槽口对角线的长度差</td><td>≤2000</td><td>3</td><td rowspan="2">钢尺检查</td></tr>
<tr><td>>2000</td><td>5</td></tr>
<tr><td colspan="2">门窗框的正、侧面垂直度</td><td>3</td><td>1m垂直检测尺检查</td></tr>
<tr><td colspan="2">门窗横框的水平度</td><td>3</td><td>1m水平尺和塞尺检查</td></tr>
<tr><td colspan="2">门窗横框标高</td><td>5</td><td>钢尺检查</td></tr>
<tr><td colspan="2">门窗竖向偏离中心</td><td>5</td><td>钢直尺检查</td></tr>
<tr><td colspan="2">双层门窗内外框的间距</td><td>4</td><td>钢尺检查</td></tr>
<tr><td colspan="2">同樘平开门窗相邻扇的高度差</td><td>2</td><td>钢直尺检查</td></tr>
<tr><td colspan="2">平开门窗铰链部位配合间隙</td><td>+2，−1</td><td>塞尺检查</td></tr>
<tr><td colspan="2">推拉门窗扇与框的搭接量</td><td>+1.5，−2.5</td><td>钢直尺检查</td></tr>
<tr><td colspan="2">推拉门窗扇与竖框的平行度</td><td>2</td><td>1m水平尺和塞尺检查</td></tr>
</table>

**2. 塑料门窗安装工程质量检验数量**

质量检验数量同木门窗安装工程。

## 【能力训练】

训练题目　木门窗、塑料门窗安装工程的检验

(1) 目的　掌握木门窗、塑料门窗安装工程的检验内容和要求。

(2) 能力及标准要求　能够进行现场的检查验收，正确判断质量情况，准确抽取试件并阅读和审核试验结果。

（3）准备 材料的准备，检查工具的准备，资料的准备。

（4）步骤 熟悉材料检测、试验相关标准的相关内容，现场进行材料的检查验收并按标准抽取试件，审阅材料合格证书、产品性能检测报告及复检报告，结果评价。

（5）注意事项 要结合工程实际情况确定检查内容和方法。

（6）讨论 材料检查与工程质量的关系。

# 课题3 抹灰工程质量检验

## 6.3.1 一般抹灰工程

### 6.3.1.1 材料质量要求

1）水泥必须有出厂合格证，应标明进场批量，并按品种、强度等级、出厂日期分别堆放以保持干燥。如遇水泥强度等级不明或出厂日期超过3个月及受潮变质等情况，应经试验鉴定，按试验结果确定使用与否。不同品种的水泥不得混合使用。水泥的凝结时间和安定性应进行复检。

2）抹灰用石灰，一般由块状石灰熟化成石灰膏后使用，熟化时应用筛孔孔径不大于3mm的网筛过滤。石灰在池内熟化时间一般不少于15d；罩面用的磨细石灰粉的熟化时间不应少于30d。严禁使用风化、冻结、脱水和污染的石灰膏。

3）抹灰宜采用中砂（平均粒径为0.35～0.5mm）或粗砂（平均粒径不大于0.5mm）与中砂混合掺用，尽可能少用细砂（平均粒径为0.25～0.35mm），不宜使用特细砂（平均粒径小于0.25mm）。砂在使用前必须过筛，不得含有杂质，含泥量应符合标准规定。

4）麻刀宜均匀、坚韧、干燥、不含杂质，其长度宜为20～30mm，随用随敲打松散。每100kg石灰膏约掺入1g麻刀即形成麻刀灰。

5）抹灰在采用纸筋时，需先将纸筋撕碎，用清水浸透，每100kg石灰膏掺2.75kg纸筋，进入淋灰池搅拌均匀。使用时必须用小钢磨碾细，即成为纸筋灰。

6）常用的建筑石膏的密度为2.6～2.75g/cm$^3$，堆积密度为800～1 000kg/m$^3$。石膏加水后凝结硬化速度很快，规范规定初凝时间不得少于4min，终凝时间不得超过30min。

### 6.3.1.2 施工过程的质量控制

1）检查抹灰层厚度，要求当抹灰厚度大于或等于35mm时，应采取加强措施。不同材料基体交接处表面的抹灰，应采取防止开裂的加强措施，当采用加强网时，加强网与各基体的搭接宽度不应小于100mm。

2）检查抹灰前基层表面的尘土、污垢、油渍等是否清除干净，并应洒水润湿基层。

3）检查普通抹灰表面是否光滑、洁净，接槎是否平整，分割缝是否清晰；高级抹灰表面应光滑、洁净、颜色均匀、无抹纹，分割缝和灰线应清晰美观。

4）检查护角、孔洞、槽、盒周围的抹灰表面是否整齐、光滑，管道后面的抹灰表面是否平整。

5）检查抹灰层的总厚度，要求总厚度应符合设计要求。水泥砂浆不得抹在石灰砂浆层上；罩面石膏灰不得抹在水泥砂浆层上。

### 6.3.1.3 一般抹灰工程质量检验

**1. 一般抹灰工程质量检验标准和检验方法**

一般抹灰工程质量检验标准和检验方法见表6-6。

**表6-6 一般抹灰工程质量检验标准和检验方法**

| 项目 | 序号 | 检验项目 | | 允许偏差或允许值/mm | | 检查方法 |
|---|---|---|---|---|---|---|
| 主控项目 | 1 | 抹灰前基层表面 | | 应将尘土、污垢、油渍清除干净，并应洒水润湿 | | 检查施工记录 |
| | 2 | 一般抹灰所用材料的品种和性能 | | 符合设计要求；水泥的凝结时间和安定性应合格，砂浆的配合比也应符合设计要求 | | 检查产品合格证书、进场验收记录、复检报告和施工记录 |
| | 3 | 抹灰工程施工 | | 应分层进行。当抹灰总厚度大于或等于35mm时，应采取加强措施；不同材料基体交接处表面的抹灰，应采取防止开裂的加强措施，当采用加强网时，加强网与各基层的搭接宽度不应小于100mm | | 检查隐蔽工程验收记录和施工记录 |
| | 4 | 抹灰层与基层之间及各抹灰层之间的粘结 | | 要求牢固，且抹灰层无脱层、空鼓现象，面层无爆灰和裂缝 | | 观察检查，小锤轻击检查，检查施工记录 |
| 一般项目 | 1 | 一般抹灰工程的表面质量 | | 普通抹灰表面应光滑、洁净，接槎应平整，分格缝应清晰；高级抹灰表面应光滑、洁净、颜色均匀、无抹纹，分格缝和灰线应清晰美观 | | 观察检查，手摸检查 |
| | 2 | 护角、孔洞、槽、盒周围的抹灰表面 | | 应整齐、光滑，管道后面的抹灰表面应平整 | | 观察检查 |
| | 3 | 抹灰层的总厚度 | | 应符合设计要求；水泥砂浆不得抹在石灰砂浆层上，罩面石膏灰不得抹在水泥砂浆层上 | | 检查施工记录 |
| | 4 | 抹灰分格缝的设置 | | 符合设计要求；宽度和深度应均匀，表面应光滑，棱角应整齐 | | 观察检查，尺量检查 |
| | 5 | 有排水要求的部位 | | 应做滴水线(槽)，滴水线(槽)应整齐顺直，滴水线应内高外低，滴水槽的宽度和深度均不应小于10mm | | 观察检查，尺量检查 |
| | 6 | 允许偏差 | 项目 | 普通抹灰 | 高级抹灰 | — |
| | | | 立面垂直度 | 4 | 3 | 2m垂直检测尺检查 |
| | | | 表面平整度 | 4 | 3 | 2m靠尺和塞尺检查 |
| | | | 阴阳角方正 | 4 | 3 | 直角检测尺检查 |
| | | | 分格条（缝）的直线度 | 4 | 3 | 拉5m线，不足5m拉通线，钢直尺检查 |
| | | | 墙裙、勒脚上口的直线度 | 4 | 3 | 拉5m线，不足5m拉通线，钢直尺检查 |

注：1. 普通抹灰，本表第3项阴角方正可不检查。

2. 顶棚抹灰，本表第2项表面平整度可不检查，但应平顺。

**2. 一般抹灰工程质量检验数量**

相同材料、相同工艺和施工条件的室外抹灰工程每500～1 000$m^2$ 应划分为一个检验批，不足500$m^2$ 也应划分为一个检验批；相同材料、相同工艺和施工条件的室内抹灰工程每50个自然间(大面积房间和走廊按抹灰面积30$m^2$ 为一间)应划分为一个检验批，不足50间也应划分为一个检验批；室内每个检验批应至少抽查总数的10%，且不得少于3间，不足3间时应全数检查；室外每个检验批内每100$m^2$ 应至少抽查1处，且每处不得小于10$m^2$。

## 6.3.2 装饰抹灰工程

### 6.3.2.1 材料质量要求

1）水泥、砂同上节中相应要求。

2）彩色石粒应由天然大理石破碎而成，可用作水刷石、干粘石、斩假石的骨料，其质量要求是颗粒坚韧、有棱角、洁净且不得含有风化的石粒，使用时应冲洗干净并晾干。

3）彩色瓷粒应由石英、长石和瓷土等原料烧制而成，粒径为1.2～3mm，且应具有大气稳定性好、颗粒小、表面瓷粒均匀等优点。

4）装饰砂浆中的颜料，应采用耐碱和耐晒(光)的矿物颜料，常用的有氧化铁黄、铬黄、氧化铁红、群青、钴蓝、铬绿、氧化铁棕、氧化铁黑、钛白粉等。

5）建筑粘结剂应选择无醛粘结剂，产品性能参照JC 438—1991《水溶性聚乙烯醇缩甲醛胶粘剂》的要求，游离甲醛≤0.1g/kg，其他有害物质限量符合GB 18583—2001《室内装饰装修材料胶粘剂中有害物质限量》的要求。当选择聚乙烯醇缩甲醛类胶粘剂时，不得用于医院、老年建筑、幼儿园、学校教室等民用建筑的室内装饰装修工程。

### 6.3.2.2 施工过程的质量控制

1）检查抹灰层厚度，要求当抹灰厚度大于或等于35mm时，应采取加强措施。不同材料基体交接处表面的抹灰，应采取防止开裂的加强措施，当采用加强网时，加强网与各基体的搭接宽度不应小于100mm。

2）检查抹灰前基层表面的尘土、污垢、油渍等是否清除干净，并应洒水润湿基层。

3）检查装饰抹灰工程的表面质量。水刷石表面应石粒清晰、分布均匀、紧密平整、色泽一致，且无掉粒和接槎痕迹。斩假石表面剁纹应均匀顺直、深浅一致，且无漏剁处；阳角处应横剁并留出宽窄一致的不剁边条，棱角应无损坏。干粘石表面应色泽一致、不漏浆、不漏粘，石粒应粘结牢固、分布均匀，阳角处应无明显黑边。

### 6.3.2.3 装饰抹灰工程质量检验

**1. 装饰抹灰工程质量检验标准和检验方法**

装饰抹灰工程质量检验标准和检验方法见表6-7。

**表6-7　装饰抹灰工程质量检验标准与方法**

| 项目 | 序号 | 检验项目 | | 允许偏差或允许值(mm) | | | | 检查方法 |
|---|---|---|---|---|---|---|---|---|
| 主控项目 | 1 | 抹灰前基层表面 | | 应将尘土、污垢、油渍清除干净，并应洒水润湿 | | | | 检查施工记录 |
| | 2 | 装饰抹灰所用材料的品种和性能 | | 符合设计要求；水泥的凝结时间和安定性应复检合格，砂浆的配合比应符合设计要求 | | | | 检查产品合格证书、进场验收记录、复检报告和施工记录 |
| | 3 | 抹灰工程施工 | | 应分层进行。当抹灰总厚度大于或等于35mm时，应采取加强措施；不同材料基体交接处表面的抹灰，应采取防止开裂的加强措施，当采用加强网时，加强网与各基层的搭接宽度不应小于100mm | | | | 检查隐蔽工程验收记录和施工记录 |
| | 4 | 各抹灰层之间及抹灰层与基层之间的粘结 | | 必须粘接牢固，且抹灰层无脱层、空鼓和裂缝等缺陷 | | | | 观察检查，小锤轻击检查，检查施工记录 |
| 一般项目 | 1 | 装饰抹灰工程的表面质量 | | 水刷石表面应石粒清晰、分布均匀、紧密平整、色泽一致，且无掉粒和接槎痕迹 | | | | 观察检查，手摸检查 |
| | | | | 斩假石表面剁纹应均匀顺直、深浅一致，且无漏剁处；阳角处应横剁并留出宽窄一致的不剁边条，棱角应无损坏 | | | | |
| | | | | 干粘石表面应色泽一致、不露浆、不漏粘，石粒应粘结牢固、分布均匀，阳角处应无明显黑边 | | | | |
| | | | | 假面砖表面应平整、沟纹清晰、留缝整齐、色泽一致，且无掉角、脱皮、起砂等缺陷 | | | | |
| | 2 | 装饰抹灰分格条(缝)的设置 | | 应符合设计要求；宽度和深度应均匀，表面应平整光滑，棱角应整齐 | | | | 观察检查 |
| | 3 | 有排水要求的部位 | | 应做滴水线(槽)，滴水线(槽)应整齐顺直，滴水线应内高外低，滴水槽的宽度和深度均不应小于10mm | | | | 观察检查，尺量检查 |
| | 4 | 允许偏差 | 项　目 | 水刷石 | 斩假石 | 干粘石 | 假面砖 | — |
| | | | 立面垂直度 | 5 | 4 | 5 | 5 | 2m垂直检测尺检查 |
| | | | 表面平整度 | 3 | 3 | 5 | 4 | 2m靠尺和塞尺检查 |
| | | | 阴阳角方正 | 3 | 3 | 4 | 4 | 直角检测尺检查 |
| | | | 分格条(缝)的直线度 | 3 | 3 | 3 | 3 | 拉5m线，不足5m拉通线，钢直尺检查 |
| | | | 墙裙、勒脚上口的直线度 | 3 | 3 | — | — | 拉5m线，不足5m拉通线，钢直尺检查 |

**2. 装饰抹灰工程质量检验数量**

装饰抹灰工程质量检验数量同一般抹灰工程。

【能力训练】

训练题目 抹灰工程的检验

(1) 目的 掌握抹灰工程的检验内容和要求。

(2) 能力及标准要求 能够进行现场的检查验收，正确判断质量情况，准确抽取试件并阅读和审核试验结果。

(3) 准备 材料的准备，检查工具的准备，资料的准备。

(4) 步骤 熟悉材料检测、试验相关标准的相关内容，现场进行材料的检查验收并按标准抽取试件，审阅材料合格证书、产品性能检测报告及复检报告，结果评价。

(5) 注意事项 要结合工程实际情况确定检查内容和方法。

(6) 讨论 材料检查与工程质量的关系。

# 课题4 饰面工程质量检验

## 6.4.1 饰面板安装工程

### 6.4.1.1 材料质量要求

1）饰面板的品种、规格、颜色和性能应符合设计要求，木龙骨、木饰面、塑料饰面板的燃烧性能等级应符合设计要求，进场产品应有合格证书和性能检测报告，并应作进场验收记录。

2）天然石饰面板主要有天然大理石饰面板、花岗石饰面板、青石板等，其质量要求如下规定：大理石质地较密实，表观密度为2 500～2 600kg/m$^3$，抗压强度为70～150MPa，磨光打蜡后表面光滑，一般用于墙面、柱面、栏杆、地面等部位，但大理石易风化和溶蚀，表面会失去光泽，所以不宜用于室外，大理石应石质细密、无腐蚀斑点、光洁度高、棱角齐全、色泽美观、底面整齐；花岗石属坚硬石材，表观密度为2 600kg/m$^3$，抗压强度为120～250MPa，空隙率与吸水率较小、耐风化、耐冻性强，但耐火性不好，颜色一般为淡灰、淡红或微黄；青石板材质软、易风化，使用规格多为30～50cm不等的矩形块，常用于园林建筑的墙柱面及勒脚等饰面。

3）人造石饰面板主要有预制水磨石饰面板、预制水刷石饰面板、人造大理石饰面板、金属饰面板、瓷板饰面板等，其质量要求如下规定：预制水磨石饰面板要求表面平整光滑石子显露均匀无磨纹、色泽鲜明、棱角齐全、底面整齐，常用于室内墙面、地面、柱面，规格品种可按设计要求加工；预制水刷石饰面板要求石粒均匀紧密、表面平整、色泽均匀、棱角齐全、底面整齐，常用于外墙面、柱面，规格品种按设计要求加工；人造大理石饰面板可分为水泥型、树脂型、复合型、烧结型四类，质量要求同大理石，常用于室内墙面、柱面，规格品种可按设计要求加工。常用的金属饰面板有铝合金饰面板、不锈钢饰面板、彩色涂层钢板(烤漆钢板)、复合钢板等，金属饰面板表面应平整、光滑、无裂缝和皱折、颜色一致、边角整齐、涂膜厚度均匀；瓷板饰面板材料应符合现行国家标准的有关规定，并应有出厂合格证，其材料应具有不燃烧性或难燃烧性及耐气候性等特点。

4）安装饰面板所用的铁制锚固件、连接件，应经镀锌或防锈处理；镜面和光面的大理石、花岗石饰面板，应采用铜或不锈钢的连接件。

5）安装装饰板所用的水泥，其体积安定性必须合格，其初凝时间不得少于45min，终凝时间不得超过12h。砂则要求颗粒坚硬、洁净，且含泥量不得大于3%（质量分数）。石灰膏不得含有未熟化的颗粒。施工所采用的其他胶结材料的品种、掺合比例应符合设计要求。

6）室内采用的花岗石应进行放射性检测。

#### 6.4.1.2　施工过程的质量控制

1）检查饰面板粘结用的水泥的凝结时间、安定性和抗压强度是否符合设计要求。

2）检查饰面板上的孔洞是否套割吻合，边缘是否整齐。

3）检查饰面板上的孔及槽的数量、位置和尺寸是否符合设计要求。

4）检查饰面板表面是否平整、洁净，色泽是否一致，是否无裂痕和缺损，石材表面是否无泛碱等污染物。

5）检查饰面板嵌缝是否密实、平直，宽度和深度是否符合设计要求，嵌填材料色泽是否一致。

6）检查采用湿作业法施工的饰面板工程，要求石材进行防碱背涂处理，饰面板与基体之间的灌注材料应饱满、密实。

#### 6.4.1.3　饰面板安装工程质量检验

**1. 饰面板安装工程质量检验标准和检验方法**

饰面板安装工程质量检验标准和检验方法见表6-8。

**表6-8　饰面板安装工程质量检验标准和检验方法**

| 项目 | 序号 | 检验项目 | 允许偏差或允许值/mm | 检查方法 |
|---|---|---|---|---|
| 主控项目 | 1 | 饰面板的品种、规格、颜色和性能，木龙骨、木饰面板、塑料板的燃烧性能等级 | 符合设计要求 | 观察检查，检查产品合格证书、进场验收记录和性能检测报告 |
| | 2 | 饰面板上的孔及槽的数量、位置和尺寸 | 符合设计要求 | 检查进场验收记录和施工记录 |
| | 3 | 预埋件（或后置预埋件）和连接件的数量、规格、位置、连接方法和防腐处理，后置预埋件的现场拉拔强度 | 符合设计要求 | 手扳检查，检查进场验收记录、现场拉拔检测报告、隐蔽工程验收记录和施工记录 |
| 一般项目 | 1 | 饰面板表面 | 应平整、洁净，色泽一致，无裂痕和缺损，无泛碱等污染物 | 观察检查 |
| | 2 | 饰面板嵌缝 | 应密实、平直，宽度和深度应符合设计要求，嵌填材料色泽应一致 | 观察检查，尺量检查 |
| | 3 | 湿作业法施工 | 石材应进行防碱背涂处理，饰面板与基体之间的灌注材料应饱满、密实 | 小锤轻击检查，检查施工记录 |
| | 4 | 饰面板上的孔 | 套割吻合，边缘应整齐 | 观察检查 |

（续）

| 项目 | 序号 | 检验项目 | | 允许偏差或允许值/mm | | | | | | | 检查方法 |
|---|---|---|---|---|---|---|---|---|---|---|---|
| | | | 项目 | 石材 | | | 瓷板 | 木材 | 塑料 | 金属 | — |
| | | | | 光面 | 剁斧石 | 蘑菇石 | | | | | |
| 一般项目 | 5 | 允许偏差 | 立面垂直度 | 2 | 3 | 3 | 2 | 1.5 | 2 | 2 | 2m垂直检测尺检查 |
| | | | 表面平整度 | 2 | 3 | — | 1.5 | 1 | 3 | 3 | 2m靠尺和塞尺检查 |
| | | | 阴阳角方正 | 2 | 4 | 4 | 2 | 1.5 | 3 | 3 | 直角检测尺检查 |
| | | | 接缝的直线度 | 2 | 4 | 4 | 2 | 1 | 1 | 1 | 拉5m线，不足5m拉通线，钢直尺检查 |
| | | | 墙裙、勒脚上口的直线度 | 2 | 3 | 3 | 2 | 2 | 2 | 2 | 拉5m线，不足5m拉通线，钢直尺检查 |
| | | | 接缝的高低差 | 0.5 | 3 | — | 0.5 | 0.5 | 1 | 1 | 钢直尺和塞尺检查 |
| | | | 接缝宽度 | 1 | 2 | 2 | 1 | 1 | 1 | 1 | 钢直尺检查 |

**2. 饰面板安装工程质量检验数量**

同一般抹灰工程。

## 6.4.2 饰面砖粘贴工程

### 6.4.2.1 材料质量要求

1）釉面瓷砖要求尺寸一致，颜色均匀，无缺釉、脱釉现象，无凸凹扭曲和裂纹、夹心等缺陷，边缘和棱角整齐，吸水率不大于1.8%，常用于厕所、浴室、厨房、游泳池等场所。

2）外墙贴面砖要求规格一致，颜色均匀，无凹凸、裂缝、夹心和缺釉等缺陷，整齐方正，无缺楞掉角等，常用于外墙面、柱面、窗心墙、门窗套等。

3）陶瓷锦砖要求规格颜色一致，无受潮变色现象，拼接在纸板上的图案应符合设计要求，纸板完整，颗粒齐全，无缺楞掉角及碎粒，常用于室内外墙面及室内地面。

4）水泥、石灰、砂和纸筋同一般抹灰。

### 6.4.2.2 施工过程的质量控制

1）检查饰面砖粘结用的水泥的凝结时间、安定性和抗压强度是否符合设计要求。

2）检查饰面砖的粘结是否牢固。

3）检查满粘法施工的饰面砖工程是否有空鼓、裂缝。

4）检查饰面砖表面是否平整、洁净、色泽一致，是否无裂痕和缺损。

5）检查饰面砖接缝是否平直、光滑，嵌填是否连续、密实，宽度和深度是否符合设计要求。

6）检查墙面突出物周围的饰面砖，要求整砖套割吻合，边缘整齐，墙裙、贴脸突出墙面的厚度应一致。

7）检查阴阳角处的搭接方式、非整砖使用部位是否符合设计要求。

### 6.4.2.3 饰面砖粘贴工程质量检验

**1. 饰面砖粘贴工程质量检验标准和检验方法**

饰面砖粘贴工程质量检验标准和检验方法见表6-9。

表6-9 饰面砖粘贴工程质量检验标准和检验方法

<table>
<tr><th>项目</th><th>序号</th><th colspan="2">检验项目</th><th colspan="2">允许偏差或允许值/mm</th><th>检查方法</th></tr>
<tr><td rowspan="4">主控项目</td><td>1</td><td colspan="2">饰面砖的品种、规格、图案、颜色和性能</td><td colspan="2">符合设计要求</td><td>观察检查，检查产品合格证书、进场验收记录、性能检测报告和复检报告</td></tr>
<tr><td>2</td><td colspan="2">饰面砖粘贴工程的找平、防水、粘结和勾缝的材料及施工方法</td><td colspan="2">符合设计要求、国家现行产品标准和工程技术标准的规定</td><td>检查产品合格证书、复检报告和隐蔽工程验收记录</td></tr>
<tr><td>3</td><td colspan="2">饰面砖粘贴</td><td colspan="2">必须牢固</td><td>检查样板件粘接强度检测报告和施工记录</td></tr>
<tr><td>4</td><td colspan="2">满粘法施工的饰面砖工程</td><td colspan="2">应无空鼓、裂缝</td><td>观察检查，小锤轻击检查</td></tr>
<tr><td rowspan="12">一般项目</td><td>1</td><td colspan="2">饰面砖表面</td><td colspan="2">平整、洁净、色泽一致，无裂痕和缺损</td><td>观察检查</td></tr>
<tr><td>2</td><td colspan="2">阴阳角处的搭接方式、非整砖使用部位</td><td colspan="2">符合设计要求</td><td>观察检查</td></tr>
<tr><td>3</td><td colspan="2">饰面砖接缝</td><td colspan="2">应平直、光滑，嵌填连续、密实，宽度和深度符合设计要求</td><td>观察检查，尺量检查</td></tr>
<tr><td>4</td><td colspan="2">墙面突出物周围的饰面砖</td><td colspan="2">应整砖套割吻合，边缘应整齐，墙裙、贴脸突出墙面的厚度应一致</td><td>观察检查，尺量检查</td></tr>
<tr><td>5</td><td colspan="2">有排水要求的部位</td><td colspan="2">做滴水（线）槽，且滴水（线）槽应顺直，流水坡向应正确，坡度应符合设计要求</td><td>观察检查，水平尺检查</td></tr>
<tr><td rowspan="7">6</td><td rowspan="7">粘贴允许偏差</td><td>项目</td><td>外墙面砖</td><td>内墙面砖</td><td>—</td></tr>
<tr><td>立面垂直度</td><td>3</td><td>2</td><td>2m垂直检测尺检查</td></tr>
<tr><td>表面平整度</td><td>4</td><td>3</td><td>2m靠尺和塞尺检查</td></tr>
<tr><td>阴阳角方正</td><td>3</td><td>3</td><td>直角检测尺检查</td></tr>
<tr><td>接缝的直线度</td><td>3</td><td>2</td><td>拉5m线，不足5m拉通线，钢直尺检查</td></tr>
<tr><td>接缝的高低差</td><td>1</td><td>0.5</td><td>用钢直尺和塞尺检查</td></tr>
<tr><td>接缝宽度</td><td>1</td><td>1</td><td>用钢直尺检查</td></tr>
</table>

**2. 饰面砖粘贴工程质量检验数量**

饰面砖粘贴工程质量检验数量同一般抹灰工程。

【能力训练】

训练题目　饰面板(砖)安装工程的检验

(1) 目的　掌握饰面板安装工程、饰面砖粘贴工程和刷浆工程的检验内容和要求。

(2) 能力及标准要求　能够进行现场的检查验收，正确判断质量情况，准确抽取试件并阅读和审核试验结果。

(3) 准备　材料的准备，检查工具的准备，资料的准备。

(4) 步骤　熟悉材料检测，试验相关标准的相关内容，现场进行材料的检查验收并按标准抽取试件，审阅材料合格证书、产品性能检测报告及复检报告，结果评价。

(5) 注意事项　要结合工程实际情况确定检查内容和方法。

(6) 讨论　材料检查与工程质量的关系。

## 单元小结

建筑工程的抹灰面既可以保护主体结构，又可以作为基本饰面或各类装饰装修的施工基层及粘结构造层。因此，施工过程中应加强对抹灰原材料的质量检验，特别是应对水泥的凝结时间和安定性进行复检；施工过程中应对隐蔽工程项目进行验收，对不同材料基体交接处应采取加强措施，并加强对分层抹灰施工工艺的检查；施工现场应重点控制抹灰工程各项目允许偏差的检查。

饰面板工程的质量检查应从原材料质量(品种、规格、图案、性能、室内用花岗岩的放射性、外墙瓷砖吸水率、寒冷地区外墙瓷砖的抗冻性、粘贴用水泥的凝结时间及安定性和抗压强度)、施工工艺、施工质量等几个方面进行检查和控制。

楼地面工程根据基层、垫层和面层材料的不同进行原材料质量的检查，并结合具体工程实际掌握检验项目的内容和质量标准以及检验方法。同时应特别注意厕浴间和有防水要求的建筑地面工程的质量检验。还应注意对施工前的准备工作、地面的排水坡度、水泥混凝土面层的强度等级、水磨石面层及水泥砂浆面层的体积比(或强度等级)、面层的养护工作等进行检查。

门窗工程应严格按照设计尺寸进行。在制作生产上逐步走上标准化、规格化和商品化的道路，施工现场应按规范的要求对门窗半成品进行复检和进场验收，合格后方可进行安装。施工中应从原材料质量、门窗半成品质量以及安装等几方面进行质量控制。特别应注意对人造木板的甲醛含量以及建筑外墙金属窗、塑料窗的抗风压性能、抗空气渗透性能、抗雨水渗漏性能等进行复检。施工中应对预埋件和锚固件、隐蔽部位的防腐、填嵌处理等工程项目进行检查验收。

本单元重点介绍楼地面工程、抹灰工程、饰面板(砖)工程以及门窗工程的质量检验与控制。要求了解楼地面工程、抹灰工程、饰面板(砖)工程和门窗工程施工过程中对材料的质量要求，熟悉施工过程质量控制的要点，掌握楼地面工程、抹灰工程、饰面板(砖)工程和门窗工程的质量检验标准和检验方法。

## 复习思考题

6-1　为什么装饰装修工程施工中应加强对材料的质量检查？

6-2　试述抹灰工程质量检验的检验批和检查数量。

6-3　简述一般抹灰工程施工过程中的检查项目。

6-4　在不同材料基体交接处，应采取何种防开裂措施？如何进行检查？

6-5　施工现场对一般抹灰工程应进行哪些项目的检查？如何进行检查？

6-6　饰面板安装过程中应对哪些项目进行检查？

6-7　室外饰面砖粘贴过程中应对哪些项目进行检查？

6-8　如何检测饰面砖是否粘贴牢固？

6-9　楼地面基层工程的质量检查项目有哪些？

6-10　试述水泥混凝土垫层的质量验收标准。

6-11　试述找平层质量检验标准的主控项目及其检验方法。

6-12　试述楼地面基层工程、整体楼地面工程、板块楼地面工程的检验批和检查数量。

6-13　对木门窗的结合处和安装配件处有何要求，如何进行控制？

6-14　对塑料门窗拼樘料有何要求，如何进行控制？

6-15　对塑料门窗框与墙体间的缝隙应如何处理，如何进行控制？

## 实训练习题

某高层办公楼地上10层，地下3层，基础类型为筏板基础，主体结构为框架剪力墙结构。地面采用细石混凝土，第7层的施工时间是7月份，施工过程中发现7层房间地坪质量不符合要求，因此对该质量问题进行调查，发现大量房间地坪起砂。

问题：

（1）该工程质量问题会造成哪些危害？

（2）造成该质量问题可能的原因是什么？应采取的预防措施有哪些？

# 建筑工程安全管理篇

## 单元7　建筑工程安全管理基本知识

【单元概述】

本单元主要介绍了与安全管理相关的法律法规，主要包括法律、行政法规、部门规章、工程建设标准、国际条约，建筑工程安全生产的特点，施工现场的不安全因素、施工现场的管理体系，建筑工程安全生产方针，建筑工程安全生产管理常用术语，建设各方的安全责任，施工单位的安全责任、施工单位各级管理人员的安全责任及施工单位各职能部门的安全生产责任，施工现场文明施工安全管理的基本知识。

【学习目标】

通过本单元的学习和实训，了解我国现行的建筑工程安全生产的法律体系和建筑工程在施工过程中有关安全管理的法律法规知识，熟悉建筑工程施工安全管理、安全责任，掌握建筑工程安全生产管理基本规定及施工现场文明安全管理的要求。

### 课题1　建筑工程安全生产相关法律法规概述

#### 7.1.1　法律

这里所说的法律是指狭义的法律，即全国人大及其常务委员会制定的规范性文件，在全国范围内施行，其地位和效力仅次于宪法。

《建筑法》是我国第一部规范建筑活动的部门法律，它的颁布施行强化了建筑工程质量和安全的法律保障。《建筑法》总计八十五条，通篇贯穿了质量安全问题，具有很强的针对性，对影响建筑工程质量和安全的各方面因素作了较为全面的规范。

《安全生产法》是安全生产领域的综合性基本法，它是我国第一部全面规范安全生产的专门法律，是我国安全生产法律体系的主体法，是各类生产经营单位及其从业人员实现安全生产所必须遵循的行为准则，是各级人民政府及其有关部门进行监督管理和行政执法的法律依据，是制裁各种安全生产违法犯罪的有力武器。

**7.1.1.1　《建筑法》的主要内容**

《中华人民共和国建筑法》于1997年11月1日由第八届全国人民代表大会常务委员会第

28 次会议通过，1997 年 11 月 1 日由中华人民共和国主席令第 91 号发布，自 1998 年 3 月 1 日起施行。

《建筑法》主要规定了建筑许可、建筑工程发包承包、建筑工程监理、建筑安全生产管理、建筑工程质量管理及相应法律责任等方面的内容。

《建筑法》确立了安全生产责任制度、群防群治制度、安全生产教育培训制度、伤亡事故处理报告制度、安全责任追究制度。

#### 7.1.1.2 《安全生产法》的主要内容

《中华人民共和国安全生产法》(简称《安全生产法》)于 2002 年 6 月 29 日由第九届全国人民代表大会常务委员会第 28 次会议通过，2002 年 6 月 29 日由中华人民共和国主席令第 70 号发布，自 2002 年 11 月 1 日起施行。

《安全生产法》提供了四种监督途径，即工会民主监督、社会舆论监督、公众举报监督和社区服务监督。《安全生产法》明确了生产经营单位必须做好安全生产的保证工作，既要在安全生产条件上、技术上符合生产经营的要求，又要在组织管理上建立健全安全生产责任并进行有效落实；明确了从业人员为保证安全生产所应尽的义务以及从业人员进行安全生产所享有的权利；明确了生产经营单位负责人的安全生产责任；明确了对违法单位和个人的法律责任追究制度；明确了要建立事故应急救援制度和预案，并形成应急救援预案体系。

#### 7.1.1.3 其他有关建设工程安全生产的法律

《劳动法》、《刑法》、《消防法》、《中华人民共和国环境保护法》、《中华人民共和国大气污染防治法》、《中华人民共和国固体废物污染环境防治法》、《中华人民共和国环境噪声污染防治法》、《中华人民共和国行政处罚法》、《中华人民共和国行政复议法》、《中华人民共和国行政诉讼法》。

### 7.1.2 行政法规

行政法规是由国务院制定的法律规范性文件，颁布后在全国范围内施行。《立法》第五十六条规定："国务院根据宪法和法律，制定行政法规。"

在行政法规层面上，《安全生产许可证条例》和《建设工程安全生产管理条例》是建设工程安全生产法规体系中主要的行政法规。在《安全生产许可证条例》中，我国第一次以法律形式确立了企业安全生产的准入制度，是强化安全生产源头管理、全面落实"安全第一、预防为主"安全生产方针的重大举措。《建设工程安全生产管理条例》是根据《建筑法》和《安全生产法》制定的一部关于建筑工程安全生产的专项法规。

#### 7.1.2.1 《建设工程安全生产管理条例》的主要内容

《建设工程安全生产管理条例》(以下简称《安全条例》)于 2003 年 11 月 12 日经国务院第 28 次常务会议通过，自 2004 年 2 月 1 日起施行。

《安全条例》的颁布，是我国工程建设领域安全生产工作发展历史上具有里程碑意义的一件大事，也是工程建设领域贯彻落实《中华人民共和国建筑法》和《中华人民共和国安全生产法》的具体表现，标志着我国建设工程安全生产管理进入法制化、规范化发展的新时期。《安全条例》较为详细地规定了建设单位和勘察、设计、工程监理及其他有关单位的安全责任和施工单位的安全责任，以及政府部门对建设工程安全生产实施监督管理的责任等。

#### 7.1.2.2 《安全生产许可证条例》的主要内容

《安全生产许可证条例》于2004年1月7日经国务院第34次常务会议通过，自2004年1月13日起施行。

该条例的颁布施行标志着我国依法建立起了安全生产许可制度，其主要内容有：国家对矿山企业、建筑施工企业和危险化学品、烟花爆竹、民用爆破器材生产企业(以下统称企业)实行安全生产许可制度；企业取得安全生产许可证应当具备的安全生产条件；企业进行生产前，应当依照条例的规定向安全生产许可证颁发管理机关申请领取安全生产许可证，并提供条例第六条规定的相关文件和资料；安全生产许可证颁发管理机关应当自收到申请之日起45日内审查完毕，经审查符合本条例规定的安全生产条件的，颁发安全生产许可证，不符合本条例规定的安全生产条件的，则不予颁发安全生产许可证，并书面通知企业同时说明理由；安全生产许可证的有效期为三年。

#### 7.1.2.3 《企业职工伤亡事故报告和处理规定》的主要内容

《企业职工伤亡事故报告和处理规定》于1991年2月22日由国务院令第75号公布，自1991年5月1日起施行。

《企业职工伤亡事故报告和处理规定》的主要内容包括事故报告、事故调查、事故处理。

#### 7.1.2.4 《特别重大事故调查程序暂行规定》的主要内容

《特别重大事故调查程序暂行规定》于1989年1月3日经国务院第31次常务会议通过，自1989年3月29日起施行。

该规定主要规定了特大事故的现场保护、报告与调查等内容，其主要内容有特大事故的现场保护、特大事故的报告、特大事故的调查。

#### 7.1.2.5 《国务院关于特大安全事故行政责任追究的规定》的主要内容

《国务院关于特大安全事故行政责任追究的规定》于2001年4月21日由国务院第302号令发布，自发布之日起施行。

该规定对各级政府部门对特大安全事故的预防及处理职责作了相应规定，并明确了对特大安全事故行政责任进行追究的有关规定。该规定主要内容有各级政府部门对特大安全事故预防的法律规定、各级政府部门对特大安全事故处理的法律规定、各级政府部门负责人对特大安全事故应承担的法律责任。

#### 7.1.2.6 《特种设备安全监察条例》的主要内容

《特种设备安全监察条例》于2003年2月19日经国务院第68次常务会议通过，2003年3月11日由国务院令第373号发布，自2003年6月1日起施行。

《特种设备安全监察条例》规定了特种设备的生产（包含设计、制造、安装、改造、维修，下同）、使用、检验检测及其监督检查都应当遵守本条例。军事装备、核设施、航空航天器、铁路机车、海上设施和船舶以及煤矿矿井使用的特种设备的安全监察则不适用于本条例。房屋建筑工地和市政工程工地上起重机械的安装及使用的监督管理，由建设行政主管部门依照有关法律、法规的规定执行。

#### 7.1.2.7 《国务院关于进一步加强安全生产的决定》的主要内容

国务院于 2004 年 1 月 9 日发布了《国务院关于进一步加强安全生产的决定》（国发[2004]2 号）。

《决定》共 23 条，约 6 000 字，分为五部分，主要内容有：提高认识，明确指导思想和奋斗目标；完善政策，大力推进安全生产各项工作；强化管理，落实生产经营单位安全生产主体责任；完善制度，加强安全生产监督管理；加强领导，形成齐抓共管的合力。

### 7.1.3 部门规章

规章是行政性法律规范文件，根据其制定机关的不同可分为两类。一类是部门规章，即由国务院组成部门及直属机构在它们的职权范围内制定的规范性文件，部门规章规定的事项属于执行法律或国务院的行政法规、决定、命令的范畴；另一类是地方政府规章，即由省、自治区、直辖市人民政府以及省、自治区人民政府所在地的市和经国务院批准的较大的市的人民政府依照法定程序制定的规范性文件。规章在各自的权限范围内施行。

#### 7.1.3.1 《工程建设重大事故的报告和调查程序规定》的主要内容

《工程建设重大事故的报告和调查程序规定》于 1989 年 9 月 30 日由建设部第 3 号令发布，自 1989 年 12 月 1 日起施行。主要内容有工程建设重大事故的报告、工程建设重大事故的现场处理与保护、工程建设重大事故的调查。

#### 7.1.3.2 《建筑安全生产监督管理规定》的主要内容

《建筑安全生产监督管理规定》于 1991 年 7 月 9 日由建设部第 13 号令发布，自发布之日起施行。该规定共 15 条，主要规定了各级人民政府的建设行政主管部门及其授权的建筑安全生产监督机构对于建筑安全生产所实施的行业监督管理，贯彻了“预防为主”的方针，确立了“管生产必须管安全”的原则。

#### 7.1.3.3 《建设工程施工现场管理规定》的主要内容

《建设工程施工现场管理规定》于 1991 年 12 月 5 日由建设部第 15 号令发布，自 1992 年 1 月 1 日起施行。该规定共 6 章 39 条，其制定的目的是加强建设工程施工现场管理，保障建设工程施工顺利进行，主要明确了建设工程施工现场管理的一般性规定、施工单位文明施工的要求以及施工单位对建设工程施工现场的环境管理。

#### 7.1.3.4 《建设行政处罚程序暂行规定》的主要内容

《建设行政处罚程序暂行规定》于1999年2月3日由建设部第66号令发布，自发布之日起施行。该规定共6章40条，其制定的依据是《中华人民共和国行政处罚法》，制定目的是保障和监督建设行政执法机关有效实施行政管理，保护公民、法人和其他组织的合法权益，促进建设行政执法工作的程序化、规范化。

#### 7.1.3.5 《实施工程建设强制性标准监督规定》的主要内容

《实施工程建设强制性标准监督规定》于2000年8月21日经建设部第27次常务会议通过，自2000年8月25日起施行。该规定共24条，主要规定了实施工程建设强制性标准的监督管理工作的政府部门、对工程建设各阶段执行强制性标准的情况实施监督的机构以及强制性标准监督检查的内容。

### 7.1.4 工程建设标准

工程建设标准是做好安全生产工作的重要技术依据，对规范建设工程各方责任主体的行为和保障安全生产都具有重要意义。根据标准化法的规定，标准包括国家标准、行业标准、地方标准和企业标准。

国家标准是指由国务院标准化行政主管部门或者其他有关主管部门对需要在全国范围内统一的技术要求制定的技术规范。

行业标准是指国务院有关主管部门对没有国家标准而又需要在全国某个行业范围内统一的技术要求所制定的技术规范。

#### 7.1.4.1 《建筑施工安全检查标准》的主要内容

《建筑施工安全检查标准》(JGJ 59—1999)是强制性行业标准，于1999年施行。制定该标准的目的是科学地评价建筑施工安全生产情况，提高安全生产工作和文明施工的管理水平，预防伤亡事故的发生，确保职工的安全和健康，实现检查评价工作的标准化和规范化。

#### 7.1.4.2 《施工企业安全生产评价标准》的主要内容

《施工企业安全生产评价标准》(JGJ/T 77—2003)是一部推荐性行业标准，于2003年试施行。制定该标准的目的是加强施工企业安全生产的监督管理，科学地评价施工企业安全生产业绩及相应的安全生产能力，实现施工企业安全生产评价工作的规范化和制度化，促进施工企业安全生产管理水平的提高。

### 7.1.5 国际条约

国际条约是指我国作为国际法主体同外国缔结的双边、多边协议和其他具有条约、协定性质的文件。国际惯例是指以国际法院等各种国际裁决机构的判例所体现或确认的国际法规则和国际交往中形成的共同遵守的不成文的习惯。

我国民法通则第一百四十二条规定："中华人民共和国缔结或者参加的国际条约同中华

人民共和国的民事法律有不同规定的，适用国际条约的规定，但中华人民共和国声明保留的条款除外。中华人民共和国法律和中华人民共和国缔结或者参加的国际条约没有规定的，可以适用国际惯例。”

《建筑业安全卫生公约》也称《167号公约》或《建筑施工安全卫生公约》，是关于建筑施工安全卫生的国际标准。1986年国际劳工组织将1937年编制的《建筑施工安全卫生规定》进行了修订，利用三年的时间在世界各国的建筑行业征求意见，我国建设部门也分别在1986年和1987年提出过修改意见和建议。

为进一步完善我国有关建筑安全卫生的立法，建立健全建筑安全卫生保障体系，提高我国的建筑安全卫生水平，建设部于1996年开始申办在我国执行《167号公约》，并于2001年10月27日经我国人大常务委员会通过，成为国际上实施《167号公约》的第15个国家。

《167号公约》共5章44条，是建筑施工安全卫生的国际标准，它在实施的过程中强调政府、雇主、工人三结合的原则。对于其中任何一项标准和措施在制定、实施和奖罚时都要由三方共同商议，以三方都能接受的原则而确定由三方共同执行。

# 课题2 建筑工程安全生产管理

## 7.2.1 建筑工程安全生产管理概述

### 7.2.1.1 建设工程施工安全生产的特点

**1. 产品的固定性导致作业环境的局限性**

建设产品座落在一个固定的位置上，故必须在有限的场地和空间上集中大量的人力、物资、机具来进行交叉作业，从而导致作业环境的局限性，因而容易发生物体打击等伤亡事故。

**2. 露天作业导致作业条件的恶劣性**

建设工程施工大多是在露天空旷的场地上完成的，导致工作环境相当艰苦，容易发生伤亡事故。

**3. 体积庞大导致施工作业的高空性**

建设产品的体积十分庞大，操作工人大多在十几米甚至几百米高度上进行高处作业，因而容易发生高处坠落的伤亡事故。

**4. 流动性大、工人素质低导致安全管理的难度性**

由于建设产品的固定性，当这一产品完成后，施工单位就必须转移到新的施工地点去，施工人员流动性大、素质较低，故要求安全管理举措必须及时、到位，从而带来了施工安全管理的难度性。

**5. 手工操作多、体力消耗大、强度高导致个体劳动保护的艰巨性**

在恶劣的作业环境下，施工工人的手工操作多、体能耗费大，且劳动时间和劳动强度都比其他行业要大，其职业危害严重，从而带来了个人劳动保护的艰巨性。

**6. 产品多样性、施工工艺多变性要求安全技术措施和安全管理的保证性**

建设产品多样化，施工生产工艺复杂多变化，如一栋建筑物从基础、主体至竣工验收，各道施工工序均有其不同的特性，其不安全的因素各不相同。同时，随着工程建设进度，施工现场的不安全因素也在随时变化，故要求施工单位必须针对工程进度和施工现场的实际情况，不断及时地采取安全技术措施和安全管理措施。

**7. 施工场地窄小导致多工种立体交叉性**

近年来，建筑逐渐由低向高发展，施工现场却由宽到窄发展，使施工场地与施工条件要求的矛盾日益突出，多工种交叉作业增加，从而导致机械伤害、物体打击事故增多。

施工安全生产的上述特点，决定了施工生产的不安全隐患多存在于高处作业、交叉作业、垂直运输、个体劳动保护以及使用电气工具上，伤亡事故也多发生在高处坠落、物体打击、机械伤害、起重伤害、触电、坍塌等方面。同时，超高层、新、奇、个性化的建筑产品的出现，给建筑施工带来了新的挑战，也给建设工程安全管理和安全防护技术提出了新的要求。

#### 7.2.1.2 施工现场的不安全因素与安全管理

**1. 施工现场的不安全因素**

（1）人的不安全因素 人的不安全因素，是指影响安全的人的因素，即能够使系统发生故障或发生性能不良的事件的人员个人的不安全因素和违背设计和安全要求的错误行为。人的不安全因素可分为个人的不安全因素和人的不安全行为两个大类。

个人的不安全因素是指人员的心理、生理、能力中所具有的不能适应工作或作业岗位要求的影响安全的因素。个人的不安全因素主要包括以下三点：

1）心理上的不安全因素，是指人在心理上具有影响安全的性格、气质和情绪，如懒散、粗心等。

2）生理上的不安全因素，包括视觉、听觉等感觉器官和体能、年龄、疾病等不适应工作或作业岗位要求的影响因素。

3）能力上的不安全因素，包括知识技能、应变能力、资格等不能适应工作或作业岗位要求的影响因素。

人的不安全行为是指造成事故的人为错误，即人为地使系统发生故障或发生性能不良的事件，是违背设计和操作规程的错误行为。不安全行为在施工现场的类型，按照《企业职工伤亡事故分类标准》(GB 6441—1986)，可分为13个大类，如下所述：操作失误、忽视安全，忽视警告；造成安全装置失效；使用不安全设备；手代替工具操作；物体存放不当；冒险进入危险场所；攀坐不安全位置；在起吊物下作业、停留；在机器运转时进行检查、维修、保养等工作；有分散注意力行为；没有正确使用个人防护用品、用具；不安全装束；对易燃易爆等危险物品处理错误。

不安全行为产生的主要原因有：系统、组织的原因，思想责任性的原因，工作的原因。其中由工作原因产生不安全行为的影响因素包括以下几点：工作知识的不足或工作方法不适当；技能不熟练或经验不充分；作业的速度不适当；工作不当，但又不听或不注意管理提示。

分析事故原因可以发现，绝大多数事故不是因技术解决不了造成的，一般都是违章所致。没有或缺乏安全技术措施，不作安全技术交底，不落实安全生产责任制，违章指挥，违章作业，都可造成事故的发生，所以必须重视和防止产生人的不安全因素。

（2）物的不安全状态　物的不安全状态是指能导致事故发生的物质条件，包括机械设备等物质或环境所存在的不安全因素。物的不安全状态的内容有：物(包括机器、设备、工具、物质等)本身存在的缺陷；防护保险方面的缺陷；物的放置方法的缺陷；作业环境场所的缺陷；外部的和自然界的不安全状态；作业方法导致的物的不安全状态；保护器具的信号、标志和个体防护用品的缺陷。

物的不安全状态的类型有：防护等装置缺乏或有缺陷；设备、设施、工具、附件有缺陷；个人防护用品用具缺少或有缺陷；施工生产场地环境不良。

（3）管理上的不安全因素　管理上的不安全因素，通常也称为管理上的缺陷，也是事故潜在的不安全因素，作为间接的原因有以下几个方面：技术上的缺陷；教育上的缺陷；生理上的缺陷；心理上的缺陷；管理工作上的缺陷；教育和社会、历史上的原因造成的缺陷。

**2. 安全管理**

（1）事故预防机理　人的不安全行为与物的不安全状态在同一时间和空间相遇就可能导致事故的发生。预防事故一般采取以下四种方式：约束人的不安全行为；消除物的不安全状态；同时约束人的不安全行为和消除物的不安全状态；采取隔离防护措施，使人的不安全行为与物的不安全状态不相遇。

（2）建立安全管理制度

1）约束人的不安全行为的制度：安全生产责任制度，包括各级、各类人员的安全生产责任及各横向相关部门的安全生产责任；安全生产教育制度，包括新工人入场三级安全教育、转场安全教育、变换工种安全教育、特种作业安全教育、班前安全讲话、周安全活动以及各级管理人员的安全教育等；特种作业管理制度，包括特种作业人员的分类、培训、考试、取证及复审等。

2）消除物的不安全状态的制度：安全防护管理制度，包括土方开挖、基坑支护、脚手架工程、临边洞口作业、高处作业及料具存放等方面的安全防护要求；机械安全管理制度，包括塔吊及主要施工机械的安全防护技术及管理要求；临时用电安全管理制度，包括临时用电的安全管理以及配电线路、配电箱、各类用电设备和照明的安全技术要求；安全技术管理，包括安全技术措施和施工方案的编制、审核、审批的基本要求，安全技术交底要求，各类安全防护用品、施工机械、设施、临时用电工程等验收要求，新技术、新工艺推广的安全要求。

3）起隔离防护作用的制度：安全生产组织管理制度，包括安全生产管理体系，安全生产管理机构的设置及人员的配备，安全生产方针、目标管理等；劳动保护管理制度；安全性评价制度；其他制度，包括因工伤亡事故的报告、统计、调查处理制度，安全生产奖罚制度，安全生产资料管理制度。

### 7.2.1.3　建设工程安全生产管理体系

**1. 建立建设工程安全生产管理体系的原则**

1）贯彻“安全第一、预防为主”的方针，建立健全安全生产责任制和群防群治制度等，确保工程项目施工过程的人身和财产安全，减少一般事故的发生。

2）依据《建筑法》、《建设工程安全生产管理条例》、《劳动保护法》、《环境保护法》以及国家有关安全生产的法律法规和规程标准进行编制。

3）必须包含安全生产管理体系的基本要求和内容，并结合工程项目的实际情况和特点加以充实，完善安全生产管理体系，确保工程项目的施工安全。

4）具有针对性，且要适用于建设工程施工全过程的安全管理和安全控制。

5）持续改进的原则，施工企业应加强对建设工程施工的安全管理，指导、帮助项目经理部建立、实施并持续改进安全生产管理体系。

**2. 安全生产管理体系的基本要求**

（1）管理职责

1）安全管理目标。项目经理为工程项目安全生产第一责任人，对安全生产应负全面的领导责任，应实现重大伤亡事故为零的目标；应具有适合于工程项目规模、特点的应用安全技术；应符合国家安全生产法律、法规和建设行业安全行政法规、规章、规程及实现对建设单位和社会要求的承诺；应形成为全体员工所理解的文件，并实施保持。建设工程项目实施施工总承包的，由总承包单位负责制定工程项目的安全管理目标。

2）安全管理组织。工程项目对从事与安全有关的管理、操作和检查人员，特别是需要独立行使权力来开展工作的人员，应规定其职责、权限和相互关系，并形成文件。

（2）安全管理体系　安全生产管理体系应符合建筑业企业和本工程项目施工生产管理的现状及特点，并使之符合安全生产法规的要求。

（3）采购控制　项目经理部应对自行采购的安全设施所需的材料、设备及防护用品进行控制，确保所采购的安全设施所需的材料、设备及防护用品符合安全规定的要求。

（4）分承包方控制　项目经理部应明确对分包单位进行控制的负责人、主管部门和相关部门，并规定其相应的职权。

（5）施工过程控制　项目经理部应对施工过程中可能影响安全生产的因素进行控制，确保工程项目按安全生产的规章制度、操作规程和程序要求进行施工。

项目经理部还应根据安全计划中确定的特殊关键过程，落实监控人员，确定监控方式、措施，并实施重点监控，必要时应实施旁站监控。

（6）安全检查、检验和标识　项目经理部应定期对施工过程、行为及设施进行检查、检验或验证，确保符合安全要求，并对检查、检验或验证的状态进行记录和标识；对安全设施所需的材料、设备及防护用品进行进货检验。

（7）事故隐患控制　项目经理部应对存在隐患的安全设施、过程和行为进行控制，确保不合格的设施不使用、不合格的物资不放行、不合格的过程不通过、不安全的行为不放过。

（8）纠正和预防措施　项目经理部应对已经发生或潜在的安全事故隐患进行分析，并针对存在问题的原因采取纠正和预防措施。

（9）安全生产教育培训　安全生产教育培训应贯彻于施工生产的全过程，并覆盖工程项目的所有人员，确保未经过安全生产教育培训的员工不得上岗作业。安全生产教育培训的重点是管理人员的安全生产知识和安全管理水平以及操作者遵章守纪、自我保护和防范事故的能力。

（10）内部审核　建筑业企业应组织对项目经理部的安全活动是否符合安全管理体系文件有关规定的要求进行审核，以确保安全生产管理体系运行的有效性。

（11）安全记录　项目经理部应建立证明安全生产管理体系运行安全的必要记录，包括台账、报表、原始记录等，还应对安全记录进行标识、编目和立卷，使之符合国家、行业、地方和企业的有关规定。

### 7.2.2　建筑工程安全生产管理责任

**1. 建设单位的安全责任**

建设单位在工程建设中居主导地位，对建设工程的安全生产负有重要责任。建设单位应在工程概算中确定并提供安全作业环境和安全施工措施费用；不得要求勘察、设计、监理、施工单位违反国家法律法规和强制性标准规定，不得任意压缩合同约定的工期；有义务向施工单位提供工程所需的有关资料，有责任将安全施工措施报送有关主管部门备案，并应将拆除工程发包给有施工资质的单位等。

**2. 勘察设计单位的安全责任**

勘察单位应当按照法律、法规和工程建设强制性标准进行勘察，提供的勘察文件应当真实、准确，以满足建设工程安全生产的需要。在勘察作业时，应当严格执行操作规程，采取措施保证各类管线、设施和周边建筑物及构筑物的安全。

设计单位应当按照法律、法规和工程建设强制性标准进行设计，考虑施工安全操作和防护的需要，对涉及施工安全的重点部位和环节应在设计文件中注明，并对防范生产安全事故提出指导性意见。对采用新结构、新材料、新工艺的建设工程和特殊结构的建设工程，设计单位应当在设计中提出保障施工作业人员安全和预防生产安全事故的措施建议。同时，设计单位和注册建筑师等注册执业人员应当对其设计进行负责。

**3. 工程监理单位的安全责任**

工程监理单位受建设单位的委托，根据国家批准的工程项目建设文件，依照法律、法规和建设工程监理规范的规定，对工程建设实施监督管理。工程监理单位因受建设单位的委托，作为公正的第三方承担监理责任，故不仅要对建设单位负责，同时也应承担国家法律、法规和建设工程监理规范所要求的责任。工程监理单位承担建设工程安全生产责任，也有利于控制和减少生产安全事故。

工程监理单位是建设工程安全生产的重要保障。工程监理单位应审查施工组织设计中的安全技术措施或专项施工方案是否符合工程建设强制性标准，若发现存在安全事故隐患时，应要求施工单位整改或暂停施工，并报告建设单位。若施工单位拒不整改或者不停止施工的，应及时向有关主管部门报告。监理单位应按照法律、法规和工程建设强制性标准实施监理，并对建设工程安全生产承担监理责任。监理单位还应建立安全管理制度，即安全技术措施审查制度、专项施工方案审查制度、安全隐患处理制度、严重安全隐患报告制度及执行法律法规与标准监理制度。

**4. 施工单位的安全责任**

施工单位在建设工程安全生产中处于核心地位。施工单位要建立主要负责人和项目负责人的安全责任、施工总承包和分包单位的安全生产责任等。同时，施工单位必须建立企业安全生产管理机构并配备专职安全管理人员，在施工前向作业班组和人员作出安全施工技术要求的详细说明，对因施工可能造成损害的毗邻建筑物、构筑物和地下管线采取专项防护措施，向作业人员提供安全防护用具和安全防护服装并书面告知危险岗位操作规程。此外，施工现场应正确使用安全警示标志，作业和生活环境标准也应符合要求。

施工单位应建立的管理制度有安全生产许可证制度、安全生产责任制度、安全生产教育培训制度、安全生产费用保障制度、安全生产管理机构和专职人员制度、特种人员持证上岗制度、安全技术措施制度、专项施工方案专家论证审查制度、施工前详细说明制度、消防安全责任制度、防护用品及设备管理制度、起重机械和设备设施验收登记制度、三类人员考核任职制度、意外伤害保险制度、安全事故应急救援制度、安全事故报告制度。鉴于施工单位在安全生产中的重要地位，有关施工单位的安全责任的相关内容将在本节后续部分作详细介绍。

**5. 其他参与单位的安全责任**

（1）提供机械设备和配件的单位的安全责任　提供机械设备和配件的单位，应当按照安全施工的要求，配备齐全有效的保险、限位等安全设施和装置。

（2）出租单位的安全责任　出租机械设备和施工机具及配件的单位应当具有生产（制造）许可证、产品合格证；应当对出租的机械设备和施工机具及配件的安全性能进行检测，在签订租赁协议时，还应出具检测合格证明；禁止出租经检测不合格的机械设备和施工机具及配件。

（3）拆装单位的安全责任　拆装单位在施工现场安装、拆卸施工起重机械和整体提升脚手架、模板等自升式架设设施时，必须具有相应等级的资质。安装、拆卸施工起重机械和整体提升脚手架、模板等自升式架设设施，拆装单位应当编制拆装方案和制定安全施工措施，并由专业技术人员现场监督。在施工起重机械和整体提升脚手架、模板等自升式架设设施安装完毕后，安装单位应当进行自检，出具自检合格证明，并向施工单位进行安全使用说明，办理签字验收手续。

（4）检验检测单位的安全责任　检验检测单位对经检测合格的施工起重机械和整体提升脚手架、模板等自升式架设设施，应当出具安全合格证明文件，并对检测结果负责。

## 7.2.3　建筑工程安全生产方针

《安全生产法》第三条规定，安全生产管理的基本方针是“安全第一、预防为主”，该方针是我国安全生产工作长期经验的总结。实践证明，要搞好安全生产，减少或避免安全事故的发生，就必须坚定不移地贯彻和落实这一方针。

### 7.2.3.1　“安全第一”要坚持以人为本

在生产活动中，人是第一因素，是最宝贵、最活跃的生产力。也就是说，在生产经营活动中，在处理保证安全生产与实现生产经营活动的其他各项目标的关系上，要始终把安全特别是从业人员和其他人员的人身安全放在首要的位置，在确保安全的前提下，努力实现生产经营活动的其他目标。

在生产经营活动中，保证安全的目标与其他目标既统一又矛盾。从根本上来说，保证安全生产与生产经营活动本身的目标是一致的。因为投资方希望取得盈利和尽可能高的投资回报；从业人员希望获得劳动报酬；政府则希望多提供一些就业机会，并增加社会需要的产品或服务的供应，增加税收，促进社会的稳定和繁荣。而上述目标实现的基本前提就是要保证安全生产。当然，从另一角度看，在一定情况下保证安全的目标与其他目标也是有矛盾的。例如，在生产资金一定的情况下，投入到安全生产方面的资金多一些，投入到其他方面的资金就会少一些；企业用于安全生产的费用多一些，产品的成本就会高一些，利润就会少一些；严格按操作规程办事，生产效率就可能受到一些影响等等。当保证安全的目标与生产经营活动的其他目标发生矛盾时，应该坚持“安全第一”的原则。如果不这样做，那在生产经营过程中事故就将经常发生，不但从业人员的人身安全得不到保障，而且生产经营活动本身也不可能顺利进行，所以常说的“生产必须安全，安全为了生产”的提法，与“安全第一”的提法是一致的。

当然，盲目地提高安全系数，要求在安全生产方面的投入越多越好，甚至拒绝各种高危作业，这也是不对的。只要各方正确理解“安全第一”的含义，保证安全生产目标与其他目标的协调平衡，在确保安全的前提下，通过各方的共同努力，就可以取得较好的经济效益和社会效益。

#### 7.2.3.2 “预防为主”就是要把预防生产安全事故的发生放在安全生产工作的首位

安全事故的发生虽具有一定的偶然性，但人类在生产经营活动中还不可能完全杜绝安全事故的发生，不过只要思想重视，预防措施得当，做到防患于未然，将事故消灭在萌芽状态，事故特别是重大恶性事故的发生率就可以大大降低。有些企业的领导，平时忽视安全生产，少投入、赶进度，对安全生产存在侥幸心理，发生事故后再去找原因、追责任、堵漏洞，往往造成人身安全和财产的巨大损失。近年来发生的多起矿山、交通特大事故，人员伤亡惨重，经济损失巨大，社会影响恶劣，应引起大家的高度重视。

“预防为主”包括以下两个方面内容：

1）对事故的预防。事故虽具有意外性、偶然性和突发性，但也有一定的规律性。可以通过采用现代的安全管理方法、提高劳动者的安全意识、运用先进的技术手段来预测和预防危险因素的产生。

2）对职业危害的预防。职业危害造成的后果并不亚于伤亡事故。有些行业和生产作业场所的粉尘和毒物的浓度很高，职业病的发生率也高，从而使劳动生产率降低。另外，一些行业的职业危害要经过较长的时间才能显示出来，因此往往被人们所忽视。从统计上看，某些行业职业病的发病和死亡人数大大多于因工伤亡人数，已经成为企业发展的障碍。

### 7.2.4 建筑工程安全生产管理常用术语

#### 7.2.4.1 安全生产基本术语

（1）安全　安全就是安稳，即人的平安无事、物的安稳可靠、环境的安定良好。

（2）安全生产　安全生产是指在劳动过程中，努力改善劳动条件，克服不安全因素，防止伤亡事故发生，使劳动在保护劳动者的安全和健康以及保证国家、人民财产安全的前提下进行。

(3) 安全生产制度 安全生产制度是指建设施工单位为了保护劳动者在工程建设施工过程中的健康与安全，按照国家法律、法规、规章的要求，并根据本企业的实际情况，制定的具体有关安全生产的规章制度。

(4) 安全生产管理 安全生产管理是指建设行政主管部门、建设工程安全监督机构、建筑施工企业及有关单位对建设工程生产过程中的安全，进行计划、组织、指挥、控制、监督等一系列的管理活动。

(5) 安全检查 安全检查是指建设行政主管部门、施工企业安全生产管理部门或项目经理部对施工企业、工程项目经理部在贯彻国家安全生产法律法规的情况、安全生产情况、劳动条件、事故隐患等方面所进行的检查。

(6) 安全隐患 安全隐患是在安全检查及数据分析时发现的，利用“安全隐患通知单”通知责任人来制定纠正和预防措施，并命其限期改正，安全员跟踪验证。

(7) 安全事故 安全事故是人们在进行有目的的活动过程中，发生了违背人们意愿的不幸事件，使其有目的的行动暂时或永久地停止。重大安全事故，是指在施工过程中由于责任过失造成的工程倒塌或废弃、由于机械设备破坏和安全设施失稳造成的人身伤亡或者重大经济损失的事故。

(8) 安全评价 安全评价是采用系统科学方法来辨别和分析系统中存在的危险，并根据其形成事故的风险大小采取相应的安全措施以达到系统安全的过程。安全评价的基本内容有识别危险源、评价风险、采取措施，直至达到安全指标。

(9)“安全第一、预防为主” “安全第一、预防为主”是安全生产的方针。“安全第一”是从保障和发展生产力的角度表明在生产范围内安全与生产的关系，肯定安全在建筑生产活动中的首要位置和重要性。“预防为主”则是指在建筑生产活动中，针对建筑生产的特点对生产要素采取管理措施，有效地控制不安全因素的发展与扩大，把可能发生的事故消灭在萌芽状态，以保证生产活动中人的安全与健康。

“安全第一、预防为主”的方针，体现了国家在建设工程安全生产过程中“以人为本”和对保护劳动者权利、保护社会生产力、保护建设生产的高度重视。

#### 7.2.4.2 安全管理基本术语

(1) 安全生产责任制 安全生产责任制是指企业中各级领导、各个部门、各类人员所规定的在他们各自职责范围内对安全生产应负责的制度。

(2) 安全目标管理 安全目标管理是根据建筑施工企业的总体规划要求，制定出在一定时期内安全生产方面所要达到的预期目标，并组织实现此目标。其基本内容有确定目标、目标分解、执行目标、检查总结。

(3) 施工组织设计 施工组织设计是组织建设工程施工的纲领性文件，是指导施工准备和组织施工的全面性的技术、经济文件，也是指导现场施工的规范性文件。施工组织设计必须在施工准备阶段完成。

(4) 安全技术措施 安全技术措施是指为防止工伤事故和职业病的危害从技术上采取的措施。在工程施工中，则是指针对工程特点、环境条件、劳力组织、作业方法、施工机械、供电设施等制定的确保安全施工的措施。安全技术措施也是建设工程项目管理中实施规划或施工组织设计的重要组成部分。

(5) 安全技术交底　安全技术交底是落实安全技术措施及安全管理事项的重要手段之一。重大安全技术措施及重要部位的安全技术措施由公司技术负责人向项目经理部技术负责人进行书面的安全技术交底；一般安全技术措施及施工现场应注意的安全事项由项目经理部技术负责人向施工作业班组、作业人员作出详细说明，并由双方签字认可。

(6) 安全教育　安全教育是实现安全生产的一项重要基础工作，它可以提高职工搞好安全生产的自觉性、积极性和创造性，使其增强安全意识、掌握安全知识，提高职工的自我防护能力，使安全规章制度得到贯彻执行。安全教育培训的主要内容有安全生产思想、安全知识、安全技能、安全规程标准、安全法规、劳动保护和典型事例分析。

(7) 班前安全活动　班前安全活动是指在上班前由组长组织并主持，根据本班目前的工作内容，重点介绍安全注意事项、安全操作要点，使组员在上班前掌握安全操作要领，提高安全防范意识，减少事故发生的活动。

(8) 特种作业　特种作业是指在劳动过程中容易发生伤亡事故且对操作者本人尤其对他人和周围设施的安全有重大危害因素的作业。直接从事特种作业的人员，称为特种作业人员。

(9) 定期安全检查制度　施工单位对生产中的安全工作，除进行经常的检查外，每年还应定期进行二至四次群众性的检查，并形成制度。这种检查包括普通检查、专业检查和季节性检查，这几种检查也可以结合进行。

(10) 工伤事故　工伤事故是指因生产和工作而发生的伤亡事故。一般来说只要职工为了生产和工作而发生的事故，或虽不在生产和工作岗位上，但由于企业设备或企业劳动条件不良而引起职工伤亡，都应该按工伤事故处理。

(11) 安全标志　安全标志由安全色、几何图形和图形符号构成，以此表达特定的安全信息，目的是引起人们对不安全因素的注意，预防发生事故。安全标志分为禁止标志、警告标志、指令标志、提示标志四类(见表 7-1 ~ 表 7-4)。

## 【能力训练】

训练题目 1　安全管理的基本知识

(1) 目的　掌握安全管理的基本知识。

(2) 能力及标准要求　熟知法律及安全管理知识，能够建立施工现场安全管理体系。

(3) 准备　现场资料的准备。

(4) 步骤　了解法律体系、事故预防的机理，制定安全管理制度，建立安全管理体系。

(5) 注意事项　结合施工现场的实际情况。

(6) 讨论　对我国目前安全管理状况的看法。

训练题目 2　安全标志

表 7-1　禁止标志

| 编号 | 图 形 标 志 | 名　称 | 编号 | 图 形 标 志 | 名　称 |
|---|---|---|---|---|---|
| 1 |  | 禁止吸烟 | 5 |  | 禁止烟火 |
| 2 |  | 禁止触摸 | 6 |  | 禁止攀登 |
| 3 |  | 禁止跨越 | 7 |  | 禁止跳下 |
| 4 |  | 禁止乘人 | 8 |  | 禁止启动 |

表 7-2　警告标志

| 编号 | 图 形 标 志 | 名　称 | 编号 | 图 形 标 志 | 名　称 |
|---|---|---|---|---|---|
| 1 |  | 当心火灾 | 5 |  | 当心吊物 |
| 2 |  | 当心触电 | 6 |  | 当心坠落 |
| 3 |  | 当心伤手 | 7 |  | 当心落物 |
| 4 |  | 当心扎脚 | 8 |  | 当心坑洞 |

表 7-3 指令标志

| 编号 | 图形标志 | 名称 | 编号 | 图形标志 | 名称 |
|---|---|---|---|---|---|
| 1 |  | 必须戴安全帽 | 3 |  | 必须系安全带 |
| 2 |  | 必须戴防护手套 | 4 |  | 必须穿防护带 |

表 7-4 提示标志

| 编号 | 图形标志 | 名称 | 编号 | 图形标志 | 名称 |
|---|---|---|---|---|---|
| 1 |  | 紧急出口 | 3 |  | 避险处 |
| 2 |  | 可动火区 | | | |

## 7.2.5 施工单位的安全责任

### 7.2.5.1 施工单位的安全责任概述

1）施工单位从事建设工程的新建、扩建、改建和拆除等活动，应当具备国家规定的注册资本、专业技术人员、技术装备和安全生产条件等，依法取得相应等级的资质证书，并在其资质等级许可的范围内承揽工程。

2）施工单位主要负责人依法对本单位的安全生产工作全面负责，施工单位应当建立健全安全生产责任制度和安全生产教育培训制度，制定安全生产规章制度和操作规程，对所承担的建设工程进行定期和专项安全检查，并做好安全检查记录。要保证本单位安全生产条件所需资金的投入，则对于列入建设工程概算的安全作业环境及安全施工措施所需的费用，应当说明是用于施工安全防护用具及设施的采购和更新及安全生产条件的改善，不得挪作他用。

3）施工单位应当设立安全生产管理机构，并配备专职的安全生产管理人员。

4）施工单位应当在施工组织设计中编制安全技术措施和施工现场临时用电方案，对基坑支护与降水工程、土方开挖工程、模板工程、起重吊装工程、脚手架工程和拆除、爆破工程等达到一定规模且危险性较大的分部分项工程，以及国务院建设行政主管部门或者其他有关部门规定的其他危险性较大的工程，应编制专项施工方案，并附有安全验算结果，经施工单位技术负责人、总监理工程师签字后方可实施，并由专职安全生产管理人员进行现场监督。对工程中涉及的深基坑、地下暗挖工程和高大模板工程的专项施工方案，施工单位还应当组织专家进行论证、审查。

5）施工单位应当在施工现场入口处、施工起重机械、临时用电设施、脚手架、出入通道口、楼梯口、电梯井口、孔洞口、桥梁口、隧道口、基坑边沿、爆破物及有害危险气体和液体存放处等危险部位，设置明显的安全警示标志。安全警示标志必须符合国家标准。施工单位还应当根据不同施工阶段和周围的环境及季节、气候的变化，在施工现场采取相应的安全施工措施。施工现场暂时停止施工的，施工单位应当做好现场防护，所需费用由责任方承担或者按照合同约定执行。

6）施工单位应当将施工现场的办公生活区与作业区分开设置，并保持安全距离，办公、生活区的选址应当符合安全性要求。职工的膳食、饮水、休息等场所应当符合卫生标准，施工单位不得在尚未竣工的建筑物内设置员工集体宿舍。

7）施工现场临时搭建的建筑物应当符合安全使用要求。施工现场使用的装配式活动房屋应当具有产品合格证。

8）施工单位对因建设工程施工可能造成损害的毗邻建筑物、构筑物和地下管线等，应当采取专项防护措施。

9）施工单位应当遵守有关环境保护法律、法规的规定，在施工现场采取措施，防止或者减少粉尘、废气、废水、固体废物、噪声、振动和施工照明对人和环境的危害和污染。

10）在城市市区内的建设工程，施工单位应当对施工现场实行封闭围挡。

11）施工单位应当在施工现场建立消防安全责任制度，确定消防安全责任人，制定用火、用电、使用易燃易爆材料等各项消防安全管理制度和操作规程，设置消防通道、消防水源，配备消防设施和灭火器材，并在施工现场入口处设置明显标志。

12）施工单位应当向作业人员提供安全防护用具和安全防护服装，并书面告知危险岗位的操作规程和违章操作的危害。施工单位采购、租赁的安全防护用具、机械设备、施工机具及配件，应当具有生产(制造)许可证、产品合格证，并应在进入施工现场前进行查验。

13）施工现场的安全防护用具、机械设备、施工机具及配件必须由专人管理，定期进行检查、维修和保养，建立相应的资料档案，并按照国家有关规定及时报废。

14）施工单位在使用施工起重机械和整体提升脚手架、模板等自升式架设设施前，应当组织有关单位进行验收，也可以委托具有相应资质的检验检测机构进行验收。使用承租的机械设备和施工机具及配件的，由施工总承包单位、分包单位、出租单位和安装单位共同进行验收，验收合格的方可使用。《特种设备安全监察条例》规定的施工起重机械，在验收前还应当经有相应资质的检验检测机构监督检验合格。

15）施工单位应当自施工起重机械和整体提升脚手架、模板等自升式架设设施验收合格之日起30日内，向建设行政主管部门或者其他有关部门登记。登记标志应当置于或者附着于该设备的显著位置。

16）施工单位的主要负责人、项目负责人、专职安全生产管理人员应当经建设行政主管部门或者其他有关部门考核，合格后方可任职。

17）施工单位应当对管理人员和作业人员每年至少进行一次安全生产教育培训，其教育培训情况应记入个人工作档案。安全生产教育培训考核不合格的人员，不得上岗。

18）施工单位在采用新技术、新工艺、新设备、新材料时，应当对作业人员进行相应的安全生产教育培训。

19）施工单位应当为在施工现场从事危险作业的人员办理意外伤害保险。意外伤害保险费由施工单位支付。实行施工总承包的，由总承包单位支付意外伤害保险费。意外伤害保险期限自建设工程开工之日起至竣工验收合格之日止。

20）施工单位应当制定生产安全事故应急救援预案，建立应急救援组织或者配备应急救援人员，配备必要的应急救援器材、设备，并定期组织操练。施工单位应当根据建设工程的特点、范围，对施工现场易发生重大事故的部位或环节进行监控，制定施工现场生产安全事故应急救援预案，工程总承包单位和分包单位则按照应急救援预案，各自建立应急救援组织或者配备应急救援人员，配备救援器材、设备，并定期组织操练。

21）施工单位若发生生产安全事故，应当按照国家有关伤亡事故报告和调查处理的规定，及时、如实地向负责安全生产监督管理的部门、建设行政主管部门或者其他有关部门报告；若特种设备发生事故，还应当同时向特种设备安全监督管理部门报告。

22）发生生产安全事故后，施工单位应当采取措施防止事故扩大，保护事故现场。需要移动现场物品时，应当做出标记和书面记录，妥善保管有关证物。

#### 7.2.5.2 总承包单位和分包单位的安全责任

**1. 总承包单位的安全责任**

实行施工总承包的建设工程，由总承包单位对施工现场的安全生产负总责。

总承包单位的安全责任有以下几点：

1）总承包单位应当自行完成建设工程主体结构的施工。

2）总承包单位依法将建设工程分包给其他单位的，分包合同中应当明确各自的安全生产方的权利和义务。总承包单位和分包单位对分包工程的安全生产承担连带责任。

3）建设工程实行总承包的，如发生事故，由总承包单位负责上报事故。

**2. 分包单位的安全责任**

分包单位应当服从总承包单位的安全生产管理，分包单位不服从管理导致生产安全事故的，由分包单位承担主要责任。

#### 7.2.5.3 施工单位各级管理人员的安全责任

建筑施工是工伤事故多发的生产活动，必须建立健全安全生产的各项规章制度，否则，企业的安全生产就无法保证，安全工作就会无人过问，工伤事故和职业病发生率就会显著上升，职工的生命和健康将会受到严重威胁。因此，建章建制搞好建筑施工现场的安全工作是一项非常必要而且也是十分重要的工作。

安全生产责任制是企业实现“安全第一、预防为主”方针的具体体现，也是企业实行安全工作综合治理、齐抓共管的依据，可使安全工作层层有人负责、事事有人管理，实现“横向到边、纵向到底”的责任落实要求。

**1. 企业经理(厂长)和主管生产的副经理(副厂长)的安全责任**

1）对本企业的安全生产负全面领导责任。

2）认真贯彻执行有关劳动保护和安全生产的政策、法令和规章制度。

3）定期向企业职工代表会议报告企业安全生产情况和措施。

4）制定安全生产工作规划和企业各级干部的安全责任制等，建立健全安全生产的保证体系。

5）定期分析研究、解决安全生产中的问题，并定期向企业职工代表会议报告安全生产情况和措施。

6）组织审批安全技术措施计划并组织贯彻实施。

7）对职工进行有关安全、遵纪守法和劳动保护的法制教育。

8）定期组织安全检查和开展安全竞赛等活动。

9）督促各级领导干部和各职能单位的职工做好本职范围内的安全工作。

10）总结和推广安全生产先进经验。

11）主持重大伤亡事故的调查分析，提出处理意见和改进措施，并督促实施。

**2. 企业总工程师(技术负责人)的安全责任**

1）对本企业安全生产的技术工作负领导责任。

2）在组织编制和审批施工组织设计(施工方案)和采用新技术、新工艺、新设备时，必须制定相应的安全技术措施。

3）负责提出改善劳动条件的项目和实施措施，并付诸实施。

4）对职工进行安全技术教育。

5）编制审查企业的安全操作技术规程，及时解决施工中的安全技术问题。

6）参加重大伤亡事故的调查分析，提出技术鉴定意见和改进措施。

**3. 项目经理(工地负责人)的安全责任**

1）对承包工程项目的安全生产负全面领导责任。

2）在项目施工生产的全过程中，认真贯彻落实有关安全生产的方针、政策、法规和各项规章制度，结合项目特点，提出有针对性的安全管理要求，严格执行安全考核指标和安全生产奖惩办法，监督并指导安全管理人员的工作。

3）认真落实施工组织设计中安全技术管理的各项措施，严格执行安全技术措施审批制度、施工项目安全交底制度和设施、设备交接验收使用制度。

4）领导组织安全生产检查，定期研究分析承包项目施工中存在的不安全生产问题，并加以落实解决。

5）发生事故后，应做好现场保护与抢救工作，及时上报，并认真吸取教训。

6）加强外包队的录用和管理，进行安全生产教育培训，并对外包队的安全与健康负责。

**4. 工长、施工员的安全责任**

1）认真执行上级有关安全生产的规定，对所管辖工程的安全生产负直接领导责任。

2）认真执行安全技术措施，针对生产任务的特点，向班组(包括外包队)进行详细安全交底，并按安全要求随时检查其落实情况，随时纠正违章作业行为。

3）随时检查施工现场内的各项防护设施、设备的完好和使用情况，发现问题及时处理，做到不违章指挥。

4）组织领导班组学习安全操作规程，开展安全教育活动，指导并检查职工正确使用个人防护用品，接受安全部门或人员的安全监督检查，及时解决要求整改的问题。

5）发生工伤事故及未遂事故后要保护现场，立即上报。

6）对工人进行应用新材料、新工艺、新技术的安全技术培训，施工中发现问题应及时处理，并上报有关部门或领导。

**5. 施工技术员的安全责任**

1）对所管辖工程的安全施工负技术责任。

2）熟悉有关安全生产的管理规定和安全技术操作规程。

3）在技术负责人的领导下编制和参加讨论单位工程的施工组织设计、施工方案，把安全技术措施渗透到施工组织设计、施工方案的各个环节中。

4）检查施工组织设计、施工方案的安全技术措施的执行情况，协助技术领导做好单位工程的安全技术交底。

5）参加各种安全设施、设备的验收，发现问题后，及时提出改进意见。

**6. 安全员的安全责任**

1）对安全生产进行现场监督检查，若发现安全事故隐患，应当及时向项目负责人和安全生产管理机构报告。

2）对违章指挥、违章操作的行为，应当立即制止。

**7. 班组长的安全责任**

1）认真执行有关安全生产的各项规章制度及安全操作要求，合理安排班组人员工作，对本班组人员在生产中的安全和健康负责。

2）经常组织班组人员认真学习安全操作规程，监督班组人员正确使用个人防护用品，不断提高组员的自保能力。

3）认真落实施工员的安全交底，做好班前讲话、班后小结，不违章指挥、冒险蛮干。

4）经常检查班组作业现场的安全生产状况，若发现问题应及时解决并上报有关领导。

5）认真做好新工人的岗前教育。

6）发生工伤事故及未遂事故后，应保护现场并立即上报生产指挥者。

**8. 分包单位负责人的安全责任**

1）认真执行有关安全生产的各项法规、标准、规章制度和安全操作规程，合理安排本队人员工作，对本队人员在生产中的安全和健康负责，并按规定配置安全管理人员。

2）严格履行各项劳务用工手续，做好本队人员的安全培训教育。

3）服从总承包单位关于安全生产的协调指挥，执行总承包单位有关安全生产的规章制度。

4）发生伤亡事故时，除组织抢救外，应及时向总承包单位报告，并按合同的规定调查处理伤亡事故。

**9. 操作工人的安全责任**

1）认真学习、严格执行安全技术规程，模范遵守安全生产规章制度。

2）积极参加安全生产教育活动，认真执行安全交底，不违章作业，服从安全人员的监督指导。

3）发扬团结友爱精神，在安全生产方面做到互相帮助、互相监督，对新工人要积极传授安全生产知识。维护一切安全设施和护具，做到正确使用，不准随意拆改。

4）对不安全作业行为要积极提出意见，并有权拒绝违章指令。

5）发生伤亡和未遂事故后，应保护现场并立即上报。

#### 7.2.5.4 施工单位各职能部门的安全责任

《建设工程安全生产管理条例》的重点是规定建设工程安全生产的各有关部门和单位之间的责任划分，对于单位的内部安全职责划分应按照该条例的要求进行。特别是施工单位在“安全生产、人人有责”的思想指导下，在建立安全生产管理体系的基础上，应当按照所确定的目标和方针，将各级管理责任人、各职能部门和各岗位的员工所应做的工作及应负的责任加以明确规定。要求通过合理分工、明确责任，增强各级人员的责任心，使其共同协调配合，努力实现既定的目标。

**1. 生产计划部门的安全责任**

1）在编制下达生产计划时，要会同有关部门提出相应的安全要求和注意事项；安排月、旬作业时，要将支、拆安全网和拆、搭脚手架等列为正式工作，并给予时间保证。

2）在检查月、旬生产计划的同时，要检查安全措施的执行情况。

3）在排除生产障碍时，要同时消除不安全隐患，遇到生产与安全发生矛盾的情况时，要坚持“安全第一”，不得冒险违章作业。

4）对改善劳动条件的工程项目必须纳入生产计划，将其视为生产任务并优先安排，在检查生产计划完成情况时，一并检查。

5）加强对现场的场容场貌管理，做到安全生产、文明施工。

**2. 技术部门的安全责任**

1）对施工中的有关技术问题负安全责任。

2）对改善劳动条件、减轻笨重体力劳动、消除噪声、治理尘毒危害等情况，负责制定技术措施。

3）严格按照国家有关安全技术的规程、标准，编制、审批施工组织设计、施工方案和工艺等技术文件，使安全措施贯穿在施工组织设计、施工方案和工艺的内容中。负责解决施工中的疑难问题，从技术措施上保证安全生产。

4）对新工艺、新技术、新设备、新施工方法要制定相应的安全措施和安全操作规程。

5）会同劳动、教育部门编制教育安全技术计划，对职工进行安全技术教育。

6）参加安全检查，对查出的隐患因素提出技术改进措施，并检查执行情况。

7）参加伤亡事故和重大未遂事故的调查，针对事故原因提出技术措施。

**3. 设备材料采购部门的安全责任**

1）保证所供应的设备其安全技术性能可靠，并具有必要的安全防护装置。

2）按机械使用说明书的要求进行保养和检修，确保设备安全运行。

3）确保所供应的材料和安全防护用品的质量。

4）供施工生产使用的一切机具和附件等，在购入时必须有出厂合格证明，发放时必须符合安全要求，回收后必须检修。

**4. 劳动部门的安全责任**

1）负责对劳动保护用品发放标准的执行情况进行监督检查，并根据上级有关规定，修改和制定劳动保护用品发放标准的实施细则。

2）严格审查和控制上报职工的加班、加点和营养补助情况，以保证职工劳逸结合和身体健康。

3）会同有关部门对新工人进行入场安全教育，并对职工进行定期安全教育和培训考核。

4）对违反劳动纪律、影响安全生产者应加强教育，经说服无效或屡教不改的应提出处理意见。

5）参加伤亡事故调查处理，认真执行对责任者（工人）的处理决定，并将处理材料归档。

**5. 财务部门的安全责任**

1）按国家规定的要求和实际需要，提供安全技术措施费和其他劳动保护费，做到专款专用。

2）负责拨给对职工进行安全教育所需的宣传费用。

**6. 教育部门的安全责任**

1）组织各种学习班都必须安排安全教育课程。

2）各企业主办的各类专业学校，要设置劳动保护课程，课时不少于总课时的1%~2%。

3）将安全教育纳入职工培训计划，负责组织职工的安全技术培训和教育。

**7. 人事部门的安全责任**

1）根据本单位的实际需要，配备具有一定文化程度、技术水平和实践经验的安全干部，并注意解决安全干部的新老交替问题。

2）会同有关部门对施工、技术、管理人员进行遵章守纪教育。

3）参加重大事故的调查，认真执行对责任者（干部）的处理决定，并将处理材料归档。

**8. 卫生部门的安全责任**

1）经常进行劳动卫生宣传教育；及时提供防暑药物、清凉饮料配方；做好测尘、测毒工作；对从事砂尘、粉尘、有毒、高温、高空作业的人员，必须定期进行健康检查，做好职业病的治疗工作和建档、建卡工作。

2）发生工伤事故后，积极采取抢救、治疗措施，并向事故调查组提供伤势情况。

3）组织配合有关部门对职工进行体格普查，对特殊工种要定期做体格检查，发现有不适应某种工作的人员应向有关部门提出建议，及时做出妥善处理。

**9. 宣传部门的安全责任**

1）大力宣传党和国家的安全生产方针、政策、法令，经常进行“安全第一”的宣传。

2）配合各种安全生产竞赛活动，做好安全生产的宣传鼓动工作。

3）及时总结报道安全生产的先进事迹和好人好事。

### 7.2.6 法律责任

违反《安全生产法》的法律责任包括民事责任、行政责任和刑事责任。

#### 7.2.6.1 民事责任

民事责任是民事主体违反民事义务所应承担的法律责任。承担民事责任的方式主要有以下十种：停止侵害，排除妨碍，消除危险，返还财产，恢复原状，修理、重做、更换，赔偿损失，支付违约金，消除影响、恢复名誉，赔礼道歉。

承担安全评价、认证、检测、检验工作的机构若出具虚假证明，给他人造成损害，应与生产经营单位承担连带赔偿责任；生产经营单位将生产经营项目、场所、设备发包或者出租给不具备安全生产条件或者相应资质的单位或个人，导致发生安全生产事故和给他人造成损害，应与承包方、承租方承担连带赔偿责任；生产经营单位发生安全事故造成人员伤亡、他人财产损失，应当依次承担赔偿责任。因生产安全事故受到损害的从业人员，除依法享受工伤社会保险外，若依照有关民事法律尚有获得赔偿的权利，则有权向本单位提出赔偿要求。

#### 7.2.6.2 行政责任

行政责任是指有违反有关行政管理的法律、法规的规定但尚未构成犯罪的行为所依法应当承担的法律后果。行政责任分为行政处分和行政处罚。行政处分从轻到重主要有警告、记过、记大过、降级、降职、撤职、开除留用查看和开除等八种形式。行政处罚主要有警戒罚、财产罚、行为罚、人身罚、法律及行政法规规定的其他行政处罚五种形式。

#### 7.2.6.3 刑事责任

刑事责任是国家刑事法律规定的犯罪行为所应承担的法律后果。凡是犯罪行为都是应当负刑事责任的，不是犯罪行为就不能追究刑事责任。刑事处罚主要包括管制、拘役、有期徒刑、无期徒刑、死刑五种主刑和罚金、剥夺政治权利、没收财产三种附加刑。

《刑法》第一百三十五条规定：工厂、矿山、林场、建筑企业或者其他企业、事业单位的劳动安全设施不符合国家规定，经有关部门或者单位职工提出后，对事故隐患仍不采取措施，因而发生重大事故或者造成其他严重后果的，对直接责任人员处三年以下有期徒刑或者拘役，情节特别恶劣的处三年以上七年以下有期徒刑。第一百三十四条规定：工厂、矿山、林场、建筑企业或者其他企业、事业单位的职工，由于不服从管理，违反规章制度，或者强令工人违章冒险作业，因而发生重大伤亡事故或者造成其他严重后果的，处三年以下有期徒刑或者拘役，情节特别恶劣的处三年以上七年以下有期徒刑。第一百三十九条规定：违反《消防管理法规》后经消防监督机构通知应采取改正措施而拒绝执行并造成严重后果的，对直接责任人员处三年以下有期徒刑或者拘役，后果特别恶劣的处三年以上七年以下有期徒刑等。此外，还有第三百九十七条、二百二十九条、三百三十一条等分别规定了负有安全生产监督管理职责的部门的工作人员不依法履行审批和监督管理职责，承担安全评价、认证、检测工作的机构出具虚假证明，有关地方人民政府、负有安全生产监督管理职责的部门对生产安全事故隐瞒少报、谎报或者拖延不报所构成的刑事犯罪及刑事处罚。

## 【能力训练】

训练题目 各级管理人员和各个岗位安全管理的责任

(1) 目的 明确各级管理人员和各个岗位安全管理的责任。

（2）能力及标准要求　能够建立各岗位责任制。

（3）准备　现场资料的准备。

（4）步骤　熟知各级管理人员和各个岗位安全管理的责任。

（5）注意事项　结合施工现场的实际情况。

（6）讨论　你认为施工现场谁的安全责任重大？

## 课题3　施工现场管理与文明施工

### 7.3.1　现场场容管理

#### 7.3.1.1　施工现场的平面布置与划分

施工现场的平面布置图是施工组织设计的重要组成部分，必须科学合理地规划。绘制施工现场平面布置图，在施工实施阶段应按照施工总平面图的要求，设置道路、组织排水、搭建临时设施、堆放物料和设置机械设备等。

施工现场按照功能可划分为施工作业区、辅助作业区、材料堆放区和办公生活区。施工现场的办公生活区应当与作业区分开设置，并保持安全距离。办公生活区应当设置于在建建筑物的坠落半径之外，与作业区之间应设置防护措施，进行明显的划分隔离，以免人员误入危险区域；办公生活区如果设置于在建建筑物的坠落半径之内，则必须采取可靠的防砸措施。功能区在规划设置时还应考虑交通、水电、消防、卫生、环保等因素。

#### 7.3.1.2　场地

施工现场的场地应当平整，障碍物应清除，无坑洼和凹凸不平现象，雨季不积水，暖季应适当绿化。施工现场应具有良好的排水系统，设置排水沟及沉淀池，现场废水不得直接排入市政污水管网和河流。现场存放的油料、化学溶剂等应设有专门的库房，地面应进行防渗漏处理。地面还应当经常洒水，对粉尘源也应进行覆盖遮挡。

#### 7.3.1.3　道路

1）施工现场的道路应畅通，应有循环干道，以满足运输、消防要求。

2）主干道应当平整坚实且有排水措施，硬化材料可以采用混凝土、预制块或采用石屑、焦渣、砂头等压实整平，保证不沉陷、不扬尘，防止泥土带入市政道路。

3）道路应当中间起拱，两侧设有排水设施，主干道宽度不宜小于3.5m，载货汽车转弯半径不宜小于15m。如因条件限制，应当采取相应措施。

4）道路的布置要与现场的材料、构件、仓库等料场和吊车位置相协调、相配合。

5）施工现场主要道路应尽可能利用永久性道路或者先建好永久性道路的路基，在土建工程结束之前再铺路面。

#### 7.3.1.4　封闭管理

施工现场的作业条件差、不安全因素多，在作业过程中既容易伤害作业人员，也容易伤害现场以外的人员。因此，施工现场必须实行封闭式管理，将施工现场与外界隔离，防止“扰民”和“民扰”问题，同时保护环境、美化市容。

**1. 围挡**

1）施工现场的围挡应沿工地四周连续设置，不得留有缺口，并应根据地质、气候、围挡材料等进行设计与计算，确保围挡的稳定性、安全性。

2）围挡的用材应坚固、稳定、整洁、美观，宜选用砌体、金属材板等硬质材料，不宜使用彩布条、竹笆或安全网等。

3）施工现场的围挡一般应高于1.8m。

4）禁止在围挡内侧堆放泥土、砂石等散状材料以及架管、模板等，严禁将围挡作为挡土墙使用。

5）雨后、大风后以及春融季节应当检查围挡的稳定性，若发现问题应及时处理。

**2. 大门**

1）施工现场应当有固定的出入口，出入口处应设置大门。

2）施工现场的大门应牢固美观，大门上应标有企业名称或企业标识。

3）出入口处应当设置专职的门卫保卫人员，并制定门卫管理制度及交接班记录制度。

4）施工现场的施工人员应当佩戴工作卡。

### 7.3.1.5 临时设施

施工现场的临时设施较多，这里主要指施工期间临时搭建、租赁的各种房屋临时设施。临时设施必须合理选址、正确用材，以确保使用功能和安全、卫生、环保、消防要求。临时设施主要有办公设施、生活设施、生产设施、辅助设施，具体包括道路、现场排水设施、围墙、大门、供水处、吸烟处等。临时房屋的结构类型可采用活动式临时房屋(如钢骨架活动房屋、彩钢板房)和固定式临时房屋(主要为砖木结构、砖石结构和砖混结构)。

**1. 临时设施的选址**

办公生活区临时设施的选址首先应考虑与作业区相隔离，以保持安全距离，其次，位置的周边环境必须具有安全性，例如不得设置在高压线下，也不得设置在沟边、崖边、河流边、强风口处、高墙下以及滑坡、泥石流等灾害地质带上和山洪可能冲击到的区域。

安全距离是指在施工坠落半径和高压线防电距离之外。建筑物高度2~5m，其坠落半径为2m；高度30m，其坠落半径为5m(如因条件限制，办公生活区设置在坠落半径区域内，必须有防护措施)。输送电压为1kV以下的裸露输电线，安全距离为4m；输送电压为330~550kV时，安全距离为15m(最外线的投影距离)。

**2. 临时设施的布置方式**

1）生活性临时房屋设置在工地现场以外，生产性临时设施按照生产的需要在工地选择适当的位置，行政管理办公室等则应靠近工地或是在工地现场出入口设置。

2）生活性临时房屋设置在工地现场以内时，一般布置在现场的四周或集中于一侧。

3）生产性临时设施，如混凝土搅拌站、钢筋加工厂、木材加工厂等，应全面分析比较后再确定位置。

#### 7.3.1.6 临时设施的搭设与使用管理

**1. 办公室**

施工现场应设置办公室，办公室内布局应合理，文件资料宜归类存放，并应保持室内清洁卫生。

**2. 职工宿舍**

1）宿舍应当设置在通风、干燥的位置，以防止雨水、污水流入。

2）不得在尚未竣工的建筑物内设置员工集体宿舍。

3）宿舍必须设置可开启式窗户和外开门。

4）宿舍内应保证必要的生活空间，室内净高不得小于2.4m，通道宽度不得小于0.9m，每间宿舍居住人员不应超过16人。

5）宿舍内的单人铺不得超过2层，严禁使用通铺，床铺应高于地面0.3m，人均床铺面积不得小于1.9m×0.9m，床铺间距不得小于0.3m。

6）宿舍内应设置生活用品专柜，有条件的宿舍宜设置生活用品储藏室；宿舍内严禁存放施工材料、施工机具和其他杂物。

7）宿舍周围应当搞好环境卫生，应设置垃圾桶、鞋柜或鞋架，生活区内应为作业人员提供晾晒衣物的场地，房屋外道路应平整，晚间应有充足的照明。

8）寒冷地区冬季宿舍应有保暖措施和防煤气中毒措施，火炉应当统一设置和管理，炎热季节应有消暑措施和防蚊虫叮咬措施。

9）应当制定宿舍管理使用责任制，居住人员轮流负责卫生和使用管理或安排专人管理。

**3. 食堂**

1）食堂应当设置在通风、干燥的位置，以防止雨水、污水流入，应当保持环境卫生，远离厕所、垃圾站、有毒有害场所等污染源的地方，装修材料必须符合环保、消防要求。

2）食堂应设置独立的制作间、储藏间。

3）食堂应配备必要的排风设施和冷藏设施，安装纱门纱窗，室内不得有蚊蝇，门下方应设置不低于0.2m的防鼠挡板。

4）食堂的燃气罐应单独设置存放间，存放间应通风良好并严禁存放其他物品。

5）食堂制作间的灶台及其周边应贴瓷砖，瓷砖的高度不宜小于1.5m；地面应做硬化和防滑处理，并按规定设置污水排放设施。

6）食堂制作间的刀、盆、案板等炊具必须生熟分开，食品必须有遮盖，遮盖物品应有正反面标识，炊具宜存放在封闭的橱柜内。

7）食堂内应有存放各种佐料和副食的密闭器皿，其上应有标识，粮食存放台与墙和地面的距离应大于0.2m。

8）食堂外应设置密闭式潜水桶，并应及时清运，保持清洁。

9）应当制定并在食堂张挂食堂卫生责任制，责任落实到人，加强管理。

**4. 厕所**

1）厕所大小应根据施工现场作业人员的数量设置。

2）高层建筑物施工超过8层以后，每隔4层宜设置临时厕所。

3）施工现场应设置水冲式或移动式厕所，厕所地面应硬化，门窗应齐全。蹲坑间宜设置搁板，搁板高度不宜低于0.9m。

4）厕所应安排专人负责，定时进行清扫、冲刷、消毒，以防止蚊蝇孳生，化粪池应及时清掏。

**5. 防护棚**

施工现场的防护棚较多，如加工站厂棚、机械操作棚、通道防护棚等。

大型防护棚可采用砖混或砖木结构，并应进行结构计算，以保证结构安全。小型防护棚一般采用钢管扣件脚手架搭设，且应严格按照《建筑施工扣件式钢管脚手架安全技术规范》要求进行。

防护棚顶应当满足承重、防雨要求，在施工坠落半径之内的，棚顶应当具有抗砸能力。防护棚可采用多层结构，最上层的材料应能承受10kPa的均布静荷载；也可采用50mm厚的木板或采用两层竹笆架设，上下层竹笆间距应不小于600mm。

**6. 仓库**

1）仓库的面积应通过计算确定，根据各个施工阶段的需要先后进行布置。

2）水泥仓库应当设置在地势较高、排水方便、靠近搅拌机的地方。

3）易燃易爆品仓库的布置应当符合防火、防爆的安全距离要求。

4）仓库内各种工具器件物品应分类集中放置，设置标牌，标明规格型号。

5）易燃、易爆和剧毒物品不得与其他物品混放，并应建立严格的进出库制度，由专人管理。

### 7.3.1.7 警示标牌的布置与悬挂

**1.“五牌一图”与“两栏一报”**

施工现场的进口处应有整齐明显的“五牌一图”，在办公生活区应设置“两栏一报”。“五牌”是指工程概况牌、管理人员名单及监督电话牌、消防保卫牌、安全生产牌、文明施工牌；“一图”是指施工现场总平面图。“两栏一报”即读报栏、宣传栏和黑板报，可用来丰富学习内容、表扬好人好事。

施工现场在明显处，还应有必要的有关安全内容的标语。

**2. 安全标志**

1）安全警示标志是指提醒人们注意的各种标牌、文字、符号以及灯光等。一般来说，安全警示标志包括安全色和安全标志。

2）安全色有红、黄、蓝、绿四种颜色，分别表示禁止、警告、指令和提示。

3）安全标志有禁止标志、警告标志、指令标志和提示标志。安全警示标志的图形、尺寸、颜色、文字说明和制作材料等，均应符合国家标准的规定。

**3. 安全警示标志的设置与悬挂**

根据国家有关规定，施工现场入口处、施工起重机械、临时用电设施、脚手架、出入通道口、楼梯口、电梯井口、孔洞口、桥梁口、隧道口、基坑边沿、爆破物及有害危险气体和液体存放处等均属于危险部位，应当设置明显的安全警示标志。安全警示标志的类型、数量应当根据危险部位的性质的不同，设置不同的安全警示标志。安全警示标志设置后应当进行统计记录，并填写施工现场安全警示标志登记表。

#### 7.3.1.8 材料的堆放

**1. 一般要求**

1）建筑材料的堆放应当根据用量大小、使用时间长短、供应与运输情况来确定，用量大、使用时间长、供应运输方便的应当分期分批进场，以减少料场和仓库面积。

2）施工现场各种工具、构件、材料的堆放必须按照总平面图规定的位置放置。

3）材料堆放位置应选择适当，应便于运输和装卸，且应减少二次搬运。

4）地势应较高，场地应坚实、平坦，回填土应分层夯实，还要有排水措施，且应符合安全、防火的要求。

5）应当按照品种、规格来堆放材料，并设置明显标牌，其上标明名称、规格和产地等。

6）各种材料物品必须堆放整齐。

**2. 主要材料半成品的堆放**

1）大型工具，应当一头见齐。

2）钢筋应当堆放整齐，用方木垫起，不宜放在潮湿处或暴露在外受雨水冲淋。

3）砖应丁码成方垛，不准超高并与沟槽坑边的距离不小于0.5m，防止坍塌。

4）砂应堆放成方，石子也应按不同粒径规格分别堆放成方。

5）各种模板应当按规格分类堆放整齐，地面应平整坚实，叠放高度一般不宜超过1.6m。大模板应存放在经专门设计的存架上，且两块大模板应面对面存放，当存放在施工楼层上时，应当满足自稳角度要求并有可靠的防倾倒措施。

6）混凝土构件堆放场地应坚实、平整，并按规格、型号堆放，垫木位置要正确，多层构件的垫木要上下对齐，垛位不准超高。混凝土墙板宜设置插放架存放，插放架要焊接或绑扎牢固，以防止倒塌。

**3. 场地清理**

作业区及建筑物楼层内，要做到“工完场地清”，拆模时应当随拆随清理并及时运走，不能马上运走的应码放整齐。

各楼层清理出来的垃圾不得长期堆放在楼层内，应当及时运走，施工现场的垃圾也应分类集中堆放。

### 7.3.2 环境保护与环境卫生

#### 7.3.2.1 施工现场的卫生与防疫

**1. 卫生保健**

1）施工现场应设置保健卫生室，配备保健药箱、常用药及绷带、止血带、颈托、担架等急救器材，小型工程可以采用办公用房兼作保健卫生室。

2）施工现场应当配备兼职或专职急救人员，以处理伤员和职工保健，并对生活卫生进行监督和定期检查食堂的饮食等卫生情况。

3）要利用板报等形式向职工介绍防病的知识和方法，做好对职工卫生防病的宣传教育工作，特别要针对季节性流行病、传染病等进行宣传教育。

4）当施工现场的作业人员发生法定传染病、食物中毒、急性职业中毒时，必须在2h内向事故发生所在地的建设行政主管部门和卫生防疫部门报告，并应积极配合调查处理。

5）现场施工人员患有法定的传染病或是病源携带者时，应及时对其进行隔离，并由卫生防疫部门进行处置。

**2. 保洁**

办公生活区应设有专职或兼职保洁员，负责卫生清扫和保洁，还应有灭鼠、蚊、蝇、蟑螂等措施，并应定期投放和喷洒药物。

**3. 食堂卫生**

1）食堂必须有卫生许可证。

2）炊事人员必须持有身体健康证，上岗应穿戴洁净的工作服、工作帽和口罩，并应保持个人卫生。

3）炊具、餐具和饮水器具必须及时清洗消毒。

4）必须加强食品、原料的进货管理，做好进货登记，严禁购买无照、无证商贩经营的食品和原料，施工现场的食堂严禁出售变质食品。

#### 7.3.2.2 社区服务与环境保护

**1. 社区服务**

施工现场应当建立不扰民措施，有责任人进行管理和检查。应当与周围社区定期联系，并听取其意见，对合理意见应当及时采纳处理。工作应当有记录。

**2. 防治大气污染**

1）施工现场宜采取硬化措施，即主要道路、料场、生活办公区都必须进行硬化处理，土方也应集中堆放。裸露的场地和集中堆放的土方应采取覆盖、固化或绿化等措施。

2）使用密目式安全网对在建建筑物、构筑物进行封闭，防止施工过程产生扬尘；拆除旧有建筑物时，应采用隔离、洒水等措施防止扬尘，并应在规定期限内将废弃物清理完毕；不得在施工现场熔融沥青，严禁在施工现场焚烧含有毒、有害化学成分的装饰废料、油毡、油漆、垃圾等各类废弃物。

3）从事土方、渣土和施工垃圾运输时，应采用密闭式运输车辆或采取覆盖措施。

4）施工现场的出入口处应有保证车辆清洁的措施。

5）施工现场应根据风力和大气湿度的具体情况，进行土方回填、转运作业。

6）水泥和其他易飞扬的细颗粒建筑材料应密闭存放，砂石等散料也应采取覆盖措施。

7）施工现场的混凝土搅拌场所应采取封闭、降尘措施。

8）建筑物内的施工垃圾，应采用专用的封闭式容器吊运或传送，严禁凌空抛撒施工垃圾。

9）施工现场应设置密闭式垃圾站，施工垃圾、生活垃圾应分类存放，并及时清运出场。

10）城区、旅游景点、疗养区、重点文物保护区及人口密集区的施工现场应使用清洁能源。

11）施工现场的机械设备、车辆的尾气排放应符合国家环保排放标准的要求。

**3. 防治水污染**

1）施工现场应设置排水沟及沉淀池，现场废水不得直接排入市政污水管网和河流。

2）现场存放的油料、化学溶剂等应设有专门的库房，地面应进行防渗漏处理。

3）食堂应设置隔油池，并应及时对其清理。

4）厕所的化粪池应进行抗渗处理。

5）食堂、盥洗室、淋浴间的下水管线应设置隔离网，并应与市政污水管线连接，以保证排水通畅。

**4. 防治施工噪声污染**

1）施工现场应按照现行国家标准《建筑施工场界噪声限值》（GB 12523—1990）及《建筑施工场界噪声测量方法》（GB 12524—1990）来制定降噪措施，并应对施工现场的噪声值进行监测和记录。

2）施工现场的强噪声设备宜设置在远离居民区的一侧。

3）对因生产工艺要求或其他特殊需要而确需在22时至次日6时期间进行强噪声施工的，在施工前建设单位和施工单位应到有关部门提出申请，经批准后方可进行夜间施工，并公告附近居民。

4）夜间运输材料的车辆进入施工现场时，严禁鸣笛，且装卸材料时应做到轻拿轻放。

5）使用产生噪声和振动的施工机械、机具时，应当采取消声、吸声、隔声等有效控制措施来降低噪声。

**5. 防治施工照明污染**

夜间施工应严格按照建设行政主管部门和其他有关部门的规定执行，对施工照明器具的种类、灯光亮度应予以严格控制，特别是在城市市区的居民居住区内，应减少施工照明对城市居民的危害。

**6. 防治施工固体废弃物污染**

施工车辆运输砂石、土方、渣土和建筑垃圾时，应采取密封、覆盖措施，避免泄露、遗撒，并按指定地点倾卸，以防止固体废弃物污染环境。

## 【能力训练】

训练题目 施工现场安全管理和文明施工

（1）目的 掌握施工现场安全管理和文明施工的主要内容。

（2）能力及标准要求 能够进行施工现场安全管理。

（3）准备 材料的准备，现场资料的准备。

（4）步骤 熟悉施工现场安全管理和文明施工的主要内容并能对其进行检查。

（5）注意事项 结合施工现场的实际情况。

（6）讨论 举例说明现场安全管理和文明施工的好处与坏处。

## 单元小结

本单元主要介绍了建筑工程安全管理的基本知识，包括建筑工程安全生产的相关法律法规、建筑工程安全生产管理责任、施工现场安全管理与文明施工等。搞好安全生产工作的关键在于落实安全生产责任制。根据建筑工程安全生产的特点，考虑施工现场的不安全因素，建立健全施工现场的管理体系，认真抓好安全教育和安全培训工作，努力贯彻建筑工程安全生产的方针。

施工现场的安全管理与文明施工是安全生产的重要组成部分。安全生产是树立“以人为本”的管理理念和保护社会弱势群体的重要体现；文明施工是现代化施工的一个重要标志，是施工企业一项基础性的管理工作，坚持文明施工具有重要意义。安全生产与文明施工是相辅相成的，建筑施工安全生产不但要保证职工的生命财产安全，同时要加强现场管理，保证施工井然有序，改变脏乱差的面貌，对提高投资效益和保证工程质量也具有深远意义。

通过本单元的学习和实训，了解我国现行的建筑工程安全生产的法律体系，了解建筑工程在施工过程中有关安全管理的法律法规知识，熟悉建筑工程施工安全管理和安全责任，掌握建筑工程安全生产管理的基本规定及施工现场安全管理和文明施工的要求。

## 复习思考题

7-1 目前我国建筑安全生产的法律体系是什么？

7-2 施工现场的不安全因素有哪些？

7-3 何谓人的不安全行为？不安全行为在施工现场的类型有哪些？

7-4 我国安全生产的方针是什么？

7-5 施工单位的哪些人员、部门应承担相应的责任？

7-6 施工现场场容管理主要包括哪些方面的内容？

## 实训练习题

某商贸集团拟为其总部建设一综合性的商务大厦，其建筑面积为46 800$m^2$，为钢筋混凝土框架剪力墙结构，地上12层，地下3层，由市建筑设计院设计，通过招标与市建筑集团公司1公司签订了施工合同。为创优质工程，施工单位在文明施工、环境保护管理方面采取了积极有效的措施。将施工现场临时道路进行硬化处理；安排专人进行现场及周边道路的清扫、洒水工作，防止扬尘，保持周边空气的清洁；建立有效的排污系统；土方车辆出场前，在洗车池洗净车轮，拍实虚土，并采取覆盖措施，避免遗撒；施工现场设有封闭的垃圾堆放点，并定时清运；设置专职保洁人员，保持现场的干净整洁等等。经理部在施工过程中又采取了各种措施进行降噪，协调与周边居民的关系。最终，该项目被评为市和集团公司的文明施工样板工地。

问题：

(1) 什么是文明施工？文明施工主要包括哪几方面的工作？

(2) 文明施工在对现场周围环境和居民服务方面有何要求？

(3) 施工现场安全管理的基本内容有哪些？

# 单元 8　施工安全技术管理

【单元概述】

本单元主要介绍了建筑工程施工过程的安全技术管理，主要包括基础工程施工安全技术、钢筋工程施工安全技术、模板工程施工安全技术、混凝土工程施工安全技术、脚手架搭拆安全技术、装饰装修工程安全技术、高处作业安全技术、临边及洞口作业安全技术。施工机械设备的安全管理，包括小型机械、垂直运输机械的安全管理；施工临时用电安全要求及施工临时用电设施检查与验收。施工防火安全要求主要包括施工现场防火安全要求、特殊工种防火、高层建筑施工防火、施工现场灭火。

【学习目标】

通过本单元的学习和实训，了解建筑工程在施工过程中有关安全技术管理的基本内容，熟悉建筑工程施工安全管理技术措施，掌握建筑工程安全生产管理技术交底的编写要求，能够编制安全施工组织设计、编写安全技术交底记录，进行现场的安全检查。

## 课题 1　施工过程安全技术管理

### 8.1.1　基础工程施工安全技术

#### 8.1.1.1　土的开挖

**1. 基坑边坡的稳定**

当地质情况良好、土质均匀、地下水位低于基坑（槽）底面标高时，可不加支撑。此时边坡的最大坡度应按表 8-1 中的规定确定。

**表 8-1　深度在 5m 以内（包括 5m）的基坑（槽）边坡的最大坡度**

| 土的类别 | 边坡坡度（高:宽） | | |
|---|---|---|---|
| | 坡顶无荷载 | 坡顶有静载 | 坡顶有动载 |
| 中密的砂土 | 1:1.00 | 1:1.25 | 1:1.50 |
| 中密的碎石土 | 1:0.75 | 1:1.00 | 1:1.25 |
| 硬塑的粉土 | 1:0.67 | 1:0.75 | 1:1.00 |
| 中密的碎石土（充填物为粘土） | 1:0.50 | 1:0.67 | 1:0.75 |
| 硬塑的粉质粘土、粘土 | 1:0.33 | 1:0.50 | 1:0.67 |

（续）

| 土的类别 | 边坡坡度(高:宽) | | |
|---|---|---|---|
| | 坡顶无荷载 | 坡顶有静载 | 坡顶有动载 |
| 老黄土 | 1:0.10 | 1:0.25 | 1:0.33 |
| 软土(轻型井点降水后) | 1:1.00 | — | — |

注：1. 静载指堆土或材料等，动载指机械挖土或汽车运输作业等。静载或动载距挖方边缘的距离应超过1m，堆土或材料堆积高度不应超过1.5m。

2. 若有成熟的经验或科学的理论计算并经试验证明者可不受本表限制。

1）无地下水或地下水位低于基坑(槽)底面且土质均匀时，土壁不加支撑的垂直挖深不宜超过表8-2中的规定。

**表8-2 基坑(槽)土壁的垂直挖深**

| 土的类别 | 深度/m | 土的类别 | 深度/m |
|---|---|---|---|
| 密实、中密的砂土和碎石土(充填物为砂土) | 1.00 | 硬塑、可塑的粘土和碎石土(充填物为粘性土) | 1.50 |
| 硬塑、可塑的粉土及粉质粘土 | 1.25 | 坚硬的粘土 | 2.00 |

2）当天然冻结的速度和深度能确保挖土时的安全操作时，对于4m以内深度的基坑，(槽)开挖时可以采用天然冻结法垂直开挖而不加设支撑。但对干燥的砂土应严禁采用冻结法开挖。

3）粘性土不加支撑的基坑(槽)最大垂直挖深可根据坑壁的重量、内摩擦角、坑顶的均布荷载及安全系数等进行计算。

**2. 挖土的一般规定**

1）人工开挖时，两个人的操作间距应保持为2~3m，并应自上而下逐层挖掘，严禁采用掏洞的挖掘方法。

2）挖土时要随时注意土壁的变异情况，如发现有裂纹或部分塌落现象，要及时进行支撑或改缓放坡，并注意支撑的稳固和边坡的变化。

3）上下坑沟应先挖好阶梯或设置木梯，不应踩踏土壁及其支撑。

4）采用挖土机施工时，在挖土机的作业范围内不得进行其他作业，且应至少保留0.3m厚度不挖，最后由人工修挖至设计标高。

5）在坑边堆放弃土、材料和移动施工机械时，应使其与坑边保持一定距离；当土质良好时，要距离坑边1m以外，堆放高度不能超过1.5m。

6）在靠近建筑物旁挖掘基槽或深坑，且其深度超过原有建筑物基础的深度时，应分段进行开挖，每段不得超过2m。

7）载货汽车与坑、沟边沿的距离不得小于3m，马车与坑、沟边沿的距离不得小于2m，塔式起重机等振动较大的机械与坑、沟边沿的距离不得小于6m。

8）挖掘土方时，发现不能辨认的物品，应立即停止工作，并上报有关部门，禁止擅自处理。

**3. 斜坡土挖方**

土坡坡度要根据工程地质情况和土坡高度，结合当地同类土体的稳定坡度值来确定。

土方开挖宜从上到下分层分段依次进行，并随时做成一定的坡势以利于泄水，且不应在影响边坡稳定的范围内积水。

在斜坡上方弃土时，应保证挖方边坡的稳定。弃土堆应连续设置，其顶面应向外倾斜，以防止山坡水流入挖方场地。但坡度大于1/5或在软土地区时，则禁止在挖方上侧弃土。在挖方下侧弃土时，要将弃土堆表面整平，并使其向外倾斜，弃土表面要低于挖方场地的设计标高，或在弃土堆与挖方场地间设置排水沟，防止地表水流入挖方场地。

**4. 滑坡地段挖方**

1）施工前应先了解工程地质勘察资料、地形、地貌及滑坡迹象等情况。

2）不宜在雨季施工，同时不应破坏挖方上坡的自然植被，并要事先做好地面和地下排水设施。

3）遵循先整治后开挖的施工顺序，在开挖时，还必须遵循由上到下的开挖顺序，严禁先切除坡脚。

4）爆破施工时，严防因爆破振动产生滑坡现象。

5）抗滑挡土墙要尽量在旱季施工，基槽开挖应分段进行，并加设支撑，开挖一段就要做好这一段的挡土墙。

6）开挖过程中如发现滑坡迹象（如裂缝、滑动等）时，应暂停施工，必要时所有人员和机械均要撤至安全地点。

**5. 基坑（槽）和管沟挖方**

施工中应防止地面水流入坑、沟内，以免边坡塌方。

挖方边坡要随挖随撑，并支撑牢固，且在施工过程中应经常检查，如有松动、变形等现象，要及时加固或更换。

**6. 湿土地区挖方**

1）施工前需要做好地面排水和降低地下水位的工作，若采用人工降低水位，则要降至坑底0.5~1.0m时，方可开挖，采用明排水时可不受此限。

2）相邻基坑和管沟开挖时，要按先深后浅的顺序开挖，并要及时做好基础。

3）挖出的土不应堆放在坡顶上，应立即转运至规定的距离以外。

**7. 膨胀土地区挖方**

1）开挖前要做好排水工作，防止地表水、施工用水和生活废水浸入施工现场或冲刷边坡。

2）开挖后的基土不许受烈日曝晒或受水浸泡。

3）开挖、做垫层、基础施工和回填土等要连续进行。

4）采用砂地基时，要先将砂浇水至饱和后再铺填夯实，不能采用在基坑（槽）或管沟内浇水使砂沉落的方法施工。

### 8.1.1.2 基坑的支护

**1. 支护结构的形式**

支护结构主要包括支撑（拉锚）和挡墙两大部分。

1）挡墙的形式有钢板桩、钢筋混凝土板桩、钻孔灌注桩挡墙、H形钢支柱（或钢筋混凝土桩支柱，木挡板支护墙）、地下连续墙、深层搅拌水泥土桩挡墙、旋喷桩帷幕墙、土钉墙。

2）支撑（拉锚）系统有两类，即基坑内支撑（钢结构支撑、钢筋混凝土结构支撑）、基坑外拉锚（顶部拉锚、土层锚杆拉锚）。

**2. 基坑支护的一般要求**

1）支护结构的选型应考虑结构的空间效应和基坑的特点，选择有利于支护的结构类型或采用几种类型相结合。

2）当采用悬臂式结构支护时，基坑深度不宜大于6m。基坑深度超过6m时，可选用单支点和多支点的支护结构。地下水位低的地区和能保证降水施工时，也可采用土钉支护结构。

3）寒冷地区的基坑设计应考虑土体冻胀力的影响。

4）支撑的安装必须按设计位置进行，施工过程中严禁随意变更，并应切实使围檩与挡土桩墙结合紧密。挡土板或板桩与坑壁间的回填土应分层回填夯实。

5）支撑的安装和拆除顺序必须与设计工况相符合，并与土方开挖和主体工程的施工顺序相配合。分层开挖时，应先支撑后开挖；同层开挖时，应边开挖边支撑。支撑拆除前，应采取换撑措施，以防止边坡卸载过快。

6）钢筋混凝土支撑的强度必须达到设计要求（或达到设计强度的75%）后，方可开挖支撑面以下的土方；钢结构支撑则必须严格检验材料和保证节点的施工质量，严禁在负荷状态下进行焊接。

7）应合理布置锚杆的间距与倾角，锚杆的上下间距不宜小于2.0m，水平间距不宜小于1.5m；锚杆倾角宜为15°~25°，且不应大于45°。最上一道锚杆的覆土厚度不得小于4m。

8）锚杆的实际抗拔力除经计算外，还应按规定的方法进行现场试验后才能确定。采用二次压力灌浆工艺可提高锚杆抗力。

9）逆做法施工时，要求基坑外围结构必须有自防水功能。基坑上部机械挖土的深度，应按地下墙悬臂结构的应力值确定；基坑下部封闭施工，应采取通风措施；当采用电梯间作为垂直运输的井道时，对洞口楼板的加固方法应由工程设计确定。

10）逆做法施工时，应合理解决支撑上部结构的单柱单桩与工程结构的梁柱交叉及节点构造问题，并在方案中预先设计；当采用坑内排水时必须保证封井质量。

#### 8.1.1.3　桩基的施工

**1. 一般规定**

桩基施工应按施工方案要求进行。打桩作业区应有明显标志或围栏，作业区上方应无架空线路。

**2. 预制桩**

预制桩施工桩机作业时，应严禁吊装、吊锤、回转、行走动作同时进行；桩机移动时，必须将桩锤落至最低位置；施打过程中，操作人员必须距离桩锤5m以外监视。

**3. 沉管灌注桩**

沉管灌注桩施工，在未灌注混凝土和未沉管以前，应将预钻的孔口盖严。

**4. 人工挖孔桩**

人工挖孔桩施工，应遵守以下几点规定：

1）各种大直径桩的成孔，应首先采用机械成孔。当采用人工挖孔或人工扩孔时，必须经上级主管部门批准后方可施工。

2）应由熟悉人工挖孔桩施工工艺、遵守操作规定和具有应急监测自防护能力的专业施工队伍施工。

3）开挖桩孔应从上自下逐层进行，挖一层土及时浇筑一节混凝土护壁。第一节护壁应高出地面300mm。

4）距离孔口顶部周边1m处应搭设围栏。孔口应设安全盖板，当盛土吊桶自孔内提出地面时，必须在将盖板关闭孔口后，再进行卸土。孔口顶部周边1m范围内不得有堆土和其他堆积物。

5）提升吊桶机构的传动部分及地面扒杆必须牢靠，其制作、安装应符合施工设计要求。施工人员不得乘盛土吊桶上下，必须另配钢丝绳及滑轮，并配有断绳保护装置，或使用安全爬梯上下。

6）应避免落物伤人，孔内应设半圆形防护板，并随着挖掘深度的增大逐层下移。吊运物料时，作业人员应在防护板下面工作。

7）每次下井作业前应检查井壁和抽样检测井内空气，当有害气体含量超过规定时，应进行处理和使用鼓风机送风。严禁采用纯氧进行通风换气。

8）井内照明应采用安全矿灯或12V防爆灯具。桩孔较深时，上下联系可通过对讲机等方式，地面上不得少于2名监护人员。井下人员应轮换作业，连续工作时间不应超过2h。

9）挖孔完成后，应当天验收，并及时将桩身钢筋笼就位和浇筑混凝土。正在浇筑混凝土的桩孔周围10m半径内的其他桩不得有人作业。

## 8.1.2 钢筋工程施工安全技术

### 8.1.2.1 钢筋的加工

1）操作人员必须熟悉力学性能和安全技术操作规程，并切实用好防护用品。

2）在钢筋加工现场，应按规格、品种，将半成品、成品分类堆放，不准超高或接近、接触带电体。

3）用人工绞磨调直钢筋时，绞磨地锚必须牢固，严禁将地锚绳拴在树上、下水井及其他不坚固的物体或建筑物上。

4）人工推转绞磨时，要步调一致地稳步进行，严禁任意撒手。钢筋端头应用夹具夹牢，卡头不得小于10cm。在钢筋产生应力并调直到预定程度后，应缓慢回车卸下钢筋。

5）手工平直钢筋时，必须在牢固的操作台上进行。人工切料时，应先检查锤子、克子等，必须使其保持牢固无损，打锤人与掌克人必须站成斜角，不准对面打锤。

6）机械冷拉调直钢筋时，必须将钢筋卡紧，应防止断折或脱扣现象，机械前方必须设置铁板加以防护。机械开动后，操作人员应距离机械两侧各1.5m以外，且不准靠近钢筋行走。

7）采用切断机切钢筋时，每段钢筋最短不得小于1m。一次切断的钢筋根数，必须符合力学性能。严禁超量切割。

8）切断$\phi12$以上钢筋时，必须两人配合操作，人与钢筋要保持一定的距离，并要把稳钢筋。

9）钢筋制作应在宽敞、平坦且无其他电气线路的地方进行，并要搭设作业棚。制作中，钢筋短头应随时清理，并堆放在指定地点。

10）搬运钢筋过程中，必须注意周围的电气线路、机电设备，以防触电。

11）垂直吊运钢筋时，必须用钢丝绳扣将钢筋勒紧。如钢筋长度超过3m时，要合理选择吊点，多点勒紧捆牢，保持稳定平衡，且不得和其他物件同时吊运。

12）在钢筋弯曲半径内一般不准站人，遇有特殊情况需站人方能操作时，开动机器与扶铁操作人员要互相招呼、紧密配合。

#### 8.1.2.2 钢筋的绑扎

1）在深基础内绑扎钢筋时，上下基槽应搭设临时马道，马道上不准堆料，往基坑内传递材料时应明确联系信号，禁止向下投掷。

2）绑扎、安装钢筋骨架前应检查模板、支柱以及脚手架的牢固程度。绑扎圈梁、挑沿、外墙、柱等外沿钢筋时应设有外架子或安全网。

3）绑扎柱子、板梁钢筋，且高度超过4m时，必须搭设正式操作架子，禁止攀登钢筋骨架进行操作及代替梯子上下。柱子骨架高度超过5m时，在骨架中间应加设支撑拉杆加以稳定。

4）绑扎1m高度以上的大梁钢筋时，应先立起一面侧模再进行绑扎。

5）绑扎矩形梁钢筋时，应先在上口搭设木楞，绑完后抽出木楞，使其慢慢落下。在平地上预制骨架时，应架设临时支撑，保持稳定。

6）绑扎完的平台钢筋，应不准人员在上面踩踏行走。

7）利用机械吊装钢骨架时，应有专人指挥，骨架下严禁站人。就位人员必须待骨架降到距离地面1m以内方可靠近扶住就位。长梁两端人员应互相联系，落实后方可摘钩。注意保持与带电体及其他建筑物的距离(距离根据相关行业标准确定)。

#### 8.1.2.3 预应力钢筋

1）预应力钢筋张拉前，应先检查制动器电源线路、张拉设备及接头对焊强度是否安全可靠。在操作中，如发生故障，应立即切断电源，进行检修。

2）张拉钢筋时要严格按照规定的应力值和拉伸率进行，不得将其随意改变。

3）张拉区应有明显标志，张拉钢筋时，两头必须设置防护挡板。钢筋张拉后要加以保护，四周不准有人停留或在台座上行走。浇灌混凝土时要防止振捣器冲击预应力钢筋。

4）张拉作业应设专人负责指挥，操作时，任何人都不准摸、踩、碰撞预应力钢筋。

5）在测量钢筋的拉伸率时，均应停止操作电机、千斤顶、卷扬机等。

6）在张拉钢筋时，螺母端杆、套筒螺钉及螺母必须有足够的长度，各种夹具应有足够的夹紧能力，严防锚固不良、部件滑出。

7）钢筋先张法施工时，可在横梁内侧每根钢筋端头加设一螺母或一焊帮条，防止钢筋拉断。

8）拉伸机支脚必须与后张法构件端部垫板接触严密，且位置正直对称，严禁多加垫板，以防支脚不稳或受力不匀而倾倒。

9）在千斤顶端部应装设防护挡板，严禁行人通行或停留，钢筋受力时，禁止扭动螺母。

10）在拼装过程中张拉钢筋时，应拧紧主筋螺钉；用千斤顶张拉时，应特别注意拉力架的钳形支架与块体面的接触受力情况，以免受力不匀而歪曲。

11）在拼装过程中张拉主筋时，严禁在梁架纵轴方向的两端行走，张拉结束后且混凝土未凝固前，桁架两端应采取防护措施，以防钢筋突然断裂。

12）张拉钢筋时，拉伸钢索头处的卡具必须牢固，钢筋卡头不得短于100cm。

### 8.1.3 模板工程施工安全技术

#### 8.1.3.1 模板的安装

**1. 模板安装的一般规定**

1）安装前要审查设计审批手续是否齐全，模板结构设计与施工说明中的荷载、计算方法、节点构造是否符合实际情况，是否有安装拆除方案。

2）对模板施工队伍应进行全面详细的安全技术交底。

3）使用合格的模板和配件。

4）模板安装应按设计与施工说明循序拼装。

5）当竖向模板支架的支承部分安装在基土上时，应加设垫板；如用钢管作为支撑时，应在垫板上加设钢底座。垫板应有足够的强度和支承面积，并应使其中心承载。基土应坚实，并有排水措施。对湿陷性黄土应有防水措施；对特别重要的结构工程必须采用防止支架柱下沉的措施；对冻胀性土应有防冻融措施。

6）模板及其支架在安装过程中，必须采取有效的防倾覆临时固定设施。

7）现浇钢筋混凝土梁、板，当跨度大于4m时，模板应起拱；当设计无具体要求时，起拱高度可为全跨长度的0.1%~0.3%。

8）现浇多层或高层房屋、构筑物，在安装上层模板及其支架时应符合下列规定：下层楼板应具有承受上层荷载的承载能力或加设支架支撑；上层支架立柱应对准下层支架立柱，并在立柱底铺设垫板；当采用悬臂吊模板、桁架支模方法时，其支撑结构的承载能力和刚度必须符合要求。

9）当层间高度大于5m时，宜选用桁架支模或多层支架支模。当采用多层支架支模时，支架的横垫板应平整，支柱应垂直，上下层支柱应在同一竖向中心线上，其支柱不得超过二层，且必须待下层形成空间整体后，才能安装上层支架。

10）模板安装的作业高度超过2.0m时，必须搭设脚手架或平台。

11）模板安装时，上下应有人接应，随装随运，严禁抛掷，且不得将模板支搭在门窗框上，也不得将脚手板支搭在模板上，更不能将模板与井字架、脚手架或操作平台连成一体。

12）垂直吊运模板时，必须符合下列要求：在升、降过程中应设专人指挥，统一信号，密切配合；吊运大块或整体模板时，竖向吊运应不少于两个吊点，水平吊运应不少于四个吊点，且必须使用卡环连接，稳起稳落，待模板就位连接牢固后，方可摘除卡环；吊运散装模板时，必须码放整齐，待捆绑牢固后方可起吊。

13）风力大于五级时应停止一切吊运作业。

14）拼装高度为2m以上的竖向模板，不得站在下层模板上拼装上层模板。安装过程中应设置足够的临时固定设施。若中途停歇，应将已就位的模板固定牢固。

15）当承重焊接钢筋骨架和模板一起安装时，应符合下列要求：模板必须固定在承重焊接钢筋骨架的节点上；安装钢筋模板组合体时，吊索应按模板设计的吊点位置进行绑扎。

16）当支撑呈一定角度倾斜，或其支撑的表面倾斜时，应采取可靠措施确保支点稳定，支撑底脚还必须有可靠的防滑移措施。

17）除设计图另有规定时外，所有垂直支架柱应保证垂直。当层高不大于5m时，其垂直允许偏差为6mm，当层高大于5m时，为8mm。

18）在对梁和板安装二次支撑时，在梁、板上不得有施工荷载，支撑的位置必须准确，且安装后传给支撑或连接件的荷载不应超过其允许值。支架柱或桁架必须有保持稳定的可靠措施。

19）已安装好的模板上的实际荷载不得超过设计值。已承受荷载的支架和附件，不得随意拆除或移动。

20）组合钢模板、大模板、滑动模板等的安装，应符合现行国家标准GB 50214—2001《组合钢模板技术规范》、JGJ 20—1984《大模板多层住宅结构设计与施工规程》和GBJ 113—1987《液压滑动模板施工技术规范》中的相应规定。

**2. 梁式或桁架式支架**

梁式或桁架式支架的安装应符合下列几点要求：

1）采用伸缩式桁架时，其搭接长度不得小于500mm，上下弦连接销钉的规格、数量应符合设计规定，且不得采用少于两个U形卡或钢销钉销紧，其卡距或销距不得小于400mm。

2）安装的梁式或桁架式支架的间距应与模板设计图一致。

3）支承梁式或桁架式支架的结构应具有足够强度，否则应另设立柱支撑。

4）若桁架采用多榀成组排放时，在下弦折角处必须加设用木条锯口卡住的水平撑。

**3. 单立柱支撑**

单立柱支撑的安装应符合下列几点要求：

1）工具式钢管单立柱支撑的间距应符合支撑设计的规定，立柱不得接长使用。所有夹具、螺栓、销子和其他配件都应处在闭合或拧紧的状态。

2）木立柱宜选用整料，当不能满足要求时，立柱的接头不宜超过两个，并应采用对接夹板接头方式。立柱底部可采用垫块垫高，但不得采用砖块垫高。

3）立柱支撑群或称满堂架应沿纵、横向设置水平拉杆，其间距应按设计规定；在立杆上、下两端20cm处应设置纵、横向扫地杆；架体外侧每隔6m应设置一道剪刀撑，并沿竖向连续设置，剪刀撑与地面的夹角应为45°~60°。当楼层高超过10m时，尚应设置水平方向的剪刀撑。拉杆和剪刀撑必须与立柱牢固连接。

4）单立柱支撑的所有底座或支撑顶端都应与底座和顶部的模板紧密接触，且支撑头不得承受偏心荷载。

5）当采用对角楔木进行支撑高度调整时，楔木与垫木应接触紧密，并应采用铁钉固定牢靠。

**4. 扣件式钢管脚手架立柱支撑**

采用扣件式钢管脚手架作为立柱支撑时，其安装应符合下列几点要求：

1）钢管的规格、间距、扣件应符合设计要求，每根立杆的底部应设置底座及垫板。

2）立杆必须设置纵、横向扫地杆，纵上横下，并用直角扣件在距离地面200mm处与立杆扣牢。

3）立杆接长时必须采用对接扣件连接，且相邻两立杆的对接接头不得在同步内，而隔一根立杆的对接接头沿竖向错开的距离不宜小于500mm，各接头中心距离主节点不宜大于步距的1/3。搭接接头的长度不应小于1m，且应采用不少于两个旋转扣件固定，端部扣件盖板边缘距离杆端不应小于100mm。

4）当扣件式钢管脚手架作为组合式格构柱使用时，主立杆的间距不得大于1m，纵横杆的步距不应大于1.2m，且柱的每一边应于两横杆间加设斜杆。

**5. 门式钢管脚手架支撑**

门式钢管脚手架(简称门架)作为支撑时，其安装应符合下列几点要求：

1）门架的跨距和间距应按设计规定来布置，但间距宜小于1.2m，支撑架底部的垫木上应设置固定底座或可调底座。

2）门架支撑可沿梁轴线垂直和平行布置。当垂直布置时，在两门架间的两侧应设置交叉支撑；当平行布置时，在两门架间的两侧亦应设置交叉支撑，交叉支撑应与立杆上的锁销锁牢，上下门架的组装连接必须设置连接棒及锁臂。

3）门架支撑的宽度为4个及以上跨度或5个间距及以上时，应在周边底层、顶层、中间每5列或5排，于每棍门架立杆的根部设置$\phi$48mm×3.5mm通长水平加固杆，并应采用扣件使其与门架立杆扣牢。

4）门架支撑高度超过10m时，应在外侧周边和内部每隔15m设置剪刀撑。剪刀撑不应大于4个间距，其水平夹角应为45°~60°，沿竖向应连续设置，并采用扣件使其与门架立杆扣牢。

5）顶部操作层应采用挂扣式脚手板。

**6. 悬挑结构立柱支撑**

悬挑结构立柱支撑的安装应符合下列几点要求：

1）多层悬挑结构模板的上下立柱应保持在同一垂线上。

2）多层悬挑结构模板的立柱应连续支撑，且不得少于三层。

**7. 基础及地下工程模板**

基础及地下工程模板安装时应符合下列几点要求：

1）在地面以下支模应先检查土壁的稳定情况，当有裂纹及塌方危险迹象时，应在采取安全防范措施后，方可作业。当深度超过2m时，应为操作人员设置上下扶梯。

2）距离基槽(坑)上口边缘1m内不得堆放模板。向基槽(坑)内运料时应使用起重机、溜槽或绳索；上、下人员应互相呼应，运下的模板严禁立放于基槽(坑)土壁上。

3）斜支撑与侧模的夹角不应小于45°，支撑在土壁上的斜支撑应加设垫板，底部的对角楔木应与斜支撑连结牢固。高大长脖基础若采用分层支模时，应在其下层模板应经就位校正并支撑稳固后，再进行上一层模板的安装。

4）两侧模板间应采用水平支撑将其连成整体。

**8. 柱模板**

柱模板的安装应符合下列几点要求：

1）现场拼装柱模板时，应及时加设临时支撑进行固定，斜撑与地面的倾角宜为60°。不能将大片模板系于柱子钢筋上。

2）四片柱模板就位组拼并经对角线校正无误后，应立即自下而上安装柱箍。

3）若为整体预组合柱模板，吊装时应采用卡环与柱模板连接，不得使用钢筋钩代替。

4）柱模板校正（用四根斜支撑或用连接在柱模板顶四角带花篮螺钉的揽风绳，底端与楼板钢筋拉环固定进行校正）后，应采用斜撑或水平撑进行四周支撑，以确保整体稳定。当柱模板高度超过4m时，应成群或成列同时支模，并应将支撑连成一体，形成整体框架体系。当需要单根支模，且柱宽大于500mm时，应在柱的每边的同一标高上设置不得少于两根斜支撑或水平撑。斜支撑与地面的夹角应为45°~60°，且下端还应有防滑移措施。

5）边、角柱模板的支撑，除满足上述要求外，在模板里面还应在与外边对应的点设置既能承拉又能承压的斜撑。

**9. 墙模板**

墙模板的安装应符合下列几点要求：

1）用散拼定型模板支模时，应自下而上进行，即必须在下一层模板全部紧固后，方准进行上一层的安装。当下层模板不能独立安设支撑件时，应采取临时固定措施。

2）采用预拼装的大块墙模板进行支模安装时，严禁同时起吊两块模板，并应边就位、边校正、边连接，固定后方可摘钩。

3）安装电梯井内的墙模板前，必须在板底下200mm处满铺一层脚手板。

4）模板未安装对拉螺栓前，板面应向后倾斜一定角度。安装过程中应随时拆换支撑或增加支撑，以保证墙模板随时处于稳定状态。

5）当钢楞需要接长时，接头处应增加相同数量且不小于原规格的钢楞，其搭接长度不得小于墙模板宽或高的15%~20%。

6）接长时的U形卡应正反交替安装，其间距不得大于300mm；两块模板对接接缝处的U形卡应满装。

7）对拉螺栓与墙模板应垂直、松紧一致，并能保证墙厚尺寸正确。

8）墙模板的内外支撑必须坚固、可靠，应确保模板的整体稳定。当墙模板外面无法设置支撑时，应在里面设置能承拉和承压的支撑。多排并列且间距不大的墙模板，当其支撑互成一体时，应有防止浇筑混凝土时引起临近模板变形的措施。

**10. 独立梁和整体楼盖梁结构模板**

独立梁和整体楼盖梁结构模板的安装应符合下列几点要求：

1）安装独立梁模板时应设置操作平台，当模板高度超过3.5m时，还应搭设脚手架并设置防护栏。严禁操作人员站在独立梁底模或柱模支架上进行操作及上下通行。

2）底模与横楞应拉结牢固，横楞与支架、立柱应连接牢固。

3）安装梁侧模时，应边安装边与底模连接，当侧模高度大于两块独立梁模板高度时，应设置临时斜撑。

4）起拱应在侧模内外楞连接牢固前进行。

5）单片预组合梁模板，钢楞与面板的拉结应按设计规定进行，并按设计吊点试吊无误后方可正式吊运安装，待侧模与支架支撑稳定后方准摘钩。

6）架立柱底部基土应按规定进行处理，当采用单排立柱时，应在单排立柱的两边每隔3m加设斜支撑，且每边不得少于两根，斜支撑与地面的夹角应为60°。

**11. 楼板或平台板模板**

楼板或平台板模板的安装应符合下列几点要求：

1）预组合模板采用桁架支模时，桁架与支点连接应牢固可靠，同时桁架支承应采用平直通长的型钢或木方。

2）预组合模板块较大时，应加设钢楞后吊运。当组合模板为错缝拼配时，板下横楞应均匀布置，并应在模板端穿设插销。

3）单块模板就位安装时，必须待支架搭设稳固，且板下横楞与支架连接牢固后进行。

4）U形卡应按设计规定进行安装。

**12. 其他结构模板**

其他结构模板的安装应符合下列几点要求：

1）安装圈梁、阳台、雨篷及挑檐等模板时，其支撑应独立设置，不得支搭在施工脚手架上。

2）安装悬挑结构模板时，应搭设脚手架或悬挑工作台，并应设置防护栏和安全网。作业处的下方不得有人通行或停留。

3）在悬空部位作业时，操作人员应系好安全带。

**13. 大模板**

大模板的安装应符合下列几点要求

1）大模板施工时，必须由架工负责搭设操作平台，并禁止使用竹跳板。

2）模板安装就位后，还应在用配件与里模骨架紧固牢靠后，方准摘钩。模板紧固牢靠前，不准进入下道工序。

3）外模安装后，要立即固定骨架，各种螺栓也必须进行紧固。

4）筒式模板底脚升降时，螺栓下面应采用厚度为3～5cm的木板垫平、垫牢，移动垫板时，不准直接用手或脚去拨动。

5）模板工程四周，必须设置防护网，网要随墙逐层提升。拼装区域应设置围栏，并悬挂明显警告标志。

6）安装门窗口前应检查模板固定情况，在确认无脱落危险后，方可作业。

### 8.1.3.2 模板的拆除

**1. 一般要求**

（1）混凝土强度　拆模时混凝土的强度应符合设计要求；当设计无要求时，应符合下列几点规定：

1）不承重的侧模板，包括梁、柱、墙的侧模板，只要混凝土强度能保证其表面及棱角不因拆除模板而受损坏，即可拆除。

2）承重模板，包括梁、板等水平结构构件的底模，应在与结构同条件养护的试块强度达到表8-3中的规定后，方可拆除。

表 8-3　现浇结构拆模时所需的混凝土强度

| 项　次 | 构 造 类 型 | 结构跨度/m | 按达到设计混凝土强度标准值的百分率计（%） |
|---|---|---|---|
| 1 | 板 | ≤2 | ≥50 |
| | | >2、≤8 | ≥75 |
| 2 | 梁、拱、壳 | ≤8 | ≥75 |
| | | >8 | ≥100 |
| 3 | 悬臂构件 | — | ≥100 |

3）后张预应力混凝土结构或构件模板的拆除，侧模应在预应力张拉前拆除，其混凝土强度达到侧模拆除条件即可，进行预应力张拉时则必须待混凝土强度达到设计规定值后方可进行，底模必须在预应力张拉完毕后方能拆除。

4）在拆模过程中，如发现实际混凝土强度并未达到要求，且有影响结构安全的质量问题时，应暂停拆模，经妥当处理，且实际强度达到要求后，方可继续拆除。

5）已拆除模板及其支架的混凝土结构，应在混凝土强度达到设计要求的混凝土强度标准值后，才允许承受全部设计的使用荷载。当承受施工荷载的效应比使用荷载更为不利时，必须在经过核算后加设临时支撑。

6）拆除芯模或预留孔的内模时，应在混凝土强度能保证不发生塌陷和裂缝后，方可拆除。

（2）拆模申请　拆模之前必须有拆模申请，并在同条件养护试块强度记录达到规定强度后，技术负责人方可批准拆模。

（3）冬季施工　冬季施工模板的拆除应遵守冬季施工的有关规定，其中主要是要考虑混凝土模板拆除后的保温养护，如果不能进行保温养护且必须暴露在大气中，要考虑混凝土受冻的临界强度。

（4）保温措施　对于大体积混凝土，除应满足混凝土强度要求外，还应考虑保温措施，拆模之后要保证混凝土内外温差不超过20℃，以免产生温差裂缝。

（5）拆除顺序和方法　各类模板拆除的顺序和方法，应根据模板设计的规定进行。如果模板设计无规定时，可按先支的后拆、后支的先拆，先拆非承重的模板、后拆承重的模板及支架的顺序进行拆除。

（6）模板清理　拆除的模板必须随拆随清理，以免钉子扎脚、阻碍通行而发生事故。

（7）安全要求　拆摸时下方不能有人，拆模区应设置警戒线，以防有人误入而被砸伤。

（8）模板的运送传递　拆除的模板向下运送传递时，要上下呼应，不能采取猛撬，以致大片塌落的方法拆除。当采用起重机吊运拆除的模板时，应在模板码放整齐并捆牢后，才可吊运，否则在空中造成“天女散花”是很危险的。

**2. 基础拆模**

在基坑内拆模，要注意基坑边坡的稳定，特别是在拆除模板支撑时，可能使边坡土发生震动而坍方。拆除的模板应及时运到距离基坑较远的地方进行清理。

**3. 现浇楼盖及框架结构拆模**

一般现浇楼盖及框架结构的拆模顺序为：拆柱模斜撑与柱箍，拆柱侧模，拆楼板底模，拆梁侧模，拆梁底模。

楼板小钢模的拆除，应设置供拆模人员站立的平台或架子，还必须在将洞口和临边封闭后，才能开始工作，拆除时应先拆除钩头螺栓和内外钢楞，然后拆除U形卡、L形插销，再用钢钎轻轻撬动钢模板，用木锤或带胶皮垫的铁锤轻击钢模板，把第一块钢模板拆下后，然后将钢模板逐块拆除。不得采取猛撬以致大片塌落的方法拆除。拆下的钢模板不准随意向下抛掷。

已经活动的模板，必须一次连续拆除完方可停歇，以免落下伤人。

模板立柱有多道水平拉杆，应先拆除上面的，并按由上而下的顺序拆除。拆除最后一道连杆应与拆除立柱同时进行，以免立柱倾倒伤人。

多层楼板模板支柱的拆除，应根据混凝土强度增长的情况、结构设计荷载与支模施工荷载的情况通过计算来确定。

**4. 现浇柱模板拆除**

柱模板的拆除顺序为：拆除斜撑或拉杆(或钢拉条)，自上而下拆除柱箍或横楞，拆除竖楞并自上向下拆除模板连接件、模板面。

**5. 大模板拆除**

大模板的拆除顺序与模板组装顺序相反。大模板拆除后停放的位置，无论是短期停放还是较长期存放，一定要支撑牢固，并采取防倾倒的措施。在拆除大模板过程中应注意不要损坏混凝土墙体。

## 8.1.4 混凝土工程施工安全技术

### 8.1.4.1 混凝土的搅拌、运输、捣固的一般要求

1）基础混凝土作业前必须先检查操作台和道路，确认安全可靠后方可作业。

2）用推车运送混凝土时，用力不得过猛，不准撒把。向坑、槽内倒混凝土时，必须沿坑、槽边设置不低于10cm的车轮挡装置。推车人员倒料时，要站稳，保持身体平衡，并通知下方人员躲开。

3）在架子上推车运送混凝土时，两车之间必须保持一定距离，并在右侧通行。混凝土装车容量不得超过车斗容量的3/4。

4）进行毛石混凝土施工时，若由高处送料，必须设置溜放槽，毛石距离槽壁不得小于80cm，放石头时，应先通知下方人员躲开。

5）使用吊罐(斗)浇灌混凝土时，应经常检查吊斗、钢丝绳和卡具，如有问题及时处理。应设专人负责指挥。进行框架柱、梁作业时，人员必须站在里侧进行操作，如需站在外侧作业，应搭设脚手架或作业台，并要设置高1.2m的防护栏。

6）混凝土作业人员，严禁在梁、阳台、柱子的模板上作业和行走。夜间的作业场所和运输道路，必须由电工负责安设足够照明。

7）使用振捣器前，必须对导线、开关等进行检查。如导线破损、绝缘老化、开关不灵、无漏电保护装置等，应禁止使用。检查操作时，必须戴绝缘手套，穿绝缘鞋。停机后，要切断电源，锁好电门箱。

#### 8.1.4.2 商品混凝土

**1. 混凝土搅拌运输车**

1）司机应遵守交通规则和有关规定，严禁无驾驶证或酒后开车。发动前，应将变速杆放在零档位置，并拉紧手刹车；发动后，应先检查各种仪表、方向机构、制动器、灯光等，必须确保其灵敏可靠，方可鸣笛起车。

2）搅拌车装料时，料口必须对准搅拌机的下料口，车应停稳，并要拉紧手刹车。在进出口把进出料操作杆推入进料档位时，驾驶员不准擅离车辆。料装满后，应把进出料携纵杆推入搅拌挡位，方准起车行驶，

3）车辆进入工地时，驾驶员应先下车察看好道路和卸料位置。车辆倒车时，要有人指挥，倒车和停车均不准靠近建筑物基础和沟、槽边沿，以防土质松软而使车辆倾翻。

4）在雨、雪、雾天气，最高车速不准超过25km/h。转弯时，要防止车辆横滑。

**2. 混凝土泵送设备**

1）混凝土泵送设备距离基坑不得小于2m，在举臂动作范围内，禁止有任何障碍物和输电线路。管道敷设线路应接近直线，少弯曲。管道的支撑与固定，必须紧固可靠。管道的接头应密封，“Y”形管道应接装锥形管。禁止垂直管道直接接在泵的输出口上，应在架设泵送设备之前安装不小于10m的水平管，在水平管近泵处应装置逆止阀。敷设向下倾斜的管道时，下端应接装一段水平管，否则应采用弯管等方法。如倾斜角度大于7°时，应在坡度上端装置排气活塞。

2）风力大于六级时，不得使用混凝土输送悬臂。

3）混凝土泵送设备的停车制动和锁紧制动应同时进行，水箱应储满水，料斗内不得有杂物，各润滑点应润滑正常。

4）操作时，操纵开关、调整手柄、手轮、控制杆、旋塞等均应放在正确位置，液压系统应无泄漏。作业前，必须按要求配置水泥砂浆润滑管道，无关人员应离开管道。支腿未支牢前，不得启动悬臂。悬臂伸出时，应按顺序进行，严禁用悬臂起吊和拖拉物件。在悬臂从导杆升起后，方可旋转。悬臂在全伸出状态时，严禁移动车身。作业中需要移动车身时，应将上段悬臂折叠固定。悬臂不得使用超过规定的配管，其前端的软管应采用安全绳系牢。

5）应随时观察各种仪表和指示灯，发现不正常时要及时调整与修理。输送管道堵塞时，应进行逆向运转从而使混凝上返回料斗。必要时，应拆管排除堵塞。

6）泵送混凝土应连续作业，必须暂停时，应每隔5～10min送一次。若停止时间较长后，应逆向运转一至二个行程，然后顺向泵送。泵送时，料斗内应保持一定量的混凝土，不得吸空。泵送系统输送时，不得打开任何输送管道和液压管道。液压系统的安全阀不得任意调整，蓄能器只能充入氮气。水箱内，应储满清水，发现水质混浊或有砂粒时，要及时处理。

7）作业完毕后，必须将料斗内和管道内的混凝土全部输出，然后对泵机、料斗、管道进行冲洗。当采用压缩空气冲洗管道时，管道出口前方10m内不得站人，并应使用金属网拦截冲出物。禁止采用压缩空气冲洗悬臂配管。

## 8.1.5 脚手架搭拆安全技术

### 8.1.5.1 脚手架材料及一般要求

**1. 脚手架的杆件**

1）木脚手架的立杆、纵向水平杆、斜撑、剪刀撑、连墙件应选用剥皮杉、落叶松木杆。横向水平杆应选用杉木、落叶松、柞木、水曲柳木杆。不得使用折裂、扭裂、腐朽、虫蛀、纵向有严重裂缝的木杆等。立杆有效部分的小头直径不得小于70mm，纵向水平杆有效部分的小头直径不得小于80mm。

2）竹杆应选用生长期在三年以上的毛竹或楠竹，不得使用弯曲、青嫩、枯脆、腐烂、虫蛀、裂纹连通两节以上的竹杆。立杆、顶撑、斜杆有效部分的小头直径不得小于75mm，横向水平杆有效部分的小头直径不得小于90mm，搁栅、栏杆有效部分的小头直径不得小于60mm。对于小头直径在60mm以上且不足90mm的竹杆可采用双杆。

3）钢管材质应符合Q235—A级标准，不得使用有明显变形、裂纹、严重锈蚀的材料。钢管规格宜为$\phi$48mm×3.5mm，亦可采用$\phi$51mm×3.0mm钢管。

4）同一脚手架中，不得混用两种材质，也不得将两种不同规格的钢管用于同一脚手架中。

**2. 脚手架的绑扎材料**

1）镀锌钢丝或回火钢丝严禁有锈蚀和损伤，且严禁重复使用。

2）竹篾严禁发霉、虫蛀、断腰、有大节疤和折痕，当使用其他绑扎材料时，应符合其他规定。

3）扣件应与钢管管径相配合，并符合现行国家标准的规定。

**3. 脚手架上的脚手板**

1）木脚手板的厚度不得小于50mm，板宽宜为200~300mm，两端应采用镀锌钢丝扎紧，材质不得低于具有国家Ⅱ等材标准的杉木和松木，且不得使用腐朽、劈裂的木板。

2）竹串片脚手板应使用宽度不小于50mm的竹片，拼接螺栓间距不得大于600mm，螺栓孔径与螺栓应紧密配合。

3）各种形式的金属脚手板，单块重量不宜超过0.3kN，且性能应符合设计使用要求，表面应有防滑构造。

**4. 脚手架的搭设高度**

钢管脚手架中扣件式单排架的搭设高度不宜超过24m，扣件式双排架不宜超过50m；门式架不宜超过60m；木脚手架中单排架不宜超过20m，双排架不宜超过30m；竹脚手架中不得搭设单排架，双排架不宜超过35m。

**5. 脚手架的构造要求**

1）单、双排脚手架的立杆纵距及水平杆步距不应大于2.1m，立杆横距不应大于1.6m。应按规定的间隔采用连墙件（或连墙杆）与建筑结构进行连接，且在脚手架使用期间不得拆除。沿脚手架外侧应设置剪刀撑，并随脚手架同步搭设和拆除。当双排扣件式钢管脚手架的搭设高度超过24m时，应设置横向斜撑。

2）门式钢管脚手架的顶层门架上部、连墙件设置层、防护棚设置处均必须设置水平架。

3）竹脚手架应设置顶撑杆，并与立杆绑扎在一起，顶紧横向水平杆。

4）脚手架高度超过40m且有风涡流作用时，应设置抗风涡流上翻作用的连墙措施。

5）脚手板必须按脚手架宽度铺满、铺稳，脚手板与墙面的间隙不应大于200mm，作业层脚手板的下方必须设置防护层。作业层外侧，应按规定设置防护栏和挡脚板。

6）脚手架应按规定采用密目式安全网封闭。

#### 8.1.5.2 落地式脚手架

**1. 基础**

落地式脚手架的基础应坚实、平整，并应定期检查。不埋设立杆时，在每根立杆底部应设置垫板或底座，并应设置纵、横向扫地杆。

**2. 连墙件**

落地式脚手架的连墙件应符合下列几点规定：

1）扣件式钢管脚手架的双排架高度在50m以下或单排架高度在24m以下时，应按不大于$40m^2$设置一处；双排架高度在50m以上时，应按不大于$27m^2$设置一处。

2）门式钢管脚手架的高度在45m以下，且基本风压小于或等于$0.55kN/m^2$时，应按不大于$48m^2$设置一处；高度在45m以下且基本风压大于$0.55kN/m^2$，或架高在45m以上时，按不大于$24m^2$设置一处。

3）木脚手架按垂直方向不大于双排3倍立杆步距、单排2倍立杆步距，水平方向不大于3倍立杆纵距设置。竹脚手架按垂直方向不大于4m，水平方向不大于4倍立杆纵距设置。

4）一字型、开口型脚手架的两端，必须设置连墙件。连墙件必须采用可承受拉力和压力的构造，并与建筑结构连接牢固。

**3. 剪刀撑及横向斜撑**

落地式脚手架的剪刀撑及横向斜撑应符合下列几点规定：

1）扣件式钢管脚手架应沿全高设置剪刀撑。当架高在24m以下时，可沿脚手架长度方向间隔不大于15m设置；当架高在24m以上时，应沿脚手架全长连续设置剪刀撑，并应设置横向斜撑。横向斜撑由架底至架顶呈“之”字型连续布置，并沿脚手架长度方向间隔6跨设置一道。

2）碗扣式钢管脚手架，当架高在24m以下时，应在外侧框格总数的每1/5处设置斜杆；当架高在24m以上时，应在框格总数的每1/3处设置斜杆。

3）门式钢管脚手架的内外两个侧面除应满设交叉支撑杆外，当架高超过20m时，还应在脚手架外侧沿长度和高度方向连续设置剪刀撑，剪刀撑的钢管规格应与门架钢管的规格一致。当剪刀撑钢管直径与门架钢管直径不一致时，应采用异型扣件连接。

4）满堂扣件式钢管脚手架除沿脚手架外侧四周和中间设置竖向剪刀撑外，当脚手架高于4m时，还应沿脚手架每两步高度设置一道水平剪刀撑。

**4. 横向水平杆**

扣件式钢管脚手架的主节点处必须设置横向水平杆，且在脚手架使用期间严禁拆除。单排脚手架横向水平杆插入墙内的长度不应小于180mm。

**5. 接头**

扣件式钢管脚手架除顶层外，立杆杆件接长时相邻杆件的对接接头不应设在同步内。相邻纵向水平杆的对接接头也不宜设置在同步或同跨内。扣件式钢管脚手架立杆的接长除顶层外均应采用对接接头。木脚手架立杆接头的搭接长度应跨过两根纵向水平杆，且不得小于1.5m。竹脚手架立杆接头的搭接长度应超过一个步距，且不得小于1.5m。

### 8.1.5.3 悬挑式脚手架

**1. 悬挑一层的脚手架**

1）悬挑架斜立杆的底部必须搁置在楼板、梁或墙体等建筑结构部位，并有固定措施。立杆与墙面的夹角不得大于30°，挑出墙外的宽度不得大于1.2m。斜立杆必须与建筑结构连接固定，不得与模板支架进行连接。斜立杆纵距不得大于1.5m，底部应设置扫地杆，并按不大于1.5m的步距设置纵向水平杆。

2）作业层除应按规定满铺脚手板和设置临边防护栏外，还应在脚手板下部悬挂一层平网，并在斜立杆里侧采用密目网封严。

**2. 悬挑多层的脚手架**

1）悬挑支承结构必须进行专门的设计计算，保证有足够的强度、稳定性和刚度，并能将脚手架的荷载传递给建筑结构。悬挑式脚手架的高度不得超过24m。

2）悬挑支承结构可采用悬挑梁或悬挑架等不同结构形式。悬挑梁应采用型钢制作，悬挑架则应采用型钢或钢管制作成三角形桁架，其节点必须是螺栓或焊接的刚性节点，不得采用扣件(或碗扣)连接。

3）支撑结构以上的脚手架应符合落地式脚手架的搭设规定，并按要求设置连墙件。脚手架立杆纵距不得大于1.5m，底部与悬挑结构必须进行可靠连接。

### 8.1.5.4 吊篮式脚手架

**1. 吊篮平台**

吊篮平台应经设计计算，并采用型钢、钢管制作，其节点应采用焊接或螺栓连接，不得将钢管与扣件(或碗扣)组装。吊篮平台的宽度宜为0.8～1.0m，长度不宜超过6m。当底板采用木板时，其厚度不得小于50mm；采用钢板时则应有防滑构造。吊篮平台四周应设置防护栏杆，除靠建筑物一侧的栏杆高度不应低于0.8m外，其余侧面栏杆的高度均不得低于1.2m。栏杆底部应设置高为180mm的挡脚板，上部应采用钢板网封严。吊篮应设置固定吊环，其位置距底部不应小于800mm。吊篮平台应在明显处标明最大使用荷载(人数)及注意事项。

**2. 悬挂结构**

悬挂结构应经设计计算，可制作成悬挑梁或悬挑架，尾端与建筑结构锚固连接；当采用压重方法平衡挑梁的倾覆力矩时，应确定压重的质量，并应有防止压重移位的锁紧装置。悬挂结构的抗倾覆性能应进行专门计算。悬挂结构的外伸长度应能保证悬挂平台的钢丝绳与地面呈垂直状态。挑梁与挑梁之间应采用纵向水平杆连成稳定的结构整体。

**3. 提升机构**

提升机构的设计计算应采用容许应力法，提升钢丝绳的安全系数不应小于10，提升机的安全系数不应小于2。提升机可采用手扳葫芦或电动葫芦，还应采用钢芯钢丝绳。手扳葫芦可用于单跨(两个吊点)的升降；当吊篮平台为多跨同时升降时，必须使用电动葫芦，且应有同步控制装置。

**4. 安全装置**

当使用手扳葫芦时，应装设防止吊篮平台发生自动下滑的闭锁装置。吊篮平台必须装设安全锁，并应在各吊篮平台悬挂处增设一根与提升钢丝绳相同型号的安全绳，每根安全绳上都应装设安全锁。当使用电动葫芦时，应在吊篮平台上、下两个方向装设对其上、下运行位置和对距离进行限定的行程限位器。电动提升机构宜配置两套独立的制动器，每套制动器均可使带有125%的额定荷载的吊篮平台停住。

吊篮式脚手架的吊篮安装完毕后，应以2倍的均布额定荷载进行检验平台和悬挂结构的强度及稳定性的试压试验。提升机构还应进行运行试验，包括空载、额定荷载、偏载及超载试验，同时应检验各安全装置并进行坠落试验。

**5. 吊篮式脚手架的其他规定**

吊篮式脚手架必须经设计计算，吊篮的升降应采用钢丝绳传动，钢丝绳上应装设安全锁等防护装置并经检验确认。严禁使用悬空吊椅进行高层建筑的外装修清洗等高处作业。

### 8.1.5.5 附着升降脚手架

**1. 计算方法**

附着升降脚手架的架体结构和附着支撑结构应按概率极限状态法进行设计计算；升降机构应按容许应力法进行设计计算。其荷载标准值应分别按使用、升降、坠落三种状况确定。

**2. 架体构造**

1）架体高度不应大于15m，宽度不应大于1.2m；架体构造的全高与支撑跨度的乘积不应大于110$m^2$。在升降和使用工况下，架体悬臂高度均不应大于6.0m和2/5的架体高度。

2）水平梁架应满足承载和架体整体作用的要求；采用焊接或螺栓连接的定型桁架梁式结构，不得采用钢管扣件、碗扣等脚手架连接方式。架体必须在附着支撑部位沿全高设置定型的竖向主框架，且应采用焊接或螺栓连接，并能使其与水平梁架和架体构造整体作用，不得采用钢管扣件或碗扣等脚手架杆件组装方式。架体外立面必须沿全高设置剪刀撑；悬挑端应与主框架设置对称斜拉杆；在架体遇塔吊、施工电梯、物料平台等设施而需断开处应采取加强构造措施。

**3. 附着支撑结构**

附着升降脚手架的附着支撑结构必须满足附着升降脚手架在各种情况下的支承、防倾和防坠落的承载力要求。在升降和使用工况下，应确保每一竖向主框架的附着支撑不得少于两套，且每一套均应能独立承受该跨全部的设计荷载和倾覆作用。

**4. 安全装置**

附着升降脚手架必须设置防倾装置、防坠落装置及整体(或多跨)同时升降作业的同步控制装置，并应符合下列几点规定：

1）防倾装置必须与建筑结构、附着支撑或竖向主框架可靠连接，且应采用螺栓连接，不得采用钢管扣件或碗扣连接；在升降和使用工况下，同一竖向平面内的防倾装置不得少于两处，两处的最小间距不得小于架体全高的1/3。

2）防坠落装置应设置在竖向主框架部位，且每一竖向主框架的提升设备处必须设置一个；防坠落装置与提升设备必须分别设置在两套互不影响的附着支撑结构上，当有一套失效时另一套必须能独立承担全部坠落荷载；防坠落装置还应有专门的能确保其工作可靠、有效的检查方法和管理措施。

3）当升降脚手架的吊点超过两个时，不得使用手搬葫芦，且必须装设同步控制装置。同步控制装置应能同时控制各提升设备之间的升降差和荷载值。同步控制装置还应具备超载报警、欠载报警和自动显示功能，在升降过程中，应显示各机位的实际荷载、平均高度、同步差，并自动调整相临机位同步差，将其控制在限定值内。

**5. 防护装置**

附着升降脚手架必须按要求采用密目式安全立网封闭严密，脚手板底部应采用平网及密目网双层网兜底，脚手板与建筑物的间隙不得大于200mm。单跨或多跨提升的脚手架，其两端断开处必须加设防护栏杆并用密目网封严。

**6. 检查验收**

附着升降脚手架组装完毕后应经检查、验收，确认合格后方可进行升降作业；每次升降到位且架体固定后，必须进行交接验收，确认符合要求后方可继续作业。

## 8.1.6 装饰装修工程安全技术

### 8.1.6.1 油漆涂料施工安全技术

**1. 配料**

在料房内及其附近均不得有火源，并要配备一定的消防设备。料房内的稀释剂和易燃涂料，必须妥善码放，切勿放在门口和人经常出入的地方。调配好的涂料，如放在大口铁桶内时，除应在涂料面上盖皮纸外，还必须用双层皮纸或塑料布盖住桶口，再用细绳勒紧，以防气体挥发。严禁明放、曝晒涂料。擦过清油、清漆、桐油等的棉丝、丝团、擦手布，不能随便乱丢，更不能堆在墙角处而又长期不进行处理，应注意防止其因发热而引起火灾。

**2. 操作**

1）施工操作人员，对使用的涂料的性能及安全措施应有基本的了解，并应在操作中严格执行劳动保护制度。施工现场要通风良好，如操作人员发现有头晕恶心等症状，就应立即离开施工地点，到空气新鲜的地方休息；情况严重者，应立即送往医院检查。

2）涂料大都是易燃品，故在施工现场要远离火源和清除直接火源。当挥发性气体浓度过高时，应绝对禁止吸烟和使用打火机、火柴取火。

3）使用机械操作时，事先应检查机械各部位，通过试运转确认完好后，才能正式操作。在工作结束后，要将机械清洗干净，妥善保管。喷涂场地的照明灯，应用玻璃罩保护，从而防止漆雾沾上灯泡而引起爆炸。

4）高空作业时，要戴好安全带，以防止跌落，脚手板要有足够的宽度，搭接处要牢靠。梯子竖立时，其角度(坡度)不能太大；使用高梯时，必须绑好安全绳、带，以防滑倒。

### 8.1.6.2 抹灰施工安全技术

1）室内抹灰使用的木凳、金属支架应搭设得平稳牢固。脚手板跨度不得大于2m，架子堆放的材料不得过于集中。粉刷阳台时，外侧必须挂设安全网，严禁踩踏脚手架的防护栏杆和阳台栏板进行操作。使用机械喷灰时，输浆管各部接口应严密不漏浆，输浆要按规定的压力进行，操作人员应佩戴防护用品。

2）饰面板安装时，应待灌浆凝固稳定后，方可拆去临时支撑。使用磨石机时，应戴上绝缘手套、穿上胶靴，电源线不得破皮以防止漏电。

3）使用人字梯或靠梯在光滑的地面上操作时，梯子下脚要绑麻布或胶皮并加拉结绳。脚手板不要放在最高一档上，脚手板两端的探头长度不得小于20cm，跳板净跨不得大于2m，同一跨度内的脚手板上不得同时站有两人操作。

4）用石灰水喷浆时，应在手、脸抹上凡士林或护肤膏，并戴上防护镜和口罩，以免灼伤皮肤。

## 8.1.7 高处作业安全技术

### 8.1.7.1 高处作业的概念

按照国家标准规定："凡在坠落高度基准面2m以上(含2m)有可能坠落的高处进行的作业称为高处作业。"其涵义有两个：一是相对概念，可能坠落的底面高度大于或等于2m，也就是说不论在单层、多层或高层建筑物还是在平地作业，只要作业处的侧面有可能导致人员坠落的坑、井、洞或空间，其高度达到2m及以上，就属于高处作业；二是高低差距标准定为2m，因为一般情况下，当人在2m以上的高度坠落时，就很可能会造成重伤、残废甚至死亡。

高处作业的级别可分为四级，即高处作业在2~5m时，为一级高处作业；在5~15m时，为二级高处作业；在15~30m时，为三级高处作业；在大于30m时，为特级高处作业。高处作业又分为一般高处作业和特殊高处作业，其中特殊高处作业又可分为以下八类：

1）在阵风风力六级(风速10.8m/s)以上的情况下进行的高处作业，称为强风高处作业。

2）在高温或低温环境下进行的高处作业，称为异温高处作业。

3）降雪时进行的高处作业，称为雪天高处作业。

4）降雨时进行的高处作业，称为雨天高处作业。

5）完全采用人工照明时进行的高处作业，称为夜间高处作业。

6）接近或接触带电体条件下进行的高处作业，称为带电高处作业。

7）在无立足点或无牢靠立足点的条件下进行的高处作业，称为悬空高处作业。

8）对突然发生的各种灾害事故进行抢救的高处作业，称为抢救高处作业。

一般高处作业是指除特殊高处作业以外的高处作业。高处作业的分级，以级别、类别和种类作标记。一般高处作业作标记时，应写明级别和种类；特殊高处作业作标记时，应写明级别和类别，种类可省略不写，如三级，一般高处作业；一级，强风高处作业；二级，异温高处作业。

### 8.1.7.2 高处作业时的安全防护技术措施

1）凡是进行高处作业施工时，均应使用脚手架、平台、梯子、防护围栏、挡脚板、安全带和安全网等。作业前应认真检查所用的安全设施是否牢固可靠。

2）凡从事高处作业的人员均应接受高处作业安全知识教育；特殊高处作业人员还应持证上岗，上岗前应依据有关规定进行专门的安全技术交底。采用新工艺、新技术、新材料和新设备时，应按规定对作业人员进行相关的安全技术教育。

3）高处作业人员应经过体检，合格后方可上岗。施工单位应为作业人员提供合格的安全帽、安全带等必备的个人安全防护用具，作业人员应按规定正确佩戴和使用。

4）施工单位应按类别，有针对性地将各类安全警示标志悬挂于施工现场的各相应部位，夜间还应设置红灯来示警。

5）高处作业所用的工具、材料严禁投掷，上下立体交叉作业确有需要投掷时，中间必须设置隔离设施。

6）高处作业应设置可靠扶梯，作业人员应沿着扶梯上下，不得沿着立杆与栏杆攀登。

7）在雨雪天应采取防滑措施，当风速在 10.8m/s 以上时和在雷电、暴雨、大雾等气候条件下，不得进行露天高处作业。

8）高处作业时上下应设置联系信号或通讯装置，并指定专人负责。

9）高处作业前，工程项目部应组织有关部门对安全防护设施进行验收，经验收合格签字后方可作业。需要临时拆除或变动安全设施时，应经项目技术负责人审批签字，并组织有关部门验收，经验收合格签字后方可实施。

## 8.1.8 临边、洞口作业安全技术

### 8.1.8.1 临边作业与洞口作业的概念

在建筑工程施工中，施工人员大部分时间在未完成的建筑物的各层各部位或构件的边缘或洞口处作业。临边与洞口的安全施工一般需要注意三个以下问题：

1）临边与洞口处在施工过程中是极易发生坠落事故的场合。

2）必须明确哪些场合属于规定的临边与洞口，在这些场合不得缺少安全防护设施。

3）必须严格遵守防护规定。

### 8.1.8.2 临边防护

在施工现场，当作业中工作面的边沿没有围护设施或围护设施的高度低于 80cm 时，这类作业称为临边作业。例如在沟、坑、槽边，深基础周边，楼层周边梯段侧边，平台或阳台边，屋面周边等。在进行临边作业时设置的安全防护设施主要为防护栏杆和安全网。下面主要介绍设置防护栏杆的一般规定与要求。

**1. 防护栏杆的设置场合**

防护栏杆的形式和构造较简单，所用材料也为施工现场所常用，不需专门采购，故可节省费用，更重要的是效果较好。以下三种情况必须设置防护栏杆：

1）基坑周边、尚未装设栏板的阳台、料台与各种平台周边、雨篷与挑檐边、无外脚手架的屋面及楼层边以及水箱与水塔周边等处，都必须设置防护栏杆。

2）分层施工的楼梯口和梯段边，必须安装临边防护栏杆；顶层楼梯口应随工程结构的进度安装正式栏杆或临时栏杆；梯段旁边亦应设置两道栏杆，作为临时护栏。

3）垂直运输设备如井架、施工用电梯等与建筑物相连接的通道两侧边，亦需加设防护

栏杆。栏杆的下部还必须加设挡脚板、挡脚竹笆或者金属网片。

**2. 防护栏杆的选材和构造要求**

临边防护所用的栏杆是由栏杆立柱和上下两道横杆组成的，上横杆称为扶手。栏杆的材料应按规范和标准的要求选择，选材时除需满足力学条件外，其规格尺寸和连接方式还应符合构造要求，要紧固而不动摇，能够承受突然冲击，阻挡人员在可能情况下的下跌和防止物料的坠落，还要有一定的耐久性。

搭设临边防护栏杆时，上杆离地高度应为1.0~1.2m，下杆离地高度应为0.5~0.6m，坡度大于1:2.2的屋面，防护栏杆高度应为1.5m，并应加设安全立网。除经设计计算外，横杆长度大于2m时，必须加设栏杆立柱。栏杆立柱的固定及其与横杆的连接以及其整体构造应使防护栏杆在上杆任何处，都能经受任何方向的大小为1 000N的外力。当栏杆所处位置有发生人群拥挤、车辆冲击或物件碰撞等可能时，应加大横杆截面或加密柱距。防护栏杆必须自上而下采用安全立网封闭。

栏杆立柱的固定应符合下列三点要求：

1）当在基坑四周固定时，可采用钢管并打入地下50~70cm深度处，钢管与边口的距离不应小于50cm；当基坑周边采用板桩时，钢管可打在板桩外侧。

2）当在混凝土楼面、屋面或墙面固定时，可采用预埋件与钢管或钢筋焊牢；采用竹、木栏杆时，可在预埋件上焊接30cm长的L50×5角钢，并在其上下各钻一孔，然后用直径为10mm的螺栓与竹、木杆件栓牢。

3）当在砖或砌块等砌体上固定时，可预先砌入规格相适应的80×6弯转扁钢作预埋铁的混凝土块，然后用上条方法固定。

**3. 防护栏杆的计算**

临边作业防护栏杆主要用于防止人员坠落，故应能够经受一定的撞击或冲击，在受力性能上应能经受1 000N的外力，所以除结构构造上应符合规定外，还应经过一定的计算，方能确保安全。防护栏杆的计算应纳入施工组织设计中。

### 8.1.8.3　洞口防护

施工现场的在建工程上往往存在着各式各样的洞口，在洞口旁的作业称为洞口作业。在水平方向的楼面、屋面、平台等上面，其短边边长小于25cm（大于2.5cm）的洞口称为孔，但也必须覆盖；等于或大于25cm的则称为洞。在垂直于楼面、地面的垂直面上，其高度小于75cm的洞口称为孔，高度不小于75cm或宽度大于45cm的均称为洞。凡深度在2m及2m以上的桩孔、人孔、沟槽与管道等孔洞边沿上的高处作业都属于洞口作业范围。如因特殊工序需要而产生使人与物有坠落危险及危及人身安全的各种洞口，都应该按洞口作业加以防护。

**1. 洞口防护类型**

洞口作业的防护措施，主要有设置防护栏杆、栅门、格栅及架设安全网等多种方式。不同情况下的防护设施主要有以下几点：

1）各种板与墙的洞口，按其大小和性质应分别设置牢固的盖板、防护栏杆、安全网或其他防坠落的防护设施。

2）电梯井口，应根据具体情况设置防护栏杆或固定栅门与工具式栅门，电梯井内每隔两层或最多10m设一道安全平网，也可以按当地习惯，在井口设置固定的格栅或砌筑坚实的矮墙等。

3）钢管桩、钻孔桩等桩孔口，柱型、条型等基础上口，未填土的坑、槽口，以及天窗、地板门和化粪池等处，都要作为洞口来采取符合规范的防护措施。

4）施工现场与场地通道附近的各类洞口和深度在2m以上的敞口等处，除应设置防护设施与安全标志外，夜间还应设置红灯来示警。

5）物料提升机的上料口，应装设有联锁装置的安全门，同时采用断绳保护装置或安全停靠装置；通道口走道板应平行于建筑物满铺并固定牢靠，两侧边应设置符合要求的防护栏杆和挡脚板，并采用密目式安全网封闭两侧。

**2. 洞口安全防护措施要求**

洞口作业时根据具体情况采取设置防护栏杆、加盖件、张挂安全网与装栅门等措施。

1）楼板面的洞口，可采用竹、木等作为盖板，盖住洞口。盖板应保持四周搁置均衡，并有固定位置的措施。

2）短边边长为50~150cm的洞口，必须设置由扣件扣接钢管而成的网络，并在其上满铺竹笆或脚手板；也可采用贯穿于混凝土板内的钢筋构成防护网，钢筋网络间距不得大于20cm。

3）边长在150cm以上的洞口，四周应装设防护栏杆，洞口下还应装设安全平网。

4）墙面等处的竖向洞口，凡落地的洞口应加装开关式、工具式或固定式的防护门，且门栅网络的间距不应大于15cm，也可采用防护栏杆，并下设挡脚板(笆)。

5）下边沿至楼板或底面低于80cm的窗台等竖向洞口，如侧边落差大于2m应加设高为1.2m的临时护栏。

**3. 洞口防护的构造要求**

一般来说，洞口防护的构造形式可分为以下三类：

1）洞口防护栏杆，通常采用钢管。

2）混凝土楼板，通常采用钢筋网片、利用结构钢筋或加密的钢筋网片等。

3）垂直方向的电梯井口与洞口，可设木栏门、铁栅门与各种开启式或固定式的防护门。

防护栏杆的力学计算和防护设施的构造形式应符合规范要求。

## 8.1.9 安全帽、安全带、安全网

进入施工现场必须戴安全帽，登高作业必须系安全带。建筑工人称安全帽、安全带、安全网为救命“三宝”。目前，这三种防护用品都有产品标准。在使用时，也应选择符合建筑施工要求的产品。

### 8.1.9.1 安全帽

当前安全帽的产品种类很多，制作安全帽的材料有塑料、玻璃钢、竹、藤等。无论选择哪种安全帽，都必须满足下列四点要求：

1）耐冲击。将安全帽在+50℃及-10℃的温度下或用水浸三种情况下处理后，将质量为5kg的钢锤自1m高处自由落下，冲击安全帽，最大冲击力不应超过500kg(5 000N或

5kN)，因为人体的颈椎只能承受5 000N冲击力，超过时就易受伤害。

2）耐穿透。根据安全帽的不同材质，可在+50℃及-10℃或用水浸三种方法处理后，用质量为3kg的钢锥自安全帽的上方1m高处自由落下，钢锥穿透安全帽，但不能碰到头皮。这就要求选择的安全帽在戴帽的情况下，帽衬顶端与帽壳内面的每一侧面的水平距离应保持在5~20mm之间。

3）耐低温性能良好。当在10℃以下的气温中，帽的耐冲击和耐穿透性能不改变。

4）侧向刚性应达到规范要求。

**8.1.9.2 安全带**

建筑施工中的攀登作业和独立悬空作业如搭设脚手架、吊装混凝土构件和钢构件及设备等，都属于高空作业，操作人员都应系安全带。

安全带应选用符合标准要求的合格产品。目前常用的是带单边护胸的安全带。在使用时要注意以下几点：

1）安全带应高挂低用，防止摆动和碰撞；安全带上的各种部件不得任意拆掉。

2）安全带使用两年以后，使用单位应按购进批量的大小，选择一定比例的数量，做一次抽检，即用80kg的砂袋做自由落体试验，若未破断可继续使用，但抽检后的样带应更换新的挂绳才能使用；若试验不合格则购进的这批安全带就应报废。

3）安全带外观有破损或发现有异味时，应立即更换。

4）安全带使用3~5年即应报废。

**8.1.9.3 安全网**

**1. 安全网的形式及性能**

目前，建筑工地所使用的安全网，按形式及其作用可分为平网和立网两种。由于这两种网在使用中的受力情况不同，因此它们的规格、尺寸和强度要求等也有所不同。平网，指其安装平面平行于水平面，主要用来承接人和物的坠落；立网，指其安装平面垂直于水平面，主要用来阻止人和物的坠落。

**2. 安全网的构造和材料**

安全网的材料，要求密度小、强度高、耐磨性好、延伸率大和耐久性较强，此外还应有一定的耐气候性能，受潮受湿后其强度下降不应太大。目前，安全网以化学纤维为主要材料。同一张安全网上所有的网绳，都要采用同一材料，所有材料的湿干强力比不得小于75%。通常采用维纶和尼龙等合成化纤作为网绳。丙纶由于性能不稳定而禁止使用。此外，只要符合国际有关规定的要求，亦可采用棉、麻、棕等植物材料作为原料。不论采用何种材料，每张安全平网的质量一般不宜超过15kg，并应能承受800N的冲击力。

**3. 密目式安全网**

自1999年5月1日，《建筑施工安全标准》(JGJ 59—1999)实施后，P3×6的大网眼的安全平网就只能在电梯井内、外脚手架的跳板下面、脚手架与墙体间的空隙等处使用。

密目式安全网的目数，规定网上任意一处10cm×10cm的面积上应大于2000目。目前，生产密目式安全网的厂家很多，品种也很多，产品质量也参差不齐，为了能使用合格的密目式安全网，施工单位应在采购以后做现场试验，除外观、尺寸、质量、目数等项检查外，还要做以下两项试验：

1）贯穿试验：将1.8m×6m的安全网与地面成30°的夹角放好，四边拉直固定，在距离网中心上方3m处，将一根$\phi$48mm×3.5mm的质量为5kg的钢管自由落下，网不贯穿即为合格，网贯穿即为不合格。

2）冲击试验：将密目式安全网水平放置，四边拉紧固定，在距离网中心上方1.5m处，将一个质量为100kg的砂袋自由落下，若网边撕裂的长度小于200mm，即为合格。

采用密目式安全网对在建工程的外围及外脚手架的外侧进行全封闭，就使得施工现场从用大网眼的平网作水平防护的敞开式防护、用栏杆或小网眼立网作防护的半封闭式防护，发展到了全封闭式防护。

【能力训练】

训练题目　施工过程的安全技术

(1) 目的　掌握施工过程的安全技术。

(2) 能力及标准要求　能够编写安全技术交底记录，指导现场安全施工。

(3) 准备　材料的准备，资料的准备。

(4) 步骤　熟悉各阶段安全施工技术的内容，对现场安全施工进行检查。

(5) 注意事项　结合实际情况确定检查方法。

(6) 讨论　施工技术与安全技术之间的关系。

# 课题2　施工机械与临时用电安全管理

## 8.2.1　施工机械设备的安全管理

### 8.2.1.1　中小型机械

各种施工机械运到施工现场后，必须经检查验收确认符合要求并挂上合格证后，方可使用。所有用电设备的金属外壳、基座除必须与PE线连接外，还必须在设备负荷线的首端处装设漏电保护器。对产生振动的设备，其金属基座、外壳与PE线的连接点不得少于两处。每台用电设备必须设置独立专用的开关箱，实行“一机一闸”并按设备的计算负荷设置相匹配的控制电器。各种设备应按规定装设符合要求的安全防护装置。作业人员必须按规定穿戴劳动保护用品。作业人员还应按机械保养规定做好各级保养工作，机械运转过程中不得进行维护保养。

**1. 手持式电动工具**

空气湿度小于75%的一般场所可选用Ⅰ类或Ⅱ类手持电动工具。若采用Ⅰ类手持式电动工具时，必须将其金属外壳与PE线连接，操作人员还应穿戴绝缘用品。手持式电动工具的负荷线应采用耐气候型的橡皮护套铜芯软电缆，且不得有接头。手持式砂轮等电动工具应按规定安装防护罩。

**2. 移动式电动机械**

移动式电动机械的扶手应有绝缘防护措施，负荷线应采用耐气候型的橡皮护套铜芯软电缆，操作人员必须按规定穿戴绝缘用品。潜水泵放入水中或提出水面时，必须先切断电源，严禁拉拽电缆或出水管。

**3. 固定式机械**

机械安装应稳定牢固，露天放置时应有防雨棚。开关箱与机械的水平距离不得超过 3m，其电源线路应穿管固定。操作时或分、合闸时应能看到机械各部位的工作情况。混凝土搅拌机作业时严禁将工具探入筒内扒料；维修或清洗前，必须切断电源并有专人监护；清理料坑时，必须用保险链将料斗锁牢。混凝土泵车作业前，应支牢支腿，周围应无障碍物，上面应无架空线路；混凝土浇筑人员不得在布料杆正下方作业；当布料杆呈全伸状态时，不得移动车身；施工超高层建筑时，应编制专项施工方案。钢筋冷拉机场地应设置防护栏杆及警告标志，卷扬机的设置位置应能使操作人员看清全部冷拉现场，并应能避免断筋伤及操作人员。木工平刨、电锯必须有符合要求的安全防护装置，严禁随意拆除，且操作人员必须是经培训的指定人员。严禁使用平刨和圆盘锯合用一台电动机的多功能机械。

**4. 机动翻斗车**

机动翻斗车司机应持有特种作业人员上岗合格证。行车时必须将料斗锁牢，严禁料斗内载人；在坑边卸料时，应设置安全挡块，接近坑边时应减速行驶；司机离机时，应将内燃机熄火，并挂档、拉紧手制动器。

### 8.2.1.2　焊接设备

**1. 电焊机**

电焊机露天放置时应有防雨设施。每台电焊机应有专用的开关箱，并使用断路器控制，一次侧应装设漏电保护器，二次侧应装设空载降压装置，焊机外壳应与 PE 线相连接。电焊机二次侧进行接地（接零）时，应将二次线圈与工件相接的一端接地（接零），不得将二次线圈与焊钳相接的一端接地（接零）。一次侧电源线长度不应超过 5m，且不应拖地，且与焊机接线柱连接牢固，接线柱上部应有防护罩。焊接电缆应使用防水型的橡皮护套多股铜芯软电缆，且应无接头，电缆经过通道和易受损伤的场所时必须采取保护措施。严禁使用脚手架、金属栏杆、钢筋等金属物搭接以代替导线使用。焊钳必须采用合格产品，手柄应有良好的绝缘和隔热性能，且应与电缆连接牢靠。严禁使用自制简易焊钳。焊工必须经培训合格后持证操作，并按规定穿工作服、绝缘鞋，戴手套及面罩。焊接场所应通风良好，不得有易燃、易爆物，否则应予以清除或采取防护措施。焊修其他机电设备时必须首先切断该机电设备的电源，并在暂时拆除该机电设备的 PE 线后，方可进行焊修。

若遇下列作业情况时应先切断电源，即改变焊机接头、更换焊件而改接二次回路、焊机转移作业地点、焊机检修、暂停工作或下班。

**2. 气焊设备**

（1）氧气瓶　氧气瓶应符合下列几点规定：

1）氧气瓶应有防护圈和安全帽，瓶阀不得粘有油脂，场内搬运时应采用专门的抬架或小推车，不得采用肩扛、高处滑下、地面滚动等方法搬运。

2）严禁氧气瓶和其他可燃气（如乙炔、液化石油等）瓶同车运输和在一起存放。

3）氧气瓶与明火距离应大于 10m，瓶内气体不得全部用尽，应留有 0.1MPa 以上的余压。

4）夏季应防止曝晒，冬季当瓶阀、减压器、回火防止器发生冻结时可采用热水解冻，严禁用火焰烘烤。

（2）乙炔瓶　乙炔瓶应符合下列几点规定：

1）气焊作业时应使用乙炔瓶，不得使用浮筒式乙炔罐。

2）乙炔瓶存放和使用时均必须立放，严禁卧放。

3）乙炔瓶的环境温度不得超过40℃，夏季应防止曝晒，冬季发生冻结时，应采用温水解冻。

（3）胶管　胶管应符合下列几点规定：

1）气焊、气割时应使用专用胶管，且不得通入其他气体和液体，两根胶管不得混用（氧气胶管为红色，乙炔胶管为黑色）。

2）胶管两端应卡紧，不得有漏气现象，出现折裂应及时更换，胶管应避免接触油脂。

3）操作中胶管发生燃烧时，应首先确定是哪根胶管，然后折叠断气通路、关闭阀门。

（4）安全装置　气焊设备安全装置应符合下列几点规定：

1）氧气瓶和乙炔瓶必须装有减压器，使用前应进行检查，不得有松动、漏气、油污等现象。工作结束时应先关闭瓶阀，放掉余气，表针应回零位，最后卸表妥善保管。

2）乙炔瓶必须安装回火防止器。当使用水封式回火防止器时，必须经常检查水位，每天更换清水，检查泄压装置是否保持灵活完好；当使用干式回火防止器时，应经常检查灭火管具并应防止气孔堵塞。当遇到回火爆破情况后，应检查装置，属于开启式应进行复位；属于泄压模式则应更换膜片。

（5）焊补工作　气焊设备在容器、管道的焊补工作应符合下列几点规定：

1）凡可以拆卸的，应进行拆卸，并移到安全区域作业。

2）设备管道停工后，应用盲板截断与其相连接的其他出入管道。

3）动火前，容器、管道必须彻底置换清洗；采用置换清洗时，应不断地从设备管道内外的不同地点采取空气样品作检验，对置换后的结果，必须以化学分析报告为准。

4）动火焊补时，应打开设备管道的所有人孔、清扫孔等孔盖。

5）进入设备管道内采用气焊作业时，点燃和熄灭焊枪均应在设备外部进行。

#### 8.2.1.3　垂直运输机械

**1. 一般规定**

1）各类垂直运输机械的安装及拆卸，应由具备相应承包资质的专业人员进行，其工作程序应严格按照原机械图样及说明书的规定，并应根据现场环境条件制定安全作业方案。

2）转移工地重新安装的垂直运输机械，在交付使用前，应按有关标准进行试验、检验，并对各安全装置的可靠度及灵敏度进行测试，确认符合要求后方可投入运行。试验资料应纳入该设备的安全技术档案。

3）起重机的基础必须能承受工作状态和非工作状态下的最大荷载，并应满足起重机稳定性的要求。

4）除按规定允许载人的施工升降机外，其他起重机严禁在提升和降落过程中载人。

5）起重机司机及信号指挥人员应经专业培训，考核合格并取得有关部门颁发的操作证后，方可上岗操作。

6）每班作业前，起重机司机应对制动器、钢丝绳及安全装置进行检查，并对各机构进行空载运转，发现不正常现象时，应予排除。起重机司机开机前，必须鸣铃示警。

7）必须按照垂直运输机械出厂说明书规定的技术性能、使用条件正确操作，严禁超载作业或扩大使用范围。

8）起重机处于工作状态时，严禁进行保养、维修及人工润滑作业。当需进行维修作业时，必须在醒目位置挂警示牌。

9）作业中起重机司机不得擅自离开岗位或交给非本机的司机操作。工作结束后应将所有控制手柄扳至零位，并断开主电源，锁好电箱。

10）维修更换的零部件应与原垂直运输机械零部件的材料、性能相同；外购件应有材质、性能说明书；材料代用不得降低原设计规定的要求；维修后，应按相关标准要求试验合格；机械维修资料应纳入该机械的设备档案。

**2. 塔式起重机**

（1）检查检验　塔式起重机必须是取得生产许可证的专业生产厂家生产的合格产品。使用塔式起重机时除需进行日常检查、保养外，还应按规定进行正常使用时的常规检验。

（2）安装与拆卸　塔式起重机安装与拆卸应符合下列四条规定：

1）塔式起重机的基础及轨道铺设，必须严格按照图样和说明书进行。塔式起重机安装前，应对路基及轨道进行检验，符合要求后，方可进行塔式起重机的安装。安装及拆卸作业前，必须认真研究作业方案，严格按照架设程序，分工负责，统一指挥。安装塔式起重机必须保证安装过程中各种状态下的稳定性，且必须使用专用螺栓，不得随意代用。

2）用旋转塔身的方法进行整体安装及拆卸时，应保证其自身的稳定性。详细规定架设程序与安全措施，对主、副地锚的埋设位置、受力性能以及钢丝绳穿绕、提升机构制动等均应进行检查，同时排除塔式起重机旋转过程中的障碍，确保塔式起重机旋转中途不停机。

3）塔式起重机附墙杆件的布置和间隔，应符合说明书的规定。当塔身与建筑物的水平距离大于说明书的规定时，应验算附着杆的稳定性，或重新设计、制作附着杆，并应经技术部门确认和主管部门验收。在塔式起重机未拆卸至允许悬臂高度前，严禁拆卸附墙杆件。

4）顶升作业时应遵守下列规定：液压系统应空载运转，并检查和排净系统内的空气；应按说明书的规定调整顶升套架滚轮与塔身标准节之间的间隙，使起重臂力矩与平衡臂力矩保持平衡以符合说明书的要求，并将回转机构制动住；顶升作业时应随时监视液压系统的压力及套架与标准节之间的滚轮间隙；顶升过程中严禁起重机回转和其他作业；顶升作业应在白天进行，风力在四级及以上时必须立即停止，并应紧固上、下塔身的连接螺栓。

（3）安全装置　塔式起重机必须按照现行国家标准《塔式起重机安全规程》及说明书的规定，安装起重力矩限制器、起重量限制器、幅度限制器、起升高度限制器、回转限制器、行走限位开关及夹轨器等安全装置。

（4）操作使用　塔式起重机的操作使用应符合下列几条规定：

1）塔式起重机作业前，应检查轨道并清理障碍物；检查金属结构、连接螺栓及钢丝绳的磨损情况；送电前，各控制器手柄应在零位，并应进行空载运转，试验各机构及安全装置应确认正常。

2）塔式起重机作业时严禁超载、斜拉和起吊埋在地下等不明重量的物件。

3）吊运散装物件时，应制作专用的吊笼或容器，并应保障在吊运过程中物料不会脱落；吊笼或容器在使用前应按允许承载能力的两倍荷载进行试验，使用中还应定期进行检查。

4）吊运多根钢管、钢筋等细长材料时，必须确认吊索绑扎牢靠，防止吊运过程中吊索滑移而使物料散落。

5）两台及两台以上塔式起重机之间的任何部位（包括吊物）的距离不应小于2m，当不能满足要求时，应采取调整相临塔式起重机的工作高度、加设行程限位、回转限位装置等措施，并制定交叉作业的操作规程。

6）塔式起重机在弯道上不得进行吊装作业或吊物行走。

7）轨道式塔式起重机的供电电缆不得拖地行走；沿塔身垂直悬挂的电缆，应使用不被电缆自重拉伤和磨损的可靠装置悬挂。

8）作业完毕后，塔式起重机应停放在轨道中间位置，起重臂应转到顺风方向，并应松开回转制动器，起重小车及平衡重应置于非工作状态。

**3. 施工升降机（人货两用电梯）**

（1）安装与拆卸　施工升降机的安装与拆卸应符合下列几条规定：

1）施工升降机处于安装工况时，应按照现行国家标准《施工升降机检验规则》（GB 10053—1996）及说明书的规定，依次进行不少于两节导轨架标准节的接高试验。

2）施工升降机导轨架接高标准节的同时，必须按说明书的规定进行附墙连接，导轨架顶部悬臂部分不得超过说明书中规定的高度。

3）施工升降机的吊笼与吊杆不得同时使用。吊笼顶部应装设安全开关，当人员在吊笼顶部作业时，安全开关应处于吊笼不能启动的断路状态。

4）有对重的施工升降机在安装或拆卸过程中若吊笼处于无对重运行时，应严格控制吊笼内的荷载及避免超速刹车。

5）施工升降机安装或拆卸导轨架作业不得与铺设或拆除各层通道作业上下同时进行。当搭设或拆除楼层通道时，吊笼严禁运行。

6）施工升降机拆卸前，应对各机构、制动器及附墙进行检查，确认正常后，方可进行拆卸工作。

（2）安全防护装置　按照现行国家标准《施工升降机安全规则》及说明书的规定，施工升降机应安装限速器、安全钩、制动器、限位开关、笼门联锁装置、停层门（或停层栏杆）、底层防护栏杆、缓冲装置、地面出入口防护棚等安全防护装置。

（3）坠落试验　凡新安装的施工升降机，应进行额定荷载下的坠落试验。正在使用的施工升降机，应按说明书规定的时间（至少每3个月）进行一次额定荷载下的坠落试验。

（4）操作使用　施工升降机的操作使用应符合下列几条规定：

1）每班使用前，应对施工升降机的金属结构、导轨接头、吊笼、电源、控制开关、联锁装置等进行检查，并进行空载运行试验及检验制动器的可靠度。

2）施工升降机的额定荷载试验在每班首次载重运行时进行，应从最低层开始上升，不得自上而下运行，当吊笼升高至距离地面1～2m时则停机，以检验制动器的可靠性。

3）施工升降机的吊笼进门明显处必须标明限载重量和允许乘人数量，司机必须在核定后，方可运行，严禁超载运行。

4）施工升降机的司机应按指挥信号操作，作业前应鸣声示意。司机离机前，必须将吊笼降到底层，并切断电源，锁好电箱。

5）施工升降机的防坠安全器，不得任意拆检调整，应按规定的期限，由生产厂家或指定的认可单位进行鉴定或检修。

## 8.2.2 施工临时用电安全要求

### 8.2.2.1 一般规定

1）施工用电设备数量在5台及以上，或用电设备容量在50kW及以上时，应编制用电施工组织设计，并经企业技术负责人审核。

2）施工用电应建立用电安全技术档案，定期经项目负责人检验签字。

3）施工现场应定期对电工和用电人员进行安全用电教育培训和技术交底。

4）施工用电应定期检测。

### 8.2.2.2 用电环境

**1. 与外电架空线路的安全距离**

在建工程不得在高、低压线路下方施工和搭设作业棚、生活设施以及堆放构件、材料等。在架空线路一侧施工时，在建工程应与架空线路的边线之间保持安全操作距离，且安全操作距离不得小于表8-4中规定的数值。

**表8-4 最小安全操作距离**

| 架空线路电压等级/kV | <1 | 1~10 | 35~110 | 220 | 330~500 |
| --- | --- | --- | --- | --- | --- |
| 最小安全操作距离/m | 4 | 6 | 8 | 10 | 15 |

注：上、下脚手架的斜道不宜设在有外电线路的一侧；起重机的任何部位或被吊物边缘与电压等级在10kV以下的架空线路边缘的最小水平距离不得小于2m。

**2. 对外电架空线路的防护**

若施工现场不能满足表8-4中规定的最小距离时，则必须按现行行业规范的规定来搭设防护设施并设置警告标志。在架空线路一侧或上方搭设或拆除防护屏障等设施时，必须在停电后作业，并设监护人员。

**3. 对易燃、易爆物和腐蚀介质的防护**

电气设备周围应无可能导致电气火灾的易燃、易爆物和导致绝缘损坏的腐蚀介质，否则应予清除或做防护处理。

**4. 对机械伤害的防护**

电气设备设置场所应能避免物体打击、撞击等机械伤害，否则应做防护处理。

**5. 雷电防护**

施工现场内的施工升降机、钢管脚手架等金属设施，若在相邻建筑物、构筑物的防雷装置的保护范围以外时，应按有关规定安装防雷装置。

防雷装置的避雷针（接闪器）可采用$\phi$20钢筋，长度应为1~2m；当利用金属构架作为引下线时，应保证构架之间的电气连接；防雷装置的冲击接地电阻值不得大于30Ω。

### 8.2.2.3 接地、接零

**1. 施工用电基本保护系统**

施工用电应采用中性点直接接地的380V/220V三相五线制低压电力系统，其保护方式应符合下列规定：施工现场由专用变压器供电时，应将变压器低压侧的中性点直接接地，并采用TN—S接零保护系统；施工现场由专用发电机供电时，必须将发电机的中性点直接接地，并采用TN—S接零保护系统，且应独立设置；施工现场直接由市电（电力部门变压器）等非专用变压器供电时，其基本接地、接零方式应与原有市电供电系统保持一致；在同一供电系统中，不得一部分设备作接零保护，另一部分设备作接地保护。

在供电端为三相五线供电的接零保护（TN）系统中，应将进户处的中性线（N线）重复接地，并同时由接地点另引出保护零线（PE线），形成局部TN—S接零保护系统。

**2. 施工用电保护接零与重复接地**

在接零保护系统中，电气设备的金属外壳必须与保护零线（PE线）连接。保护零线应符合下列规定：保护零线应由专用变压器、发电机中性点处或配电室、总配电箱进线处的中性线（N线）上引出；保护零线的统一标志为绿/黄双色绝缘导线，在任何情况下不得使用绿/黄双色线作为负荷线；保护零线（PE线）必须与工作零线（N线）相隔离，严禁保护零线与工作零线混接、混用；保护零线上不得装设控制开关或熔断器；保护零线的截面不应小于对应工作零线的截面；与电气设备相连接的保护零线截面不应小于2.5$mm^2$的多股绝缘铜线；保护零线的重复接地点不得少于三处，且应分别设置在配电室或总配电箱处，以及配电线路的中间处和末端处。

**3. 施工用电接地电阻**

电力变压器或发电机的工作接地电阻值不应大于4Ω。在TN接零保护系统中，重复接地应与保护零线连接，每处重复接地电阻值不应大于10Ω。

**4. 施工用电配电室**

配电室应靠近电源和接近负荷中心，还应便于线路的引入和引出，并有防止雨雪和小动物出入的措施。配电柜应符合下列要求：柜两端应作接地（接零）保护；柜应作名称、用途、分路标记；柜上不得直接挂接其他临时用电设备；柜或线路维修时应挂有停电标志牌；停、送电必须由专人负责，停止作业时应断电上锁。

**5. 施工用电自备电源**

发电机组电源应与外电线路联锁，严禁并列运行；发电机组应采用三相四线制中性点直接接地系统，并应独立设置，与外电源隔离。

### 8.2.2.4 配电线路

**1. 施工用电架空线路敷设**

架空线路应采用绝缘导线，并利用横担和绝缘子架设在专用电杆上；架空导线截面应满足计算负荷、线路末端电压偏移（不大于5%）和机械强度要求；架空敷设杆距不应大于35m，线间距离不应小于0.3m。

架空线敷设高度应满足下列要求：距施工现场地面不小于4m；距机动车道不小于6m；距铁路轨道不小于7.5m；距暂设工程和地面堆放物顶端不小于2.5m；距0.4kV交叉电力线

路不小于1.2m，距10kV交叉电力线路不小于2.5m。

架空线路敷设的相序排列应满足下列要求：单横担架设时，应面向负荷侧，从左起为L1、N、L2、L3、PE；双横担架设时，应面向负荷侧，上横担从左起为L1、L2、L3，下横担从左起为L1、(L2、L3)N、PE。

**2. 施工用电电缆线路**

电缆线路应采用埋地或架空敷设，不得沿地面明设。埋地敷设深度不应小于0.6m，并应覆盖硬质保护层，且在穿越建筑物、道路等易受损伤的场所时，应另加防护套管；架空敷设时，应沿墙或电杆作绝缘固定，电缆最大弧垂处距离地面不得小于2.5m。在建工程内的电缆线路应采用电缆埋地穿管引入，并沿工程竖井、垂直孔洞逐层固定，电缆水平敷设高度不应小于1.8m。

#### 8.2.2.5 配电箱及开关箱

施工用电应实行三级配电，即设置总配电箱或室内总配电柜、分配电箱、开关箱三级配电装置。开关箱以下应为用电设备。

施工用电的动力配电与照明配电宜分箱设置，当合置在同一箱内时，动力与照明配电应分路设置。

施工用电的配电箱、开关箱应采用铁板(厚度为1.2~2.0mm)或阻燃绝缘材料制作。不得使用木质的配电箱、开关箱及木质电器安装板。

施工用电的配电箱、开关箱应装设在干燥、通风、无外来物体撞击的地方，其周围应有足够二人同时工作的空间和通道。

施工用电的移动式配电箱、开关箱应装设在坚固的支架上，严禁在地面上拖拉。

施工用电的开关箱应实行“一机一闸”制，不得设置分路开关。

施工用电的配电箱、开关箱中应装设电源隔离开关、短路保护器、过载保护器，其额定值和动作整定值应与其负荷相适应。总配电箱、开关柜中还应装设漏电保护器。

施工用电的漏电保护器的额定漏电动作参数选择应符合下列规定：在开关箱(末级)内的漏电保护器，其额定漏电动作电流不应大于30mA，额定漏电动作时间不应大于0.1s；使用于潮湿场所时，其额定漏电动作电流不应大于15mA，额定漏电动作时间不应大于0.1s；总配电箱内的漏电保护器，其额定漏电动作电流应大于30mA，额定漏电动作时间应大于0.1s，但其额定漏电动作电流(I)与额定漏电动作时间(t)的乘积不应大于30mA·s($I \cdot t \leq 30mA \cdot s$)。

#### 8.2.2.6 照明

施工照明供电电压应符合下列规定：一般场所，照明电压应为220V；隧道、人防工程以及高温、有导电粉尘和狭窄的场所，照明电压不应大于36V；潮湿和易触及照明线路的场所，照明电压不应大于24V；特别潮湿、导电良好的地面、锅炉或金属容器内，照明电压不应大于12V；行灯电压不应大于36V。

施工用电照明变压器必须为隔离双绕组型，严禁使用自耦变压器。

施工照明室外灯具距离地面不得小于3m，室内灯具距离地面不得小于2.5m。

施工照明使用220V碘钨灯时应固定安装，其高度不应低于3m，距离易燃物不得小于500mm，且不得直接照射易燃物，不得将220V碘钨灯作为移动照明。

施工用电照明器具的形式和防护等级应与环境条件相适应。

需要夜间或暗处施工的场所，必须配置应急照明电源。

夜间可能影响行人、车辆、飞机等安全通行的施工部位或设施、设备，必须设置红色警戒照明。

## 8.2.3 施工临时用电设施检查与验收

施工临时用电设施检查与验收可根据施工临时用电安全要求进行检查，检查时可参考施工用电检查评分表，见表8-5。

**表 8-5 施工用电检查评分表**

| 序号 | 检查项目 | | 扣分标准 | 应得分数 | 扣减 | 实得 |
|---|---|---|---|---|---|---|
| 1 | 保证项目 | 外电防护 | 小于安全距离又无防护措施的扣20分；防护措施不符合要求且封闭不严的扣5~10分 | 20 | | |
| 2 | 保证项目 | 接地与接零保护系统 | 工作接地与重复接地不符合要求的扣7~10分；未采用TN—S系统的扣10分；专用保护零线设置不符合要求的扣5~8分；保护零线与工作零线混接的扣10分 | 10 | | |
| 3 | 保证项目 | 配电箱、开关箱 | 不符合“三级配电、两级保护”要求的扣10分；开关箱（末级）无漏电保护或保护器失灵的每一处扣5分；漏电保护装置参数不匹配的每发现一处扣2分；电箱内无隔离开关的每一处扣2分；违反“一机、一闸、一箱”的每一处扣5~7分；安装位置不当、周围杂物多等不便操作的每一处扣5分；闸具损坏、闸具不符合要求的每一处扣5分；配电箱内多路配电无标记的每一处扣2分；电箱无门、无锁、无防雨措施的每一处扣2分 | 20 | | |
| 4 | 保证项目 | 现场照明 | 照明专用回路无漏电保护的扣5分；灯具金属外壳未作接零保护的每1处扣2分；室内线路及灯具安装高度低于2.4m且未使用安全电压供电的扣10分；潮湿作业且未使用36V以下安全电压的扣10分；使用36V安全电压且照明线路混乱和接头处未用绝缘布包扎的扣5分；手持照明灯未使用36V及以下电源供电的扣10分 | 10 | | |
| 5 | 保证项目 | 配电线路 | 电线老化、破皮未包扎的每一处扣10分；线路过道无保护的每一处扣5分；电杆、横担不符合要求的扣5分；架空线路不符合要求的扣7~10分；未使用五芯线（电缆）的扣10分；使用四芯电缆外加一根线替代五芯电缆的扣10分；电缆架设或埋设不符合要求的扣7~10分 | 15 | | |
| 6 | 一般项目 | 电器装置 | 闸具、熔断器参数与设备容量不匹配且安装不合要求的每一处扣3分；用其他金属丝代替熔丝的扣10分 | 10 | | |
| 7 | 一般项目 | 变配电装置 | 不符合安全规定的扣3分 | 5 | | |
| 8 | 一般项目 | 用电档案 | 无专项用电施工组织设计的扣10分；无地极阻值摇测记录的扣4分；无电工巡视维修记录或填写不真实的扣4分；档案乱、内容不全、无专人管理的扣3分 | 10 | | |
| 检查项目合计 | | | | 100 | | |

注：1. 每项最多扣减分数不大于该项应得分数。

2. 保证项目有一项不得分或保证项目小计得分不足40分的，检查评分表计零分。

3. 项目得分 $=\frac{\text{实查项目实得分值之和}}{\text{实查项目应得分值之和}}\times100\%$。

【能力训练】

训练题目 施工机械和临时用电安全管理

(1) 目的 掌握施工机械和临时用电安全管理。

(2) 能力及标准要求 能够进行施工机械验收和现场用电验收。

(3) 准备 材料的准备，资料的准备。

(4) 步骤 熟悉所用机械设备和现场临时用电的内容。

(5) 注意事项 结合实际情况确定检查方法。

(6) 讨论 如何编制临时用电的施工组织设计。

# 课题3 施工防火安全要求

## 8.3.1 施工现场防火安全要求

### 8.3.1.1 施工现场平面布置的防火要求

**1. 防火间距要求**

施工现场要明确划分出禁火作业区(易燃、可燃材料的堆放场地)、仓库区(易燃废料的堆放区)和现场生活区。各区域之间一定要有可靠的防火间距，具体要求为以下几点：

1）禁火作业区距离生活区应不小于15m，距离其他区域应不小于25m。

2）易燃、可燃材料的堆料场及仓库距离正在修建的建筑物和其他区域应不小于20m。

3）易燃废品的集中场地距离修建的建筑物和其他区域应不小于30m。

4）防火间距内，不应堆放易燃、可燃材料。

**2. 现场道路及消防要求**

施工现场的道路，夜间要有足够的照明设备。禁止在高压架空电线下面搭设临时性建筑物或堆放可燃材料。

施工现场必须设立消防车通道，其宽度应不小于3.5m，并且在工程施工的任何阶段都必须通行无阻，施工现场的消防水源处，还要筑有消防车能驶入的道路，如果不可能修建通道时，应在水源(池)一边铺砌停车和回车空地。

建筑工地要设有足够的消防水源(给水管道或蓄水池)，对有消防给水管道设计的工程，应在建筑施工时先敷设好室外消防给水管道与消火栓。

临时性建筑物、仓库以及正在修建的建(构)筑物的道路旁，都应该配置适当种类和一定数量的灭火器，并布置在明显和便于取用的地点。冬期施工还应对消防水池、消火栓和灭火器等做好防冻工作。

**3. 临时设施要求**

作业棚和临时生活设施的规划和搭建，必须符合下列几点要求：

1）临时生活设施应尽可能搭建在距离正在修建的建筑物20m以外的地区，禁止搭设在高压架空电线的下面，距离高压架空电线的水平距离不应小于6m。

2）临时宿舍与厨房、锅炉房、变电所和汽车库之间的防火距离应不小于15m。

3）临时宿舍等生活设施，距离铁路的中心线以及小量易燃品贮藏室的间距应不小于30m。

4）临时宿舍距离火灾危险性大的生产场所不得小于30m。

5）为贮存大量的易燃物品、油料、炸药等所修建的临时仓库，与永久工程或临时宿舍之间的防火间距应根据所贮存的数量，按照有关规定来确定。

6）在独立的场地上修建成批的临时宿舍时，应当分组布置，每组最多不超过二幢，组与组之间的防火距离，在城市市区应不小于20m，在农村应不小于10m。作为临时宿舍的简易楼房的层高应当控制在两层以内，且每层应当设置两个安全通道。

7）生产工棚包括仓库，无论有无用火作业或取暖设备，室内最低高度一般不应小于2.8m，其门的宽度要大于1.2m，并且要双扇向外。

#### 8.3.1.2 施工现场防火要求

建筑施工现场的防火管理内容如下几点所示：

1）施工单位必须按照已批准的设计图样和施工方案组织进行施工，有关的防火安全措施不得擅自改动。凡有建筑自动消防设施的建筑工程，在工程竣工后，施工安装单位必须委托具备资格的建筑消防设施检测单位进行技术测试，并取得建筑消防设施技术测试报告。

2）建立健全建筑工地的安全防火责任制度，贯彻执行现行的工地防火规章制度。建筑施工现场的管理人员要加强法制观念。每个建筑工地都应成立防火领导小组，各项安全防火规章和制度也要书写上墙。要加强施工现场的安全保卫工作（建筑工地周边都应设立围挡，其高度应不小于1.8~2.4m），较大的工程要设专职保卫人员。禁止非工地人员进入施工现场。公事人员若进入现场要进行登记，且需有人接待，并告知工地的防火制度。节假日期间值班人员应当昼夜巡逻。

3）建筑工地要认真执行“三清、五好”管理制度。尤其对木制品的刨花、锯末、料头、防火油毡纸头、沥青以及冬期施工的草袋子、稻壳子、苇席子等保温材料要随干随清，做到工完场清。各类材料都要码放成垛，整齐堆放。

4）临时工、合同工等各类新工人进入施工现场时，都要进行防火安全教育和防火知识的学习，经考试合格后方能上岗工作。

5）建筑工地都必须制定防火安全措施，并及时向有关人员、作业班组交底落实，做好生产、生活用火的管理。

### 8.3.2 特殊工种防火

建筑工程是一个多工种配合和立体交叉混合作业的施工现场。建筑施工过程中若干工种的施工作业，都应当注意防火安全。

#### 8.3.2.1 建筑焊工的防火安全要求

电气焊是利用电能或化学能转变为热能从而对金属进行加热的熔接方法。焊接或切割的基本特点是高温、高压、易燃、易爆。

**1. 电、气焊作业**

电、气焊作业时必须注意以下几个方面的问题：

1）气焊设备的防火、防爆要求。氧气瓶与乙炔瓶是气焊工艺的主要设备，属于易燃、易爆的压力容器。乙炔瓶应安装回火防止器，以防止氧气倒回而发生事故。乙炔瓶应放置在距离明火至少10m以外的地方，严禁倒放。焊、割作业时，乙炔瓶和氧气瓶两者使用的距离不得小于5m。氧气瓶、乙炔瓶不得放置在高压线下面或在太阳下曝晒。

2）每天操作前都必须进行认真的检查。尤其是冬季施工完毕后，要及时将乙炔瓶和氧气瓶送回存放处，并采取一定的防冻措施，以免冻结。如果冻结，严禁用明火烘烤。作业时焊炬要根据金属材料的材质、形状，确定焊炬与金属的距离，不要距离太近，以防喷嘴太热，引起焊炬内自燃回火。在点火前要检查焊炬是否正常，其方法是检查焊炬的吸力，若开了氧气而乙炔管毫无吸力，则焊炬不能使用，必须及时修复。

3）电焊设备的防火、防爆要求。电焊机是电弧焊工艺的主要设备，各种电焊机都应该在额定的电压下使用，旋转式直流电焊机应配备足够容量的磁力起动开关，不得使用闸刀开关直接起动。电焊机应有良好的隔离防护装置，电焊机的绝缘电阻不得小于1MΩ。电焊机的接线柱、接线孔等应装在绝缘板上，并有防护罩保护。电焊机应放置在避雨干燥的地方，不准与易燃、易爆的物品或容器混放在一起。室内焊接时，电焊机的位置、线路敷设和操作地点的选择应符合防火安全要求，作业前必须进行检查，焊接导线要有足够的截面。严禁将焊接导线搭在氧气瓶、乙炔瓶、发生器、煤气、液化气等易燃、易爆设备上，电焊导线中间不应有接头，如果必须设有接头，其接头处要远离易燃、易爆物10m以外。

**2. 不允许焊接的情况**

在有类似下述几点情况而又没有采取相应的安全措施时，不允许进行焊接。

1）制作、加工和贮存易燃、易爆危险物品的房间内，贮存易燃、易爆物品的贮罐和容器。

2）带电设备。

3）刚涂过油漆的建筑构件或设备。

4）盛过易燃液体而没有进行彻底清洗处理的容器。

**3. 电、气焊作业过程中的防火要求**

电、气焊作业前要明确作业任务，认真了解作业环境，确定出动火的危险区域，并立出明显标志，危险区内的一切易燃、易爆物品都必须移走。对不能移走的可燃物，要采取可靠的防护措施。尤其在刮风天气，要注意风力的大小和风向的变化，防止风力把火星吹到附近的易燃物上，必要时应派人监护。

**4. “十不烧”规定**

施工现场的焊、割作业，必须符合防火要求，严格执行“十不烧”的规定。

1）焊工必须持证上岗，无证者不准进行焊、割作业。

2）属于一、二、三级动火范围的焊、割作业，若未经办理动火审批手续，不准进行焊、割。

3）焊工若不了解焊、割现场周围的情况，不得进行焊、割。

4）焊工若不了解焊件内部是否有易燃、易爆物品时，不得进行焊、割。

5）各种装过可燃气体、易燃液体和有毒物质的容器，若未经彻底清洗或未排除危险之前，不准进行焊、割。

6）采用可燃材料作为保温层、冷却层和隔声、隔热设备的部位，或火星能飞溅到的地方，在未采取切实可靠的安全措施之前，不准焊、割。

7）有压力或密闭的管道、容器，不准焊、割。

8）焊、割部位附近有易燃、易爆物品，在未作清理或未采取有效的安全防护措施前，不准焊、割。

9）附近有与明火作业相抵触的工种在作业时，不准焊、割。

10）与外单位相连的部位，在没有弄清有无险情或明知存在危险而未采取有效的措施之前，不准焊、割。

#### 8.3.2.2 建筑木工的防火安全要求

建筑工地的木工作业场所要严禁动用明火，工人吸烟要到休息室。工作场地和个人工具箱内要严禁存放油料和易燃、易爆物品。要经常对工作间内的电气设备及线路进行检查，若发现短路、电气打火和线路绝缘老化破损等情况要及时找电工维修。电锯、电刨子等木工设备在作业时，应注意勿使刨花、锯末等物将电机盖上。熬水胶使用的炉子，应设在单独房间里，用后要立即熄灭。

木工作业要严格执行建筑安全操作规程，完工后必须做到现场清理干净、剩下的木料堆放整齐，锯末、刨花要堆放在指定的地点，并且不能在现场存放时间过长，防止其自燃起火。

#### 8.3.2.3 建筑电工的防火安全要求

**1. 预防短路造成火灾的措施**

施工现场架设或使用的临时用电线路，当发生故障或过载时，就会造成电气失火。由于短路时电流突然增大，从而导致发热量很大，不仅能使绝缘材料燃烧，而且能使金属熔化，产生火花引起邻近的易燃、可燃物质燃烧而造成火灾。

建筑工地形成电气短路的主要原因为没有按具体环境选用导线、导线受损、线芯裸露维修不及时、导线受潮绝缘被击穿、安错线等。

预防电气短路的措施有：建筑工地临时线路都必须使用护套线，导线绝缘必须符合电路电压要求；导线与导线、导线与墙壁和顶棚之间应有符合规定的间距；线路上要安装合适的熔断丝和漏电断路器。

**2. 预防过负荷造成火灾的措施**

根据负荷合理选用导线截面。不得随意在线路上接入过多负载。要定期检查线路负荷的增减情况，并按实际情况去掉过多的电气设备或另增线路，或者根据生产程序和需要，采取先控制后使用的方法，把用电时间错开。

**3. 预防产生电火花和电弧的措施**

产生火花和电弧的原因主要是发生电气短路、开关通断、保险丝熔断、带电维修等。

预防措施有：裸导线间或导体与接地体间应保持足够的距离；保持导线支持物良好完整，防止布线过松(导线连接要牢固)；经常检查导线的绝缘电阻，保持绝缘的强度和完整；保险器或开关应装在不燃的基座上，并用不燃箱盒保护；不应带电安装和修理电气设备。

另外，在进行室内装修时，安装电气线路一定要注意以下问题：顶棚内的电气线路穿线必须为镀锌铁管，施工安装时必须焊接固定在棚内；造型顶棚采用金属软管穿线时，要作接地保护，或者穿四根线其中一根作接地处理，以防止金属外皮产生感应电而引起火灾。

凡电器接头都必须采用焊锡相连接，并且应合乎规范要求。

电源一般是三相的线制，但由于装修电气闭路特别多，这些回路均为单相，都要连接在三相四线制的电源中，并且三相电路都必须平衡，各个回路容量皆应相等，否则火灾危险性很大，所以在电源回路安装完毕后，根据施工规程的要求，一定要对各回路的负荷电流表进行测试和调整，使三相线路保持平衡。

在旧建筑物室内进行装修时，要重新设计线路的走向和电气设备的容量。

#### 8.3.2.4 油漆工的防火安全要求

油漆作业所使用的材料都是易燃、易爆的化学材料。因此，无论是在油漆的作业场地还是临时存放的库房，都要严禁动用明火。室内作业时，一定要有良好的通风条件，照明电气设备必须使用防爆灯头，禁止穿钉子鞋出入现场，严禁吸烟，周围的动火作业要距离10m以外。

#### 8.3.2.5 防腐蚀作业的防火安全要求

凡有酸、碱长期腐蚀的工业建筑与其他建筑，都必须进行防腐处理，如工业电镀厂房、化工厂房等。目前采用的防腐蚀方法所使用的材料，多数都为易燃、易爆的化学高分子材料，如环氧树脂、酚醛树脂、硫磺类、沥青类、煤焦油等，而固化剂多为乙二胺、丙酮、酒精等。

1）硫磺的熬制、储存与施工。硫磺熬制时要严格控制温度，当发现冒蒸烟时要立即撤火降温，如果局部燃烧要采用石英粉灭火。当贮存、运输和施工时严禁与木炭、硝石相混，且要远离明火。

2）树脂类。树脂类防腐蚀材料施工时要避开高温，不要长时间置于太阳下曝晒。作业场地和储存库都要远离明火，储存库要阴凉通风。

3）固化剂乙二胺。乙二胺是树脂类常用的固化剂，这种材料遇火种、高温和氧化剂时都有燃烧的危险，与醋酸、二硫化碳、氯磺酸、盐酸、硝酸、硫酸、过氧酸银等发生反应时非常剧烈。因此，在储运、施工时要注意以下问题：应贮存在阴凉通风的仓库内，并远离火种、热源；应与酸类、氧化剂隔离堆放；搬运时要轻装轻卸，防止破损；一旦发生火灾，要用泡沫、二氧化碳、干粉、砂土和雾状水扑灭。

乙二胺是一种挥发性很强的化学物质，当明露时通常冒黄烟，并发出有毒、有刺激性的气味，当在空气中挥发到一定浓度时，遇明火会有爆炸危险。乙二胺、丙酮、酒精能溶于或稀释多种化学品，并能挥发而产生大量易燃气体。因此，施工时使用油漆或涂料时，用多少就倒多少，而且要马上使用，不要让明露放置时间过长，剩下的要及时倒回原容器中；贮存、运输时一定将盖盖好，不能漏气；操作工人作业时严禁烟火，注意通风；若长时间接触，工人要戴防毒面具，切忌接触皮肤，如果接触皮肤后要马上用清水洗净。

### 8.3.3 高层建筑施工防火

#### 8.3.3.1 高层建筑施工防火措施

**1. 建立防火管理责任制**

要把防火工作列入高层建筑施工生产的全过程，在计划、布置、检查、总结评比施工生产的同时，要计划、布置、检查、总结评比防火工作。要按照“谁主管、谁负责”的原则，从上到下建立多层次的防火管理责任制，责任落实到人。同时要根据工程特点，配置专职防火人员和防火器材，现场还要成立义务消防队，每个班组都要有一个义务消防员。

**2. 严格控制火源并对动火过程进行严格监控**

1）每项工程都要划分动火级别。一般高层动火划为二、三级。

2）按照动火级别进行动火申请和审批。二级动火应由施工管理人员提前4天提出申请，并上报工地主管领导进行审批，批准的动火期限一般为3天。三级动火由焊割班组长在动火前3天提出申请，并上报防火管理人员进行审批，批准的动火期限一般为7天。

3）焊割工要持操作证、动火证作业，并接受监护人的监护和配合，监护人要认真履行监护职责，不得擅离岗位。

4）在复杂、危险性较大的场所进行焊、割，要编制专项的安全技术措施，焊、割时要严格按预定方案操作。

5）焊割工要严格执行焊割操作规程，严格遵守前述的焊割防火要求。

**3. 按规定配置防火器材**

各种防火器材的布置要合理，并要保证性能良好、安全有效。20层(含20层)以上高级宾馆、饭店、办公楼等高层建筑的施工，应设置灭火专用的高压水泵，每个楼层要安装消火栓，配置消防水龙带，并应保证消防用水和水压。高压水泵、消防水管应专用，并设专人管理、使用、维修、保养，以保证消防设施随时正常运转。高层建筑施工应按楼层面积，每100$m^2$设2个灭火器，灭火器应布局合理，使用方便。

#### 8.3.3.2 高层建筑施工防火注意事项

1）已建成的建筑物楼梯不得封堵。施工脚手架内的作业层应畅通，并搭设不少于2处与主体建筑相衔接的通道口。建筑施工脚手架外挂的密目式安全网，必须符合阻燃标准要求，严禁使用不阻燃的安全网。

2）30m以上的高层建筑施工，应当设置加压水泵和消防水源管道，管道的立管直径不得小于50mm，每层应设出水管口，并配备一定长度的消防水管。

3）高层焊接作业，要根据作业高度、风力、风力传递的次数，确定火灾危险区域并将区域内的易燃、易爆物品转移到安全地方，无法移动的要采取切实的防护措施。高层焊接作业应当办理动火证，动火处应当配备灭火器，并设专人监护，若发现险情，应立即停止作业，并采取措施及时扑灭火源。

4）大雾天气和六级风时，应当停止焊接作业。

5）高层建筑施工的临时用电线路应使用绝缘良好的橡胶电缆，严禁将线路绑在脚手架上。施工用电机具和照明灯具的电气连接处应当绝缘良好，以保证用电安全。

6）高层建筑应设立防火警示标志。楼层内不得堆放易燃、可燃物品。在易燃处施工的人员不得吸烟和随便焚烧废弃物。

## 8.3.4　施工现场灭火

### 8.3.4.1　主要的灭火方法

**1. 窒息灭火法**

窒息灭火法就是阻止空气流入燃烧区，或用不燃物质(气体)冲淡空气，使燃烧物质断绝氧气的助燃作用而使火熄灭。

这种灭火方法，仅适用于扑救比较密闭的房间、地下室和生产装置设备等部位发生的火灾。在现场运用窒息法扑灭火灾时，可采用石棉布和浸湿的棉被、帆布、海草席等不燃或难燃材料来覆盖燃烧物或封闭孔洞；可采用水蒸气、惰性气体或二氧化碳、氮气充入燃烧区域内；可利用建筑物原有的门、窗以及生产储运设备上的部件，封闭燃烧区，阻止新鲜空气流入，以降低燃烧区内氧气的含量，从而达到窒息灭火的目的。此外，在万不得已且条件又允许的情况下，也可采用水淹没(灌注)的方法来扑灭火灾。

**2. 冷却灭火法**

冷却灭火法是扑救火灾常用的方法，即将灭火剂直接喷洒在燃烧物体上，使可燃物质的温度降低到燃点以下，从而终止燃烧。

在火场上，除了用冷却灭火法扑灭火灾外，在必要的情况下，可采用冷却剂冷却建筑构件、生产装置、设备容器等方法，防止建筑结构变形而造成更大的损失。

**3. 隔离灭火法**

隔离灭火法就是将燃烧物体与附近的可燃物质与火源隔离或疏散开，使燃烧失去可燃物质而停止。这种方法适用于扑救各种固体、液体或气体火灾。

隔离灭火法的具体措施有：将燃烧区附近的可燃、易燃、易爆和助燃物质，转移到安全地点；关闭阀门，阻止气体、液体流入燃烧区；设法阻拦流散的易燃、可燃气体或扩散的可燃气体；拆除与燃烧区相毗邻的可燃建筑物，形成防止火势蔓延的间距等。

**4. 抑制灭火法**

抑制灭火法与前三种灭火方法不同，它使灭火剂参与燃烧反应过程，并使燃烧过程中产生的游离基消失，从而形成稳定分子或低活性的游离基，这样燃烧反应就将停止。目前抑制法灭火常用的灭火剂有1211、1202、1301灭火剂。

上述四种灭火方法所采用的具体灭火措施是多种多样的。在实际灭火中，应根据可燃物质的性质、燃烧特点、火场具体条件以及消防技术装备性能情况等，选择不同的灭火方法。表8-6中列出了几种灭火器及其性能和用途。

**表8-6　几种灭火器的性能和用途**

| 灭火器种类 | 二氧化碳灭火器 | 四氯化碳灭火器 | 干粉灭火器 | 1211灭火器 |
| --- | --- | --- | --- | --- |
| 规格/kg | <2<br>2~3<br>5~7 | <2<br>2~3<br>5~8 | 8<br>50 | 1<br>2<br>3 |
| 药剂 | 液态二氧化碳 | 四氯化碳液体，并有一定压力 | 钾盐或钠盐干粉并有盛装压缩气体的小钢瓶 | 二氟一氯一溴甲烷，并充填压缩氮 |

（续）

| 灭火器种类 | 二氧化碳灭火器 | 四氯化碳灭火器 | 干粉灭火器 | 1211 灭火器 |
|---|---|---|---|---|
| 用途 | 不导电；扑救电气精密仪器、油类和酸类火灾，扑救钾、钠、镁、铝物质火灾 | 不导电；扑救电气设备火灾，不能扑救钾、钠、镁、铝、乙炔、二硫化碳火灾 | 不导电；扑救电气设备火灾和石油产品、油漆、有机溶剂、天然气火灾，不宜扑救电机火灾 | 不导电；扑救电气设备、油类、化工化纤原料初起火灾 |
| 效能 | 射程 3m | 3kg，喷射时间 30s，射程 7m | 8kg，喷射时间 4～8s，射程 4.5m | 1kg，喷射时间 6～8s，射程 2～3m |
| 使用方法 | 一手拿喇叭筒对着火源，另一手打开开关 | 只要打开开关，液体就可喷出 | 提起圈环，干粉就可喷出 | 拔下铅封或横销，用力压下压把 |

注：1. 大型临时设施总平面超过 1 200$m^2$ 的，应当按照消防要求配备灭火器，根据防火的对象、部位来设置一定数量、容积的消防水池，并配备不少于 4 套的取水桶、消防铣、消防钩。同时，要备有一定数量的黄沙池等器材或设施，并留有消防车道。

2. 一般临时设施区域，每 100$m^2$ 的配电室、动火处、食堂、宿舍等重点防火部位，应当配备两个 10L 灭火器。

3. 临时木工间、油漆间、机具间等，每 25m 应配备一个种类合适的灭火器；油库、危险品仓库、易燃品堆料场应配备足够数量、种类的灭火器。

#### 8.3.4.2 电气、焊接设备火灾的扑灭

**1. 电气火灾的扑灭**

扑灭电气火灾时，首先应切断电源，及时用适合的灭火器材灭火。充油的电气设备灭火时，应采用干燥的黄砂覆盖住火焰，使火熄灭。

扑灭电气火灾时，应使用绝缘性能良好的灭火剂，如干粉灭火器、二氧化碳灭火器、1211 灭火器等，严禁采用直接导电的灭火剂进行喷射，如使用喷射水流、泡沫灭火器等。

**2. 焊接设备火灾的扑灭**

电石桶、电石库房着火时，只能用干砂、干粉灭火器和二氧化碳灭火器进行扑灭，不能用水或含有水分的灭火器（如泡沫灭火器）来灭火，也不能用四氯化碳灭火器来灭火。

乙炔发生器着火时，首先要关闭出气管阀门，停止供气，使电石与水脱离接触，再用二氧化碳灭火器或干粉灭火器扑灭，不能用水、泡沫灭火器和四氯化碳灭火器来灭火。

电焊机着火时，首先要切断电源，然后再扑灭。在未切断电源前，不能用水或泡沫灭火器来灭火，只能用干粉灭火器、二氧化碳灭火器、四氯化碳灭火器或 1211 灭火器进行扑灭，因为用水或泡沫灭火器扑灭时容易触电伤人。

### 【能力训练】

训练题目　施工现场安全防火技术

（1）目的　掌握施工现场安全防火技术。

（2）能力及标准要求　能够编写安全技术交底记录，指导现场安全施工。

（3）准备　防火用材料的准备，资料的准备。

（4）步骤　熟悉各部位和各工种防火的内容及要求，对现场安全施工进行检查。

（5）注意事项　结合现场实际情况确定检查方法。

（6）讨论　你在施工现场看到哪些防火措施，这些措施是否能达到安全防火技术的

要求？

## 单元小结

本单元主要介绍了建筑工程中的基础工程、钢筋工程、模板工程、混凝土工程、装饰装修工程施工过程的安全技术要求；脚手架搭拆安全技术、高处作业安全技术和临边、洞口作业安全技术；施工机械设备的安全管理和施工临时用电安全要求；施工临时用电设施检查与验收；施工现场防火安全要求，特殊工种防火、高层建筑施工防火、施工现场灭火等基本知识。

通过本单元的学习和实训，了解建筑工程在施工过程中有关安全技术管理的基本内容，熟悉建筑工程施工安全管理技术措施，掌握建筑工程安全生产管理技术交底记录的编写要求，能够编制安全施工组织设计和编写安全技术交底记录，进行现场的安全检查。

## 复习思考题

8-1　土方开挖时，为保证安全，挖土作业应遵守哪些规定？

8-2　人工挖孔桩施工时应遵守哪些规定？

8-3　钢筋加工和绑扎的安全技术有哪些？

8-4　模板安装和拆除质量验收标准与安全技术有哪些相同点和不同点？

8-5　混凝土搅拌、运输、捣固的一般要求是什么？

8-6　落地式脚手架的安全技术有哪些？

8-7　高处作业的定义是什么？高处作业可分为哪几级？

8-8　何谓临边作业和洞口作业？它们的主要防护措施有哪些？

8-9　何谓三宝？

8-10　塔式起重机的操作使用应符合哪些规定？

8-11　施工用电的接地电阻是如何规定的？

8-12　施工临时用电的配电箱和开关箱应符合哪些要求？

8-13　施工照明的供电电压应符合哪些规定？

8-14　施工现场平面布置的防火要求有哪些？

8-15　施工现场有哪些工种需要注意安全防火？

8-16　施工现场灭火的主要方法是什么？

## 实训练习题

练习题1　某商务大厦工程，建筑面积为52 650$m^2$，为钢筋混凝土框架剪力墙结构，桩箱复合基础，地下2层，地上12层。2003年6月25日，进行10层拆模施工，民工甲负责大模板的挂钩。下午3点20分，将10层北侧电梯井东墙模板起吊后，民工甲自己爬上南墙模板上部拆除外模与内模连接吊环的铅丝。当铅丝拆掉后但与吊车挂钩还没有连接时，民工甲蹬着模板就要下来，而1.2m×3.2m的大模板此时并无三角支架固定，瞬时脱离墙体将民工甲砸在下面，送往附近医院经抢救无效后死亡。

问题：

(1) 简要分析造成这起事故的原因。

(2) 主体结构施工阶段安全生产的控制要点有哪些?

(3) 该作业属于高处作业吗?高处作业时的安全防护技术措施有哪些?

(4) 安全检查的主要内容有哪些?

练习题2 某建筑公司承接了猗汾苑小区8号楼的施工任务。2003年7月16日,电焊工张某在工地9层楼梯间进行配电箱的避雷跨接作业。电焊机原来放在11层,他本应从楼内将电焊机移到9层或从内拉线进行作业,但张某图省事,欲将电焊机从11层通廊外扔向8层通廊,结果焊把线落到了8层通廊的顶槽内,张某就从9层窗口去勾焊把线,因重心失稳,不幸从9层窗口坠落到首层水平安全网上,摔成重伤,幸免一死。经调查,电焊工张某是刚刚从农村来此做工不久的农民,虽然经过了培训,并且考核合格,但还未拿到特种作业上岗证。该项目安全管理工作较涣散,制度执行不力,缺乏对职工进行安全生产有关法律、法规知识的培训教育,造成施工人员在法律知识和安全意识上的淡漠,以致违章冒险蛮干。

问题:

(1) 请简要分析造成这起事故的原因。

(2) 分部(分项)工程安全技术交底的要求和主要内容是什么?

(3) 建筑施工工地称的“三宝”是指什么?它们有何具体要求?

# 参 考 文 献


[1] 毛龙泉，沈北安，陆金方，等．建筑工程施工质量检查与验收手册[M]．北京：中国建筑工业出版社，2002.

[2] 上海市建筑业联合会、工程建设监督委员会．建筑工程质量控制与验收[M]．北京：中国建筑工业出版社，2002.

[3] 谭跃虎．建筑地基与基础工程监理[M]．北京：中国建筑工业出版社，2003.

[4] 杨效中．主体结构与防水工程监理[M]．北京：中国建筑工业出版社，2003.

[5] 曾跃飞．建筑工程质量检验与安全管理[M]．北京：高等教育出版社，2005.

[6] 柯国军．建筑材料质量控制监理[M]．北京：中国建筑工业出版社，2003.

[7] 全国二级建造师执业资格考试辅导——复习题集编委会．房屋建筑工程管理与实务复习题集[M]．北京：中国建筑工业出版社，2004.

[8] 叶刚．安全员必读[M]．北京：中国电力出版社，2004.

